● 魏义铭　李明　著

豫西古代建筑历史信息的数字化保护与思考

YUXI GUDAI JIANZHU
LISHI XINXI DE SHUZIHUA BAOHU YU SIKAO

哈爾濱工業大學出版社
HITP HARBIN INSTITUTE OF TECHNOLOGY PRESS

内容简介

作者结合豫西历年来开展的文物普查工作和文物保护工作成果，积极协调属地文物主管部门，认真梳理和遴选豫西地区古代建筑的文物修缮档案资料，节选文物价值较高的祭祀类寺庙建筑、古代商业会馆建筑、古代民居大院建筑等文物保护修缮方案，撰写本书。本书遴选的古代建筑保护方案均采用传统的人工测量和二维制图进行编制，其可视性和数据精准度较差。而采用 BIM 三维激光扫描建模技术将有效提高传统人工测量的精准度，为古代建筑保护修缮工程的正确实施提供更为详实的科学依据。本书通过传统人工测量技术与 BIM 三维激光扫描建模技术对比，将为今后豫西地区砖木结构古代建筑的历史构件原真性数据和数字化存储工作提供新的科技保护思路，同时对古代建筑模数及历史信息研究提供准确的数字化档案资料。

本书适合不可移动文物保护工作者参考阅读。

图书在版编目(CIP)数据

豫西古代建筑历史信息的数字化保护与思考 / 魏义铭，李明著. —哈尔滨：哈尔滨工业大学出版社，2020.6
ISBN 978 - 7 - 5603 - 8433 - 7

Ⅰ.①豫… Ⅱ.①魏…②李… Ⅲ.①数字技术—应用—古建筑—保护—豫西地区 Ⅳ.①TU - 87

中国版本图书馆 CIP 数据核字(2019)第 150073 号

策划编辑 许雅莹
责任编辑 佟 馨 宗 敏
封面设计 高永利
出版发行 哈尔滨工业大学出版社
社 址 哈尔滨市南岗区复华四道街 10 号 邮编 150006
传 真 0451 - 86414749
网 址 http://hitpress.hit.edu.cn
印 刷 哈尔滨市石桥印务有限公司
开 本 787mm × 1092mm 1/16 印张 16 字数 369 千字
版 次 2020 年 6 月第 1 版 2020 年 6 月第 1 次印刷
书 号 ISBN 978 - 7 - 5603 - 8433 - 7
定 价 118.00 元

前　言

豫西西接关中，东靠中原，北临黄河，南临秦淮分界线，地形千差万别，气候温和，物产丰富。另有黄河较大支流洛河和伊河流经此地。这里地处华夏腹地，八方辐辏，自古中天下而立，依黄河流域孕育5 000年华夏文明史，是河洛文化的发祥地，隋唐大运河的中心和丝绸之路的起点之一。

早在40万年前，就有河洛先民生息在黄河、洛河河谷一带，新石器时代这里的人类迹象更是异常活跃，调查发现的遗址有千处之多。它们有的是新石器时代的华夏文明源头，有的是夏商周时期的三代文明核心，其中与黄帝相关的灵宝西坡遗址和考古学界公认的夏代中晚期都城偃师二里头遗址被列在全国首选的中华文明探源工程六大遗址之中。豫西地区文化从东汉魏晋时期处于全国的中枢地位，到隋唐时期的最后辉煌，其底蕴深厚、内涵博大精深，众多文化遗存是先民们杰出智慧的体现，是伟大的创造。历史对这里如此厚爱，在这里造就了数以千计彪炳史册的历史文化名人，留下了极为丰富的历史文化遗存，龙门石窟、丝绸之路、隋唐大运河遗产点先后被联合国教科文组织列入世界文化遗产。

自中华人民共和国成立以来，豫西地区曾开展过4次文物普查工作。2007年至2012年，在历时五年的全国第三次文物普查中，豫西地区共普查登记不可移动文物12 900余处，其中，全国重点文物保护单位63处，省级文物保护单位168处，市县级文物保护单位1 000余处，一般不可移动文物11 700余处；馆藏文物50万余件，其中，古代建筑类（泛称“砖木结构建筑”）约6 000余处。目前，豫西地区砖木结构古代建筑国保单位11处，省保单位49处，主要由佛寺、砖塔、庙宇、祠堂、会馆、道观、楼阁、古寨、牌坊和民居大院构成。这里有佛教传入中国第一座官办佛教寺院和佛教祖庭白马寺，人文始祖伏羲的伏羲庙（又称龙马负图寺），道家始祖老子的祖师庙，洛邑营建者周公的周公庙，护城之神城隍的城隍庙，文圣孔子的文庙，武圣关羽含元之所的关林庙，理学创始人程颢、程颐的两程故里，安国定邦的陕州安国寺和洛阳安国寺，晋陕商人筹建的山陕会馆和潞泽会馆,以及明清时期的民居大院,等等。这些省级以上文物保护单位绝大部分为各时期的帝王敕建,从始建至今,经历了数次战火洗礼、朝代更迭和不同时期的敕封和敕建。

当前,城市、乡镇现代化建设日新月异,新建筑与古代建筑现状风貌对比鲜明。重城市发展,轻文物保护的现象延伸至各个街巷、村落。市县级文物保护单位和一般不可移动文物的古代建筑保护受城乡基本建设和文物保护政策薄弱等影响的情况依然存在。一是文物基础研究工作薄弱,影响政府对文物保护工作的正确决策。现有成果多以手绘和单纯的资料记录为主,文物价值研究工作严重匮乏。陈旧的传统文物保护理念与先进的城市规划建设思想,以及大量的城市建设投入与零星的点状文物保护投入形成鲜明的对比。政府部门决策城市发展时,首先以城市的基本建设工作为重点,统筹规划各职能部门行业要求,因文物保护基础研究工作薄弱,文物保护在城市发展过程中以往被忽视,文物生态环境被逐步蚕食。另有,社会资本依托古代建筑对其周边过度开发利用的建设活动,致使文物保护区生存空间受到进一步的挤压,文物整体格局的历史风貌及其本体逐步遭受破坏。二是古代建筑修缮资金匮乏,年久失修。业务管理部门疏于管理,致使权属人对古代建筑不当改建,构成了主动破坏,有的甚至构成自然灭失。三是文物基层管理部门古代建筑文物保护专业技术人才几乎空白,文物保护业务技术指导开展受限。基层队伍"文物保护法规及相关政策"基础薄弱,文物保护管理落实不到位。同时,对已发现的受雨雪、虫害、风化等蚕食的古代建筑,相关部门未能及时采取有效治理措施,致使其病害加剧。四是地方财政用于古代建筑维修保护的投入经费较少,古代建筑修缮经费过于依赖省级以上财政预算拨款,经费政策落实基本为"计划经济",相关经费审批程序复杂、下拨周期长,维修保护工作相对滞后,导致对古代建筑的危害和病害未能在萌芽阶段被及时遏制。五是古代建筑文物保护主张最小干预原则,以及文物保护利用的原真性展示原则,引入社会资本用于文物保护利用的公益事业往往投入大,回报少。六是古代建筑修缮后,满足对外展示开放的要求较高,而利用率较低,日常维护人员不固定,甚至缺失,都使古代建筑修缮保护工作受挫。七是宗祠、寺庙、宫观等古代建筑场所的"功德箱"等过度开放,导致古代建筑安全风险增高,弘扬历史文化内涵的舆论导向偏离实际等。文物保护基础工作虽然存在各种问题,但文物固有的价值不应因政府决策、保护资金投入、研究工作落后等客观因素在当下繁荣的经济时代而流失。

豫西地区文物资源的保有量位于全国前列,文物资源时代序列完整,文化延续性较强,时代关联度高,类型丰富。文物保护工作应始终坚持贯彻"保护为主、抢救第一、合理利用、加强管理"的文物工作方针,严格按照《中华人民共和国文物保护法》及相关行业管理规定，积极克服不可移动文物的日常保护与管理工作难点、难题。近年来，豫西各地市积极抓住各级政府对文物保护工作的重点支持机会，采取多种积极措施。一是统筹谋划，积极争取文物保护专项经费。协调各方进行编制文物保护工程立项和方案设计等工作，实施了一大批古代建筑文物保护修缮工程。二是组织年度文物保护工程政务网审批培训班、文物保护工程项目申报培训班、古代建筑保护工程管理培训班、古代建筑修缮技术保护培训班等。三是积极落实上级文物部门的政策法规，制定《文物保护工程管理办法》，进一步规范古代建筑修缮保护工程行政管理工作。四是加大文物行政执法力度和文物保护安全保卫工作，着力推进科学化、规范化、制度化建设工作机制，确保文物安全保卫工作任务顺利开展，对触犯文物保护法律底线的行为开展依法行政责任追究，并成立地市级文物安全领导小组。五是规范古代建筑开放单位的日常管理工作，控制参观人数，加强明火安全隐患防范措施，责任到人。六是鼓励社会团体或个体依托古代建筑文物保护单位筹建行业专题博物馆或纪念馆，为弘扬其历史文化内涵和保护利用开辟蹊径。七是广泛吸收人大建议、政协提案、社会舆情、市民诉求等，合理制定下一阶段的工作重点，积极争取相关政策，解决古代建筑急需保护修缮的相关诉求。八是进一步加强一般不可移动文物业余保护员的安全职能和文物政策法规宣传工作。九是严把文物保护底线，对触犯《中华人民共和国文物保护法》相关规定的个人或企业团体，依法追究相关法律责任。十是通过宣传5·18国际博物馆日、每年6月的世界文化遗产日和承办国际与国内大型文化遗产论坛等，有效提升国内外社会各界对豫西地区文物保护事业的关注度。十一是对接信息化时代的互联网思维，尝试三维数据模拟优化传统文物保护方案、AR智能讲解服务、景点应用手机软件导览等创新型文物保护技术，积极探索文物保护创新模式。

史前先民简易的房屋建筑、夏商至隋唐的都邑宫殿建筑、汉魏时期洛阳富丽堂皇的白马寺和永宁寺、宋代寺庙木构建筑，大部分建筑早已消失于历史的烟云之中，其原有的建筑规模仅能通过文物考古发掘和文献记载予以证实。中国古代建筑，主要是指木构建筑，所以木构建筑为中国古代建筑的组成主体。自然和人为的原因，特别是战争频繁、兵燹不断的人为破坏，致使豫西的早期木构建筑基本无存。现存的省级以上文物保护单位有：金代建筑“宜阳灵山寺”1座（清代修缮，纯度不高）；元代建筑“河南府文庙”“洛宁城隍庙”2座（明、清修缮，纯度不高）；明末建筑“祖师庙”“卢氏城隍庙”“洛阳安国寺”“负图寺大殿”“南梁万寿宫”5座；明清时期建筑“白马寺”“周公庙”“关林”“陕县安国寺”“福昌阁”等14座；清代建筑“潞泽会馆”“山陕会馆”“观音寺”“洞真观”“魏家坡民居”“程氏旧宅”“东关清真寺”“石佛村古民居”等共37座。其他6 000余处不可移动文物基本以清代晚期至民国时期民居建筑居多。

作者结合豫西历年来开展的文物普查工作和文物保护工作成果，积极协调属地文物主管部门，认真梳理和遴选豫西地区古代建筑的文物修缮档案资料，节选文物价值较高的祭祀类寺庙建筑、古代商业会馆建筑、古代民居大院建筑等文物保护修缮方案，撰写本书。本书遴选的古代建筑保护方案均采用传统的人工测量和二维制图进行编制，其可视性和数据精准度较差。而采用 BIM 三维激光扫描建模技术将有效提高传统人工测量的精准度，为古代建筑保护修缮工程的正确实施提供更为详实的科学依据。本书通过传统人工测量技术与 BIM 三维激光扫描建模技术对比，将为今后豫西地区砖木结构古代建筑的历史构件原真性数据和数字化存储工作提供新的科技保护思路，同时对古代建筑模数及历史信息研究提供准确的数字化档案资料。

书中不妥之处，敬请指正。

作者

2019 年 8 月

目　　录

第 1 章　豫西古代建筑保护背景及现状

文物承载灿烂文明,传承历史文化,维系民族精神,是不可再生的文化资源。同时,文物也是弘扬中华优秀传统文化的珍贵财富,是促进社会发展和坚定文化自信的优势资源,是培育社会主义核心价值观、凝聚共筑中国梦磅礴力量的深厚滋养。保护文物功在当代,利在千秋。

党的十八大以来,党中央、国务院高度重视文物保护工作,习近平总书记和李克强总理专门就文物保护与利用做出重要批示,国家也相继出台《关于加强文物保护利用改革的若干意见》《关于进一步加强文物工作的指导意见》等意见要求,为文物保护工作宏观部署指明了方向,并将文物保护工作纳入政府业绩考评,保护文物也是政绩。为促进豫西地区文物资源有效保护和合理利用,更好地发挥文物在构建文化传承创新体系、促进经济社会发展中的作用,结合豫西文物保护工作相对滞后的实际,围绕文物保护工作开展技术创新已刻不容缓。豫西地区的古代建筑文物保存现状不容乐观,由于以往政府决策层面和古代建筑保护层面相对滞后,古代建筑大部分缺乏相应保护。

1.1　政府决策层面

政府部门既有保护文物的责任,又有促进社会发展、组织城市建设的责任。而在城市建设当中,由于对历史文献研究成果缺失,或建设选址区域文物考古工作空白等,因此政府决策者倾向于城市基本建设,这容易与文物保护工作构成冲突。与先进的城市建设规划方案相比,文物基础数据信息和价值研究成果闭塞、文献记载未能通过文物研究工作佐证、以人工纪实为主的传统工作机制等与信息化时代技术措施需求严重滞后。政府决策者未能及时获取文物本体科学、翔实的研究成果,使文物保护方案缺乏先进的数字化展示措施,其优先倾向于城市基本建设,满足民生需求,与文物保护构成冲突。其表现为在建设过程中,城市基本建设对文物本体风貌造成影响、对文物遗迹构成破坏。

1.2 古代建筑技术保护层面

受损较为严重的古代建筑修缮面临依据不足的尴尬局面。古代建筑普遍存在年久失修的问题，承重木构件糟朽、断裂、遗失，引发屋面防水瓦件松动，水害侵蚀望板、飞椽，致使其屋檐糟朽、屋面变形等。而目前古代建筑的保护和修缮措施，仅仅是对当前出现的病害信息进行剔除，对影响建筑结构性稳定的构件进行替补或更换，这势必造成古代建筑柱子侧角升起、屋架举折等代表豫西古代建筑特征的模数系数发生变化，斗拱木雕和砖石雕刻造像等时代特征缺失。较为原真性的数据备份仅仅局限于故宫、巴黎圣母院等一些国际知名古代建筑，一些不知名但依然承载着中华民族文化和历史的古代建筑群却没有受到相同的待遇，从而导致一些古代建筑因自然或人为因素遭遇严重破坏后，因没有较为原真性的数据参考而无法进行科学修复。

第 2 章　豫西古代建筑保护传统做法

2.1　陕县安国寺附属建筑传统勘察与修缮做法

陕县安国寺(图 2.1.1),俗称琉璃寺,又名兴国万寿寺,位于河南省三门峡市陕州区(原陕县)西李村乡元上村。安国寺主体建筑群坐北朝南,以山门和火墙门楼(图 2.1.2)为中轴线,由南向北逐级递升。整个寺院以火墙为界分为前后两处院落。前院包括山门和前、中、后佛殿三重,配殿五座,钟楼一座;后院有佛殿一重,寺院东北处有附属建筑火神殿一座,方丈院一座。整个寺院布局严谨,错落有致,是豫西地区现存规模较大且保存比较完整的一处古代建筑群。寺院外有塔林遗址一处,地表无存。

图 2.1.1　安国寺全景

陕县安国寺始建于隋代,唐、宋、元、明、清历代都对其进行过修缮。现存砖木建筑为明清时期重修,部分建筑做法承袭金元时期建筑特征。它是豫西地区寺院建筑的代表,寺内的砖雕、木雕(图2.1.3)艺术价值较高。2013年5月其被国务院公布为第七批全国重点文物保护单位。

陕县安国寺,占地面积约5 000 m^2,院落平面呈长方形,坐北面南,依山傍水,南北长101.3 m,东西宽27.65~35.2 m,南面主入口前置石狮一对,中间为山门,东西两侧各有掖门一处。前院围墙外,火墙东北处有火神殿和方丈院。正殿(图2.1.4)北面有和尚住所数处。2007年至2008年,陕县文物管理局已对安国寺中轴线及两侧主体建筑实施了全面修缮,工程已竣工验收。

安国寺附属建筑火神庙、方丈院年久失修,受损严重。经全面测量与勘察后,建筑残损和病害情况基本清楚,通过科学的数据归纳与分析后,文物建筑修缮类别已有初步结论。

图2.1.2　安国寺火墙门楼

图2.1.3　安国寺正殿木雕斗拱

图2.1.4　安国寺正殿

2.1.1　陕县安国寺附属建筑保护现状勘察

2.1.1.1　安国寺概况

1. 环境概要

陕县安国寺位于三门峡市陕州区西李村乡元上村，距三门峡市约64 km。陕州区位于东经110°01′~111°44′，北纬34°24′~34°51′，处于豫秦晋（河南、陕西、山西）交界的黄河金三角地带。

陕州区地处内陆中纬地区，属温带大陆性季风气候，气候干冷，雨雪稀少。春季气温回升，雨水增多；夏季湿热少雨，炎热干旱；秋季气候凉爽，雨水减少。春季56天，夏季103天，秋季66天，冬季140天，冬长、春短，四季分明，年平均日照为2 354.3小时。陕州区地势南高北低，东峻西坦，呈东南向西北倾斜状。境内山峦重叠，沟壑纵横，丘陵起伏，原川相间。地貌基本可分为山区、丘陵和塬川。

2. 建筑及格局

陕县安国寺创建于隋代，历史格局无法考证，现有格局主体为明清遗存。寺院平面呈长方形，坐北朝南，南北长101.3 m，东西宽27.65~35.2 m，现有格局以火墙为界分为前后两处院落，前院三进，后院一进。寺院中轴线上前院由南向北依次排列着主要殿堂，并以配殿等建筑围合成较为封闭的院落。前院火墙东北隅有火神殿一座。火神殿东侧有方丈院一座，方丈院正殿北面有和尚住所数处。火神殿与方丈院两座院落相互独立。寺院格局保存较好，寺内因有僧人居住生活，近年新建厕所一座，位于寺内左掖门西北侧；位于寺内钟楼北侧的红砖建筑和正殿西侧耳房,对寺院格局存在一定影响;火神殿、方丈院、和尚住所年久失修,建筑损毁严重,对寺院格局完整性存在一定影响。

3. 历史沿革

安国寺始建于隋,自唐以后历代均有修葺。现存大多数为明、清两代遗存,中心建筑为单檐歇山顶,其中,中大殿四周带回廊。以下为安国寺修缮历史沿革。

(1)始建于隋。

(2)元代,安国寺成为少林寺护持的下院。

(3)明代年间,重修前殿。

(4)明隆庆四年(1570 年),重修火墙。

(5)清顺治年间,重修寺院。

(6)清康熙五十九年(1720 年),重修钟楼。

(7)清乾隆元年(1736 年),重修金妆神像及火墙。

(8)清道光二十六年(1846 年),重修正殿。

(9)1982 年,河南省文物管理局拨款 6 000 元修建寺院围墙。

(10)1984 年,河南省文物管理局拨款 2 万元对山门及东西配殿进行了修缮。

(11)1987 年,河南省文物局再次拨款 6 万元,对中殿、后殿及将要倒塌的东配殿进行了抢救性修缮。

(12)1995 年,河南省文物局拨款 5 万元,对正殿后山墙墙体及东、西侧配殿的墙体进行了抢救性修缮。

(13)1998 年,河南省文物局拨款 10 万元,对各殿墙体修缮、室内加固,并对各殿屋面大部或局部进行翻顶、漏雨处理。

(14)2007 年,陕县人民政府拨款 50 万元,对正殿及三佛殿进行了修缮。

(15)2008 年,陕县文物管理局投入 110 万元,对山门、大佛殿、一进配房、钟楼、大殿、火墙及东西厢房等 12 栋建筑开展全面修缮工作。

4. 建造特点

陕县安国寺占地约 5 000 m^2,现存殿宇多为明清建筑,现有房屋 64 间,院内建筑总面积为 2 728 m^2,主要建筑有山门、前殿、中殿、后殿、火墙门楼、正殿、钟楼等,附属建筑有方丈院、火神殿等,整个寺院布局严谨、错落有致,是豫西地区现存规模较大且保存比较完整的一处古代建筑群。

安国寺建筑上的木雕、砖雕数量繁多,而且保存比较完整。例如,正殿檐枋下的木雕,采用三层透雕工艺,对研究豫西的木雕艺术具有很高的参考价值;火墙门楼上的砖雕,不仅数量多,而且雕法精湛、图案繁缛、体裁多样,其高超的砖雕艺术为豫西所少见。此外,中殿的斗拱硕大等营造做法,对豫西地区古代砖木建筑史的研究具有较高价值。

5. 价值评估

(1)历史价值。

陕县安国寺是豫西地区寺院建筑典型代表。寺内现存的明清碑刻,为研究寺院历史、佛教文化提供了珍贵的实物资料。陕县安国寺建筑虽经明清时期大修,但其建筑保留了许多金元时期建筑的特点,对研究豫西建筑历史具有重要的价值。

(2)艺术价值。

陕县安国寺造型古朴庄重、结构独特、手法高超。寺院整体造型大气浑厚,局部细节不失细腻精致,具有极高的艺术价值。

(3)文化价值。

陕县安国寺是豫西地区重要的文化遗产,在弘扬中华民族的传统文化、促进民族文化传播以及带动当地文化遗产保护事业中起到重要作用。

(4)社会价值。

陕县安国寺是豫西地区的重要文化资源,对提升当地宗教文化建设、促进社会稳定、带动地方旅游产业发展等具有重要的社会价值。

2.1.1.2　现状勘察说明

1. 勘察项目及内容

(1)建筑修缮。

对火神殿、方丈院(方丈院由正殿、东配殿、西配殿、门楼组成)的勘察主要内容有瓦作、木结构、石材、地面铺装、油饰及彩画。

(2)院落环境。

对院落环境勘察主要内容有院落地面铺装、院墙。

2. 勘察思路

本次主要是对主体院落东侧火神殿、方丈院进行勘察。火神殿、方丈院年久失修,建筑损坏严重,多处已坍塌,存在安全隐患,对寺院格局完整性存在一定影响。

勘察过程中,一是对建筑瓦作、大木构架进行分部探查和测量勘察。二是对建筑安全及可靠性进行判断,并对建筑因病害继续发展而带来的使用及安全隐患进行判断。三是对油饰、彩画残损程度及面积进行详细勘察统计。工程勘察后,对主要损伤和病害情况基本清楚,对造成文物建筑损伤的因素能够归纳分析并得出初步结论。

3. 破坏因素分析

(1)自然因素。

自然因素对古代建筑产生渐进式的破坏,其中自然风化、材料老化、雨雪侵蚀、虫害等为重要破坏因素。

(2)人为因素。

由于管理和资金等方面的困难,古代建筑在出现问题时未能得到及时、妥善的处理,缺乏日常保养维护,未能得到有效的利用,而病害进一步加剧,因此造成循环破坏。

4. 主要问题及成因分析

(1)建筑大木构架。

根据建筑大木构架遗存的残损状态,可知大木构架基本形制、做法。遗存大木构架呈现糟朽、断裂、缺失、虫蛀等情况,残破严重。屋面坍塌、无存,大木构架裸露,而大雨冲刷、雨雪冻融会加剧梁架损伤,从而使其因未能得到有效保护,而继续损伤。

(2)台基。

由于现场地势整体呈北高南低、西高东低的情况,因此可初步判断该建筑群在建造之时很大程度上是依地势修建,部分高差不完全是地基的沉降差,且结构初期可能存在施工偏差,但相对高差相差较大处,经现场勘察发现,结构存在因地基不均匀沉降而导致的明显损坏,多处墙体撕裂。

(3)建筑墙体。

建筑墙体局部坍塌、歪闪、开裂,砖体表面风化、酥碱,抹灰墙面大面积脱落(经过大雨冲刷、雨雪冻融,墙体继续损伤,未能得到有效保护,从而坍塌、残破严重)。墙体倾斜测量结果如表 2.1.1 所示。

表 2.1.1 墙体倾斜测量结果

测量内容	A	B	C	D	E	F	G	H	I
倾斜量/mm	140	100	10	0	90	130	25	175	45
测量高度/mm	2 500	2 500	3 500	2 500	2 500	2 500	2 500	2 000	3 000
墙体上部倾斜方向	屋内	屋外	屋外	屋外	屋外	屋外	屋外	屋外	屋外

(4)建筑屋面。

屋面坍塌(大雨冲刷、雨雪冻融,导致屋面漏雨,而雨雪冻融会加剧屋面损伤,屋面未能得到有效保护,从而导致屋面坍塌),瓦件、脊件残破、缺失严重。

(5)建筑装修。

建筑为传统木制装修,构件缺失严重,少量构件遗存残破、扭曲、变形。

(6)油饰、彩画。

勘察中未发现地仗、油饰、彩画痕迹。

(7)地面铺装。

局部探查可知地面做法,地面砖残破严重,年久失修。

(8)院墙。

院墙局部坍塌、年久失修,人为破坏严重。砖体部分缺失。

(9)院落地面铺装。

院落渣土堆积,局部探查可知院落为条砖铺就,残破严重。院落排水不畅,雨水侵蚀及地表水浸泡,产生冻涨作用,故院落地面坑洼不平。

2.1.1.3　古代建筑木构架修缮工程残损分类和工程实施类别通用条款

陕县安国寺的火神庙、方丈院均为木构架和砖石结构为主要承重体系的古代建筑。以木构架为主要承重体系的古代建筑的残损等级依据国家标准《古建筑木结构维护与加固技术规范》(GB 50165—92)第四章第一节结构可靠性鉴定中有关规定,分为四类:

Ⅰ 类建筑承重结构中原有的残损点均已得到正确处理,尚未发现新的残损点或残损征兆。

Ⅱ 类建筑承重结构中原先已修补加固的残损点,有个别需要重新处理;新近发现的若干残损迹象需要进一步观察和处理,但不影响建筑物的安全使用。

Ⅲ 类建筑承重结构中关键部位的残损点或其组合已影响结构安全和正常使用,有必要采取加固或修理措施,但尚不致立即发生危险。

Ⅳ 类建筑承重结构的局部或整体已处于危险状态,随时可能发生意外事故,必须立即采取抢修措施。

目前,火神庙、方丈院结构可靠性鉴定为 Ⅳ 类建筑,整体处于危险状态。针对古代建筑现存的残损程度,根据《中国文物古迹保护准则》(2015),本次修缮工程性质应确定为重点修复。

根据《中国文物古迹保护准则》(2015)第 28 条至第 32 条,对文物古迹的修缮包括日常保养、防护加固、现状整修、重点修复四类工程。

日常保养是及时化解外力侵害可能造成残损的预防性措施,适用于任何保护对象。必须制定相应的保养制度。日常保养的主要工作是对有隐患的部分实行连续监测、记录存档,并按照有关的规范实施保养工程。

防护加固是为防止文物古迹残损而采取的加固措施。所有的措施都不得对原有实物造成损伤,并尽可能保持原有的环境特征。

现状整修要求新增加的构筑物应朴素实用,尽量淡化外观。保护性建筑兼作陈列馆、博物馆的,应首先满足保护功能要求。

重点修复是保护工程中对原物干预最多的重大工程措施,主要工程有:恢复结构的稳定状态,增加必要的加固结构,修补损坏的构件,添配缺失的部分,等等。要慎重使用全部解体修复的方法,经过解体后修复的结构,应当全面减除隐患,保证较长时期不再修缮。修复工程应当尽量多地保存各个时期有价值的痕迹,恢复的部分应以现存实物为依据。附属的文物在有可能遭受损伤的情况下才允许拆卸,并在修复后按原状归安。经核准异地保护的工程也属此类。

根据第 33 条,原址重建是保护工程中极特殊的个别措施。核准在原址重建时,首先应保护现存遗址不受损伤。重建应有直接的证据，不允许违背原形式和原格局风貌。

2.1.1.4　火神殿和方丈院单体建筑现状勘察结论

1. 基本情况

火神殿位于安国寺寺院外东北隅，开间三间，进深二间，硬山式建筑，黑活大脊屋面。建筑面阔 7.35 m，进深 4.66 m，面积 34.25 m^2，柱高 2.46 m，脊高 5.38 m。

方丈院位于火神庙东北处，是由正殿及西侧门楼，东、西配殿和南侧入口院门构成的独立院落。其中，正殿位于方丈院北侧，开间三间，进深二间，硬山式建筑，黑活大脊屋面，面阔 10.1 m，进深 7.56 m，面积 76.7 m^2，柱高 2.35 m，脊高 6.29 m。勘察中未发现地仗、油饰、彩画痕迹。门楼位于方丈院正殿西侧，开间一间，进深一间，硬山式建筑，干槎瓦屋面，面阔 9.8 m，进深 6.31 m，面积 61.8 m^2，柱高 2.08 m，屋架高 1.4 m。东配殿位于方丈院东侧，开间三间，进深二间，局部两层，硬山式，黑活大脊干槎屋面，面阔 9.8 m，进深 6.31 m，面积 90.68 m^2，柱高 3.1 m，脊高 5.9 m。西配殿位于方丈院西侧，开间三间，进深一间，此建筑已全部坍塌，仅存南侧、西侧部分墙，面阔约 9.8 m，进深约 3.92 m，面积约 38.42 m^2。

2. 勘察结论

勘察结论如表 2.1.2 所示。

表 2.1.2　勘察结论

涉及建筑及构筑物	结构可靠性鉴定	现状简介	修缮性质	修缮措施
火神庙	Ⅳ类	屋面坍塌，大门构件糟朽、缺失，墙体局部缺失、开裂，砖体局部风化、酥碱	重点修复	挑顶修缮，重做屋面；更换糟朽的木构件，添配构件；加固大木，消除隐患；尽可能保留原有建筑墙体遗存，采取必要加固措施；木制装修遗存构件现状保留，缺失处添配；地仗、油饰做断白处理
方丈院	Ⅳ类	屋面坍塌，大门构件糟朽、缺失，墙体局部缺失、开裂，砖体局部风化、酥碱	重点修复	挑顶修缮，重做屋面；更换糟朽的木构件，添配构件；加固大木，消除隐患；尽可能保留原有建筑墙体遗存，采取必要加固措施；木制装修遗存构件现状保留，缺失处添配；地仗、油饰做断白处理

2.1.1.5　现状照片

1. 火神庙现状照片

火神庙各立面及墙体残损情况如图2.1.5所示。

1　北立面

2　南立面

3　东立面

4　西立面

5　北侧墙体残破、缺失

6　北侧墙体缺失

图2.1.5　火神庙各立面及墙体残损情况图

2. 方丈院正殿现状照片

方丈院正殿各立面现状如图2.1.6所示。

1　南立面

2　北立面

3　西立面

图2.1.6　方丈院正殿各立面现状图

3. 方丈院正殿西侧门楼现状照片

方丈院正殿西侧门楼各立面及残损情况如图 2.1.7 所示。

1　北立面　2　南立面　3　东立面

4　院外散水缺失　5　瓦件残破、缺失　6　连檐、瓦口无存

图 2.1.7　方丈院正殿西侧门楼各立面及残损情况图

4. 方丈院东配殿现状照片

方丈院东配殿各立面现状及损坏情况如图 2.1.8 所示。

1　西立面　2　东立面　3　南立面

4　北立面　5　梁架坍塌、残破、缺失　6　三架梁开裂、残破

图 2.1.8　方丈院东配殿各立面现状及残损情况图

5. 方丈院西配殿现状照片

方丈院西配殿各立面现状及残损情况如图2.1.9所示。

1　院墙南立面

2　东侧院墙坍塌

3　西侧院墙坍塌

4　南侧随墙门

5　北侧随墙门

6　板门装修残破

图2.1.9　方丈院西配殿各立面现状及残损情况图

6. 方丈院院门现状照片

方丈院院门现状及残损情况如图2.1.10所示。

1　南立面

2　南侧墀头局部风化、酥碱

3　南侧土坯墙局部残破、抹灰脱落

4　西侧墙体坍塌

5　南侧毛石台帮、局部松动

6　遗存檐柱

图2.1.10　方丈院院门现状及残损情况图

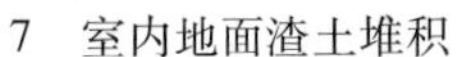

7　室内地面渣土堆积

8　北侧墙体缺失

9　室内地面现状

图 2.1.10(续)

2.1.2　豫西古代建筑砖石及大木作修缮保护做法通例

2.1.2.1　石作

1. 台基维修做法

对于台基石构件灰缝脱灰,内部滋生杂草的情况,可将缝内的积土和植物根系除干净后,重新用油灰(材料配比为白灰:生桐油:麻刀 = 100:20:8(质量比))勾缝,灰缝须勾抿严实。对于石构件歪闪(比原有缝隙大 10 mm 以上)的情况,打点勾缝前应用撬棍拨正或拆安归位,再灌浆(生石灰浆)加固,局部不实处用生铁片垫牢。

2. 石构件断裂维修做法

石构件断裂,影响结构安全和使用,可将断裂石料两面清理干净后用环氧树脂(材料配比为 6101#环氧树脂:二乙烯三胺:二甲苯 = 100:10:10(质量比))进行黏接,接缝外表面用环氧树脂胶和与原石质相同的石粉补平,以使其无明显黏接痕迹。

3. 石构件严重风化、碎裂维修做法

石构件严重风化、碎裂,影响结构安全导致建筑不能继续使用的,可进行修补或添配。修补时应先将残缺或风化部分剔凿成易于补配的形状,清理干净后用原材质石料或环氧树脂拌和石粉进行修补。添配部分用青白石按原状加工后进行更换。

4. 石构件表面风化、酥碱维修做法

石构件表面风化、酥碱,不影响结构安全和使用,可维持现状,加强日常监测,做好监测数据归档工作,规范石构件的利用管理工作。

2.1.2.2　木作

1. 柱子维修做法

(1)木柱的干缩裂缝,当其深度不超过柱径 1/3 时,可按下列嵌补方法进行整修:一是当裂

缝宽度不大于 3 mm 时,可在柱的油饰或断白过程中,用腻子勾抹严实。二是当裂缝宽度在 3 ~ 10 mm时,可用木条嵌补,并用环氧树脂粘牢。三是当裂缝宽度大于 30 mm 时,在粘牢后应在柱的开裂段内加铁箍 2 至 3 道,嵌入柱内。若柱的开裂段较长,则箍距不宜大于 0. 5 m。

(2)当柱心完好,仅有表层腐朽,裂缝不超过柱根直径 1/2 时,在能满足受力要求的情况下,将腐朽部分剔除干净,经防腐处理后,用干燥木材依原样和原尺寸修补整齐,并用环氧树脂粘接。如系周围剔补,需加设铁箍 2 至 3 道。

(3)柱根腐朽严重,但自柱底向上未超过柱高的 1/4 时,可采用墩接柱根的方法处理。墩接时,可根据糟朽部分的实际情况,以尽量多地保留原有构件为原则,采用"巴掌榫""抄手榫""螳螂头榫"等式样。施工时,除应注意使墩接榫头严密对缝外,还应加设铁箍,铁箍应嵌入柱内。

(4)木柱严重糟朽、虫蛀,而不能采用修补、加固方法时,可用相同材质木材按原制更换。在单独更换木柱时应尽量在不落架的情况下进行抽换。

2. 梁、枋、角梁维修做法

(1)当梁、枋有不同程度的腐朽,其剩余截面尚能满足使用要求时,可采用贴补的方法进行修复。贴补前,应先将糟朽部分剔除干净,经防腐处理后,用干燥木材按所需形状及尺寸修补整齐,并用环氧树脂粘接严实,粘补面积较大时再用铁箍或螺栓紧固。梁、枋严重糟朽,其承载力不能满足使用要求时,则须按原制更换构件。更换时,宜选用与原构件相同树种的干燥木材,并预先做好防腐处理。

(2)梁、枋干缩开裂,当构件的裂纹长不超过构件长度的 1/2、深不超过构件宽度的 1/4 时,加铁箍 2 至 3 道以防止其继续开裂。裂缝宽度超过 50 mm 时,在加铁箍之前应用旧木条嵌补严实,并用胶粘牢。如构件开裂属于自然干裂,不影响结构安全,且裂纹现状稳定的可不对其进行干预。当构件裂缝的长度和深度超过上述限值,若其承载能力能够满足受力要求,仍采用上述办法进行修整;若其承载能力不能够满足受力要求,施工补查时根据勘察结果的具体情况做出相应的调整。

(3)梁、枋脱榫,但榫头完整时,可将柱拨正后再用铁件拉结榫卯,铁件用手工制的铆钉铆固;当榫头糟朽、折断而脱榫时,应先将破损部分剔除干净,重新嵌入新制的榫头,然后用耐水性胶粘剂粘接并用螺栓紧固。

(4)角梁(老角梁和仔角梁)梁头糟朽部分大于挑出长度 1/5 时,应更换构件;小于 1/5 时,可根据糟朽情况另配新梁头,并做成斜面搭接或刻榫对接。更换的梁头与原构件搭交粘牢后用铁箍 2 至 3 道或螺栓 2 至 3 个进行加固。

3. 斗拱维修做法

(1)斗拱添配昂和雕刻构件时,应拓出原形象,制成样板,经核对后方可制作。

(2)斗拱的昂或小斗等构件劈裂未断的,可用环氧树脂系胶粘剂进行灌缝粘接。

4. 檩(桁)维修做法

檩子常见有拔榫、开裂、糟朽等残损现象,可分别采用下列方法处理:

(1)当檩拔榫时,归安梁架时檩拨回原位后,如榫头完好,在接头两端各用一枚铁锔子加固,铁锔子长约 300 mm、厚约 15 mm;如檩子榫头折断或糟朽时,取出残损榫头,另加硬杂木银锭榫头,一端嵌入檩内用胶粘牢或加铁箍一道,安装时插入相接檩的卯口内。

(2)檩开裂时修补方式同梁、枋。

(3)当檩上皮糟朽深度不超过檩径 1/5 时,可将糟朽部分剔除干净,经防腐处理后,用干燥木材依原制修补整齐,并用耐水性胶粘剂粘接,然后用铁钉钉牢。当檩上皮糟朽深度小于 20 mm 时,仅将糟朽部分砍尽,不再钉补。

5. 椽飞、望板、连檐、瓦口、闸挡板、椽椀等维修做法

对椽飞、望板、连檐、瓦口、闸挡板、椽椀等木基层及檐头构件,旧料能保留使用的应尽量保留,其常见的残损现象有腐朽、劈裂、鸟类啄食孔洞等,可分别采用下列方法处理:

(1)椽子。

椽子飞头糟朽、腐朽长度小于 20 mm 时,砍刮干净防腐处理后粘补。椽子飞头糟朽部分影响大、小连檐安装的,局部糟朽超过原有椽径的 2/5 及后尾劈裂的裂缝长度超过 600 mm、深度超过 40 mm 的;椽子腐朽深度大于等于 1/3,飞子头尾部糟朽的,应进行更换。不足上述标准的现状整修后继续使用。更换部分应根据原材料原来的长度、直径、搭接方式制作。

(2)望板。

望板为横铺做法的,接缝形式为斜缝,灰背揭除后应做好原样记录。凡糟朽的旧望板均应用干燥的木材按原铺钉形式更换,新配望板尺寸可根据原望板尺寸制作。

(3)连檐、瓦口、闸挡板、椽椀。

糟朽、劈裂等影响使用的部分须用干燥木材按原形制更换,小连檐及瓦口木的长度应在 2 m 以上,翼角大连檐所用木料应无疤节。

6. 装修部分的维修做法

隔扇、槛窗、实榻门、攒边门等外檐装修松动、变形者,现状拆安、整修、紧固榫卯。铁质构件拆卸后进行除锈处理,锈蚀严重者按原制更换。

2.1.2.3　瓦作

1. 地面维修做法

(1)室内、廊内地面。

地面方砖残缺、破碎,按原制揭除重墁。地面揭除时,应做好原样记录,重新铺墁前,应先清理旧垫层。残损的垫层按原制补做。地面方砖整体不平整、松动脱灰及不符合原做法

者,全部揭除后按原制重墁。细墁所用砖块,须砍磨成要求的"盒子面"后,再依原样铺墁。铺墁时须用木墩锤击震,将砖缝挤严,令四角合缝。添配砖面在打点、墁水活并擦净后用生桐油钻生两遍。廊内地面按原状揭出重墁时,须找出排水坡度。

(2)院内地面。

对于御路两侧缺失的地面砖采取挖补做法,相当于墙面的剔补做法:先清理砖垫层表面,并浇水湿润,坐浆铺装,灰厚以铺砖后上皮高度与老海墁地面平整为度。再根据缺失砖的排列方式,在灰浆之上铺坐整砖或半砖,用木锤敲击使其与灰浆紧密结合,与相邻老砖高度齐平,用生石灰浆串缝。考虑老砖普遍风化,砖缝较大,故用生石灰浆串缝外,再用白灰扫缝严实。

(3)散水。

散水形式为联环锦形式,散水里口应与土衬石上皮相平,外口应与院内地面衔接平顺。

2. 墙体维修做法

(1)墙体下碱、槛墙、台帮、象眼。

砖体风化、酥碱的深度在 30 mm 以内者,原状保留;砖体风化、酥碱的深度在 30 mm 以上的,进行剔补。剔凿挖补时将酥碱部分砖体剔除干净,用原规格砖砍磨加工后重新补配并用灰浆粘贴牢固,待墙面干燥后将打点、补配过的地方磨平,再沾水把整个墙面揉磨一遍,最后清扫、冲洗干净。

当墙体明显下沉或后砌部分不整齐且臌闪严重者,需进行拆砌归正,新、旧墙体应咬合牢固、灰缝平直、灰浆饱满,外观应保持原样。

(2)墙体上身。

山墙、后檐墙墙面空鼓、脱落者,将旧灰皮铲除干净后用水淋湿,然后按原做法(靠骨灰一道,红麻刀灰一道)分层,按原厚度抹制,赶压坚实,最后刷广红浆。红麻刀灰配比为白灰:麻刀:红土 =100:3:5(质量比),墙面 0.5 m 内钉麻揪一枚,麻长约 0.5 m。

廊心墙墙面局部空鼓、脱落者,将墙体残损部分铲除干净,包金土麻刀灰打底,表面绘沙绿大边,拉白、红两色线。酥碱、空鼓、脱落面积总共超过50%者,全部铲除重做。

3. 屋面维修做法

(1)瓦件。

卸瓦件前,应对垄数、瓦件数量和底瓦搭接等情况做好记录,然后分类(根据不同规格、残损程度)码放,将尺寸有差异的瓦件挑出后集中使用,瓦件尺寸差异较大者不宜继续使用。脱釉瓦件强度能够满足要求及无破损者应继续使用,残损或不足瓦件按原制补配。

将新烧制的瓦件与旧瓦件混合使用,所有新瓦件在加工时应在背里面做出时间标记。

(2)脊饰。

脊饰拆卸前,分部位做好记录(位置、顺序、向背等)、码放齐整。

残损、破碎、无法使用及缺失的脊件按现存的脊件形制,将缺失部分重新烧制,新、旧脊件的形式、色彩、材质和技术工艺特征应协调一致,主要新脊件在烧制时应在背里面做出时间标记。

扒锔脱落的脊件按原制补钉铁扒锔，开裂的脊件粘接后继续使用，粘接前应将构件断茬清洗干净，然后用环氧树脂材料粘接牢固。

(3)灰泥背。

灰泥背处于隐蔽部位，限于条件，勘察时未能对其做法进行剖析，施工揭除前须对原有灰泥背的材料、分层、厚度等做法进行测量记录，然后根据现存实物按原制重新制作灰泥背。

苫背、瓦瓦：望板喷涂铜唑(CuAz)防腐剂4遍，苫100∶3∶5麻刀青灰护板灰一道，厚15 mm。待其基本干燥后，苫4∶6掺灰泥背(四成泼灰与六成黄土拌匀后加水，闷8小时后即可使用)，分3次苫齐，总厚平均70至80 mm，灰背每层苫好后待其基本干燥后再苫下一层，每层均须拍实抹平。苫背时须在木构件折线处栓线垫囊，垫囊要求分层进行，囊度和缓一致。待灰泥放干后苫100∶5∶20麻刀青灰背两层，总厚25 mm，分层赶轧坚实后刷浆压光，待其放干后用4∶6掺灰泥瓦瓦。瓦瓦时要求逐一审瓦。瓦瓦泥饱满，瓦翅背实，熊头灰充足，随瓦随夹垄，睁眼一致并不大于35 mm，捉节灰勾抹严实。瓦面须当均垄直，囊度和缓一致，最后清垄擦亮。瓦面瓦齐后，以100∶3∶5红麻刀灰捏当沟，分层"填馅"苫小背调脊。

2.1.2.4　油饰、彩画做法

1. 油饰做法

油皮用料须符合修缮保护要求和现行材料标准的规定，使用前须先制成样板，经业主和方案编制单位认可后方可施工。外檐大木油饰做法均施一道章丹油、三道银朱色颜料光油、一道光油。油饰要求油皮饱满，色彩均匀，光亮一致。

2. 彩画做法

为最大限度地保留彩画的真实性和完整性，本方案拟对保留较完整的梁、枋彩画整体保留，做除尘处理。

(1)除尘。

彩画地仗较好，龟裂、起甲不严重的，可用莜麦面团滚擦3遍以上进行除尘；大面积积尘或表面粉化、龟裂、起甲的彩画，可用软毛刷或吸尘器除尘；鸟粪、水渍等污物，可用清水或蒸馏水直接清洗；能揭取或脱骨地仗的背面部分须除尘后进行回帖。除尘后彩画表面的污染物须清除干净。

(2)补配、随色。

彩画局部缺失时，应按现存彩画的形制，按传统做法补绘。颜色应兼顾协调与可识别性的原则，最终达到远看一致、近看有别的效果。木构件原有彩画须重新绘制时，应按照现有实物起谱子，细部纹饰按照现存彩画的式样和做法绘制。

①对于彩画缺损部分的补做，应采用传统工艺和材料，按现存彩画的式样和做法补绘，颜色效果方面以达到协调和谐的可识别性为原则。

②彩画残损严重，需要按现状重绘部分，按要求先将维修建筑上的彩画所有纹饰描拓、记录下来，拍照、编号、存档，作为重绘彩画的依据，经方案编制单位验收后方可施工。

③根据拓取的纹饰在牛皮纸上起彩画谱子，谱子的主要框架尺寸以施工图及实物现状为准，细部纹饰按现状彩画绘制。谱子拟出后，经施工图编制部门审核无误后方可定稿。

④彩画的各种颜色，需使用传统颜料，主要颜色先制成样板，经方案编制单位选定后，经有关部门检验，确认合格后方可施涂。

⑤贴金用的金胶油必须用传统材料骨胶调制，对于有毒颜料要采取防护措施。贴金金箔常用的是南京厂家生产的龙凤牌金箔。贴金箔应与金胶油粘接牢固，金箔不应有起甲、空鼓、裂缝等缺陷，金胶油不应有流坠、皱皮等缺陷。框线、云盘线、山花等各种贴金扣油部分表面线条须直顺整齐或弧线流畅、饱满，无脏活。

⑥施工程序要按传统工艺进行。大色以色标为准，严禁出现翘皮、掉色、漏虚、漏刷等现象；金线彩画各种沥粉线条要求光滑、直顺、宽窄一致，大面无刀子粉、疙瘩粉及明显瘪粉，不得出现崩裂、掉条、卷翘等现象；图案工整规则，梁、枋主要线条（箍头线、方心线、皮条线、岔口线、盒子线）准确直顺、宽窄一致，无明显搭接错位、离缝现象；大面棂角整齐方正。

⑦为了能更好地保护彩画，需对脚手架、照明灯光等配套设施进行特殊处理，同时专门加工定做支架顶。施工人员在施工过程中应采取必要的安全防护措施。

⑧在施工过程的每一阶段，都要做详细的记录，包括文字、图纸、照片，留取完整的工程技术档案资料。施工中如发现隐蔽工程或与勘察报告不符，需做好记录，以便施工图调整或变更。

2.1.2.5　施工统一要求

修缮人员难以对隐蔽部位勘察全面、到位，应在维修保护工程实施过程中，随时注意补查，发现问题，随时向主管部门汇报，以便及时补充、调整或变更。

2.1.2.6　主要维修材料要求

1. 木材含水率

所有木料均选用干燥材，大木含水率小于20%，方木和装修用料含水率小于15%。

2. 木材防腐

（1）所有木料均需进行防虫、防腐处理。防腐处理主要采取喷涂方式，在椽子和望板补配完成后，喷涂4遍CuAz防腐剂，要求防腐处理前木材含水率应在20%以下。CuAz防腐剂是中国林业科学研究院木材工业研究所研制的新型木材防腐剂，该药剂获得2005年国家新产品证书，近年来在西藏布达拉宫、青海塔尔寺等维修工程中均有使用。检验表明，该药剂对木材抗弯弹性模量没有显著影响。不同浓度的防腐剂处理木材的抗弯强度与对照素材比较在统计上无显著差异。CuAz处理保持量相对较低，木材抗弯强度未见明显下降趋势，后期干燥方式对木材抗弯强度未见明显规律性的影响。

(2)新木构件的防腐处理包括对大木构件梁、柱、椽望、雀替及装修木构件等采用加压处理,CuAz 原药的浓度为 9.4%,建议选用的浓度为 0.8%,实际使用浓度现场调试。防腐剂渗入后喷洒显色液,木材颜色变为蓝黑色。

旧木构件包括大木构件梁、柱、椽望、雀替及装修木构件等。对于不落架、不更换的旧木构件,有彩画的木构件采用涂刷处理,CuAz 建议选用的浓度为 2%,实际使用浓度现场调试。一般涂刷 3 次,每次间隔 3 小时。对于面积较大的望板、较隐蔽的以及高处的木构件也可进行喷淋处理,喷淋处理用的药剂浓度与涂刷处理一样,喷淋处理一般为 3 次,每次间隔 3 小时。对于木构件上的小虫眼,应用注射器将药剂注入虫眼内。注射处理选用的是油溶性的杀虫剂五氯酚,浓度为 3%,处理一般采用每间隔 2 小时注射 1 次,至虫眼填满药剂为止的方式。

3. 砖、瓦

补配砖和瓦等构件要求按照拆修部位的砖、瓦规格,新配砖、瓦质密、平整、不低于现有旧砖、瓦强度。订瓦时,必须用实物样品。

4. 铁箍

木结构用铁箍加固时,铁箍的大小按所在部位的尺寸及受力情况而定,一般情况下铁箍宽 50 mm,厚 3 ~4 mm,长按实际需要定。铁箍可用螺栓锚固或用手工制的大头方钉钉入梁内,使用时表面刷防锈漆。

5. 石料

根据补配原件的材料选择修配用材,阶条石、垂带石、分心石、牙子石等石构件使用青石进行补配。

6. 白灰

白灰应选用优质生石灰块熟化,熟化时间不少于 7 天。

7. 憎水剂

憎水剂是一种乳白色、无毒无味、无可见膜层、透气性好、憎水性强的环保渗透结晶型防水剂,根据不同材料可形成纵深 1 ~30 mm 的憎水层。憎水剂可按 1∶5 或 1∶10 兑水的比例,用喷雾器喷在建筑物表面,可迅速渗入建筑物,形成肉眼看不见的永久防水层。憎水剂无毒、无味、不易燃,施工时只要在气温 5 ℃以上均可,固化后可耐 -70 ~180 ℃的温度。

憎水剂施工工艺如下:

(1)使用前先将建筑物表面尘土、琉璃构件胎体清理干净,裂缝和孔洞需嵌密实,基底必须保持干燥。

(2)使用时将本产品用清洁的普通农用喷雾器或刷子直接喷刷在干燥的构件上,纵横二遍。常温下24小时后即有防水效果,一周后效果更佳。

(3)施工部位24小时内不得受雨水侵袭,气温降低至5 ℃以下停止施工。

(4)使用前应在专业人员的指导下进行小面积实验,实验成功后方可大面积施工。

2.1.3 陕县安国寺附属建筑修缮做法

2.1.3.1 工程范围及类型

1. 工程范围

(1)建筑修缮:火神殿、方丈院(正殿、东配殿、西配殿、门楼)。本工程修缮建筑面积约243.35 m^2。

(2)院落铺装修整:方丈院院内及火神庙、方丈院外地面整修,疏通排水。方丈院院落铺装面积约70.2 m^2,火神殿北侧铺装面积约22 m^2,火神殿、方丈院外地面硬化面积约430 m^2。

(3)院墙修整:长度约11.8 m。

2. 工程类型

根据《中国文物古迹保护准则》(2015),工程性质应确定为重点修复。

2.1.3.2 修缮依据

(1)《中华人民共和国文物保护法》(2017年11月修订)。

(2)《中华人民共和国文物保护法实施条例》(2017年10月)。

(3)《中国文物古迹保护准则》(2015)。

(4)《河南省〈文物保护法〉实施办法(试行)》。

(5)《文物保护工程管理办法》(2003)。

(6)《古代建筑木结构维护与加固技术规范》(GB 50165—92)。

(7)《陕县安国寺附属建筑修缮保护现状勘察报告》。

(8)国家现行相关文物建筑修缮保护规范。

(9)历史文献等文字记载资料及走访调查所得资料。

2.1.3.3 修缮原则

(1)在进行修缮、保养、迁建的时候,必须遵守不改变文物原状的原则(2017年《中华人民共和国文物保护法》)。此外,由国际古迹遗址理事会(ICOMOS)中国国家委员会编制,经国家文物局于2015年批准公布的《中国文物古迹保护准则》,对古代建筑的保护修缮更有专业性的规定,规定如下:

第12条,最低限度干预:应当把干预限制在保证文物古迹安全的程度上。为减少对文物古迹的干预,应对文物古迹采取预防性保护。

第27条,修缮:包括现状整修和重点修复。现状整修主要是规整歪闪、坍塌、错乱和修补残损部分,清除经评估为不当的添加物等。修整中被清除和补配部分应有详细的档案记录,补配部分应当可识别。重点修复包括恢复文物古迹结构的稳定状态,修补损坏部分,添补主要的缺失部分等。对传统木结构文物古迹应慎重使用全部解体的修复方法。经解体后修复的文物古迹应全面消除隐患。修复工程应尽量保存各个时期有价值的结构、构件和痕迹。修复要有充分依据。附属文物只有在不拆卸则无法保证文物古迹本体及附属文物安全的情况下才被允许拆卸,并在修复后按照原状恢复。由于灾害而遭受破坏的文物古迹,须在有充分依据的情况下进行修复,这些也属于修缮的范畴。

第30条,环境整治:是保证文物古迹安全,展示文物古迹环境原状,保障合理利用的综合措施。整治措施包括:对保护区划中有损景观的建筑进行调整、拆除或置换,清除可能引起灾害的杂物堆积,制止可能影响文物古迹安全的生产及社会活动,防止环境污染对文物造成的损伤。绿化应尊重文物古迹及周围环境的历史风貌,如采用乡土物种,避免因绿化而损害文物古迹和景观环境。

(2)根据以上国家强制性法规并参考《中国文物古迹保护准则》(2015)的相关条款,确定火神庙、方丈院的修缮性质为重点修复。尽量避免使用全部解体的方法,提倡运用其他工程措施达到结构整体安全、稳定的效果。

①当主要结构严重变形,主要构件严重损伤,非解体不能恢复全稳定时,可以局部或全部解体。解体修复后应排除所有不安全的因素,确保在较长时间内不再修缮。

②保存残状,精心修补,不做完全修复,使残状造型富有历史的美感。

③允许增添加固结构,使用补强材料,更换残损构件。新增添的结构应置于隐蔽部位,更换构件应有年代标志。

(3)不同时期遗存的痕迹和构件原则上均应保留,如无法全部保留,须以价值评估为基础,保护最有价值部分,其他去除部分必须留存标本,记入档案。

(4)修复可适当恢复已缺失部分的原状。恢复原状必须以现存没有争议的相应同类实物为依据,不得只按文献记载进行推测性恢复。对于少数完全缺失的构件,经专家审定,允许以公认的同时代、同类型、同地区的实物为依据加以恢复,并使用与原构件相同种类的材料;但必须添加年代标识。缺损的雕刻、泥塑、壁画和珍稀彩画等艺术品,只能现状防护,使其不再继续损坏,不必恢复完整。

(5)在文物古迹的建筑群整体完整的情况下,对少量缺失的建筑,以保护建筑群整体的完整性为目的,在有充分的文献、图像资料的情况下,可以考虑重建筑群整体格局的方案。但必须对作为文物本体的相关建筑遗存,如基址等进行保护,不得改动、损毁。相关方案必须经过专家委员会论证,并经相关法规规定的审批程序审批后方可进行。

2.1.3.4　修缮思路

火神殿、方丈院年久失修，建筑损毁严重，大部分建筑已坍塌，对寺院格局完整性存在一定影响。对现状遗存进行修整、加固，尽量保留建筑遗存，缺失、坍塌处按现状形制、材料、当地做法修复，坍塌、散落的大部分建筑木构件，应尽量收集、整修，尽可能在修缮中使用。木构件与墙体建议进行扁铁拉接，保证墙体与大木构件完整性。

本次修缮主要是对现状遗存进行整修，加固保留遗存构件，对坍塌部分进行规整、补配。

1. 建筑大木构架

根据结构检测报告，经过初步勘察可知，建筑木构架大部分已坍塌，处于不安全状态，本次修缮针对建筑不同的损伤情况，对现存梁架进行现状整修：现存构件能保留的尽量保留；用传统工艺修补构件；缺失构件按原构件相同材质添配；糟朽、虫蛀严重构件达不到结构使用要求的进行更换，不可重复使用。

施工过程中，对所有墙内隐蔽木柱柱根进行揭露检查（重点检查柱位处墙体有开裂者），如有糟朽，根据实际情况，墩接处理。屋面挑顶后对隐蔽部位进行检查，凡糟朽严重、达不到结构使用要求的，一律更换。

2. 台基

施工中清理建筑台基周边渣土、覆土，详查建筑台基，现状整修重点是对阶条石、垂带石及踏跺石走闪处进行归安，缺失处用原材质添配。凡是没有发生空鼓、歪闪、变形的台帮，采取剔补与打点修补的方法。砖体表面酥碱深度大于 3 cm 时，采用剔补做法，小于 3 cm 时采取打点修补做法。尽量保持原有风貌做法。不影响砌体安全的砖砌体损伤，原则现状保留。

3. 基础

经现场勘察发现结构存在因地基不均匀沉降而导致的明显损坏现象（多处墙体撕裂），为了保存现状墙体，加固基础，采用基础托换、补强基础、灌浆加固的做法。由于条件限制，前期无法详细进行地基勘察，因此待施工时应聘请有地基勘察资质单位二次深化方案，进一步完善施工图。

4. 建筑墙体

墙体发生空鼓、歪闪、变形、酥碱等病害的修补做法与上述台基的墙体做法一致。

发生通裂的墙体采用灌浆方法进行加固。对土坯墙体的裂缝用与现场土坯材质相同的黄土浆灌缝，对砖、石墙体的裂缝用白灰浆灌缝。灌缝用的黄土浆中需加入适量长度为 1cm 的玻璃纤维丝缎，用以增加黄土浆强度，最大限度保存现存墙体。坍塌、缺失的墙体，按现存形制补砌墙体。针对抹灰墙体靠骨灰空鼓、脱落等情况，视其损伤面积而定，如超过总面积的50%,则全部铲除后,重做;如面积不超过总面积的50%,则采取局部修补的做法予以整修。

5. 建筑屋面

根据现场勘察,屋面残损情况具有一定的不可预见因素:屋面残损严重,予以全部挑顶修缮的做法,整修木基层;建筑屋面局部尚存、部分坍塌,为使历史建筑保留更多的历史信息,本次修缮拟对残损脊饰、瓦件进行分类,只要较好、无裂隙的脊饰、瓦件,在保证建筑安全的前提下,一律予以保留,只对较差的脊饰、瓦件进行更换。更换脊饰、瓦件需按现存形制、做法、色泽定制。

6. 建筑装修

建筑装修要求现状整修,残破、缺失更换、补配。

7. 地面铺装及排水

方丈院院内铺装被现存渣土、垃圾淹没,对局部地面进行清理、探挖,发现原有条砖铺墁痕迹,砖体残破、碎裂严重。本次按原有铺装痕迹,恢复地面铺装、找坡泛水。院外地面现为黄土地面,无铺装痕迹,由于年久失修、风雨侵蚀,坑洼不平现象严重,排水不畅,考虑到文物修缮的特点,为保持文物建筑整体修缮效果,本次修缮仅做局部修整,局部地面硬化、找坡泛水。

2.1.4　陕县安国寺附属建筑现状测绘图与修缮施工图

航拍陕县安国寺东北隅现状如图2.1.11所示。

图2.1.11　航拍陕县安国寺东北隅现状图

陕县安国寺火神殿、方丈院现状平面图如图 2. 1. 12 所示。

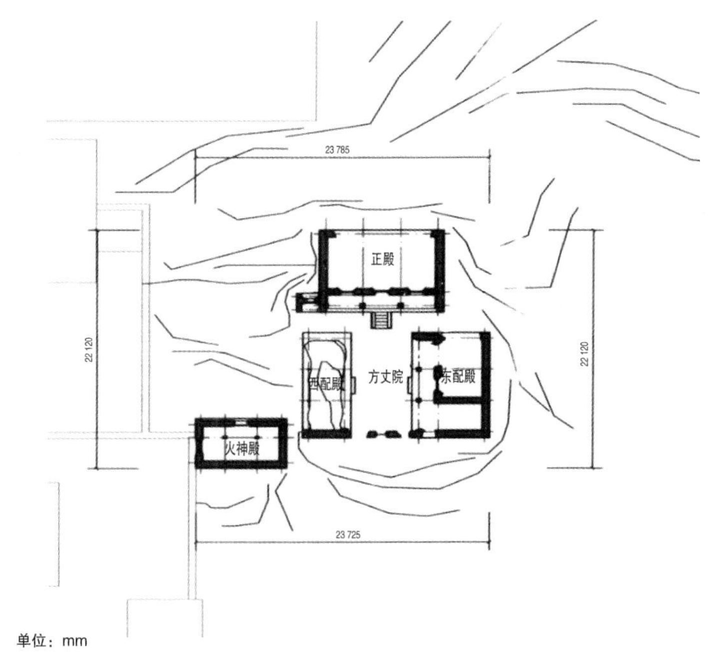

图 2.1.12　陕县安国寺火神殿、方丈院现状平面图

1. 陕县安国寺火神殿、方丈院现状实测平面图与修缮平面图

(1)陕县安国寺火神殿、方丈院现状实测平面图如图 2. 1. 13 所示。

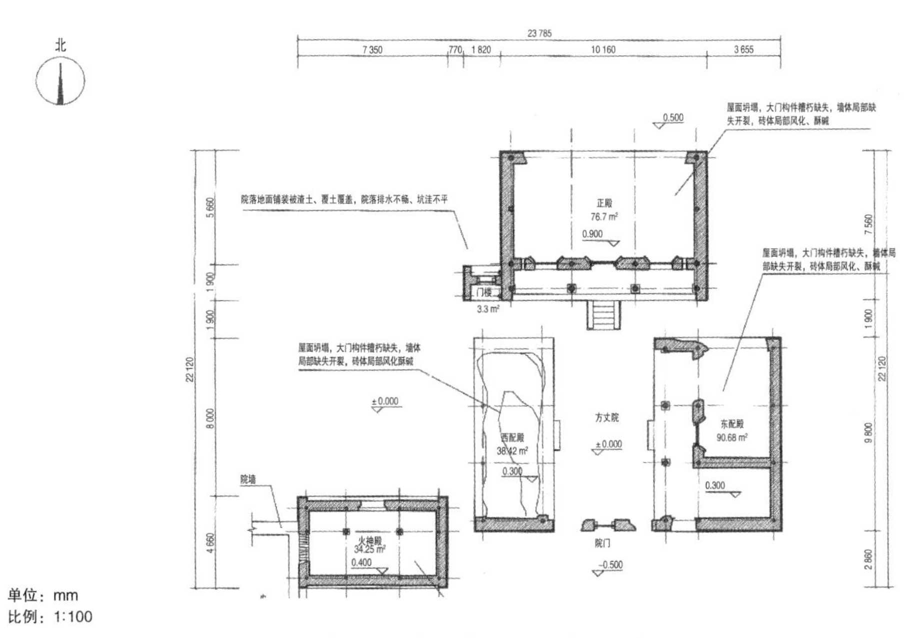

图 2.1.13　陕县安国寺火神殿、方丈院现状实测平面图

(2)陕县安国寺火神殿、方丈院修缮平面图如图 2. 1. 14 所示。

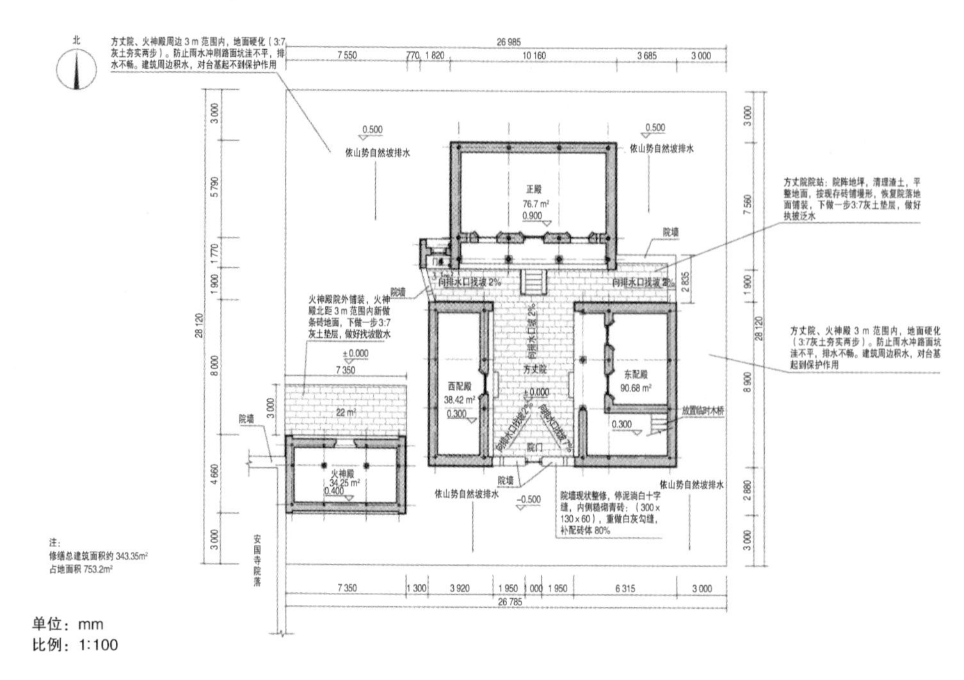

图 2.1.14 陕县安国寺火神殿、方丈院修缮平面图

2. 火神殿现状实测图与修缮图

(1)火神殿现状实测平面图如图 2. 1. 15 所示,立面图如图 2. 1. 16 所示,剖面图如图 2. 1. 17 所示。

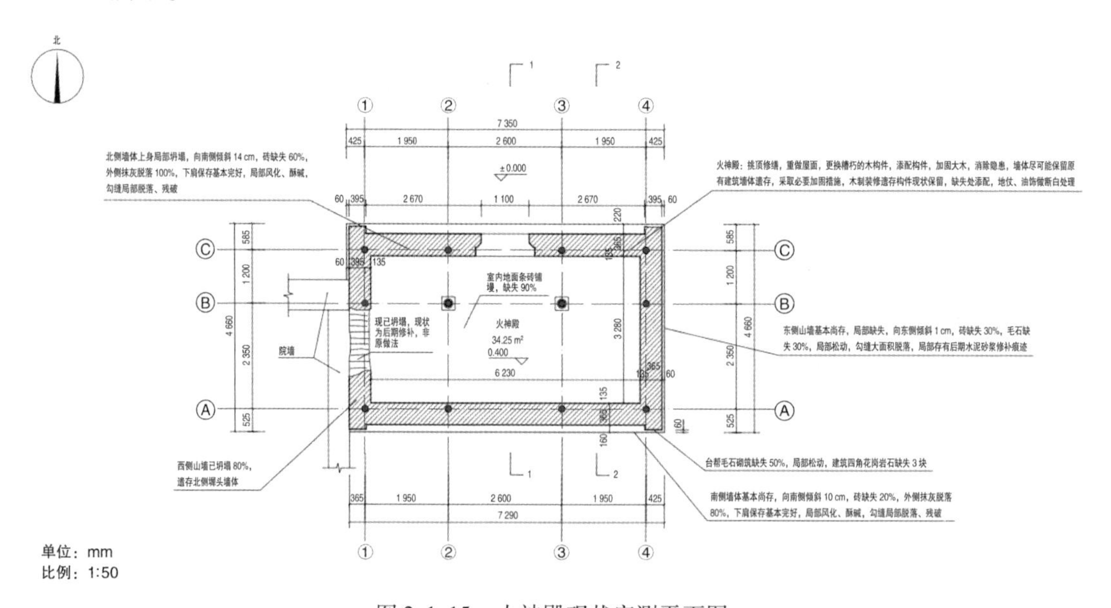

图 2.1.15 火神殿现状实测平面图

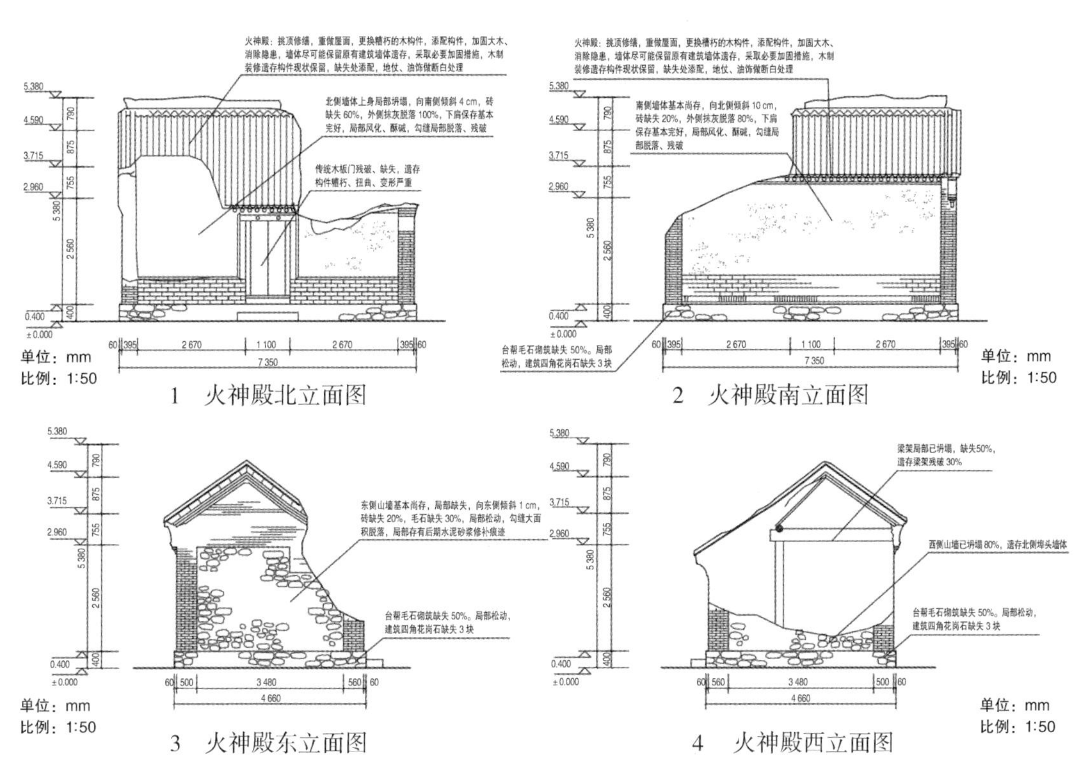

图2.1.16　火神殿现状实测立面图

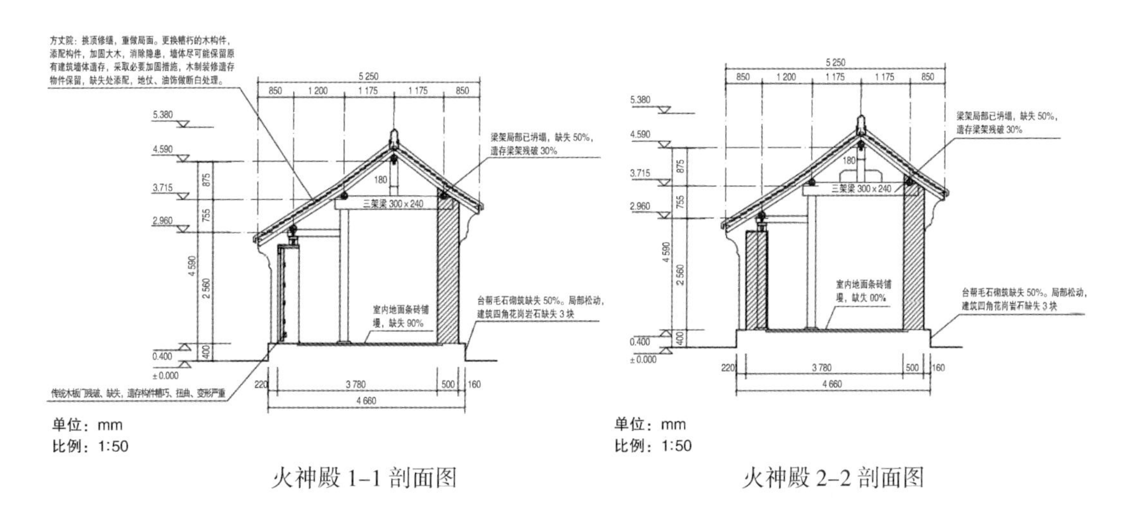

图2.1.17　火神殿现状实测剖面图

（2）火神殿修缮平面施工图如图 2. 1. 18 所示，立面施工图如图 2. 1. 19 所示，剖面施工图如图 2. 1. 20 所示。

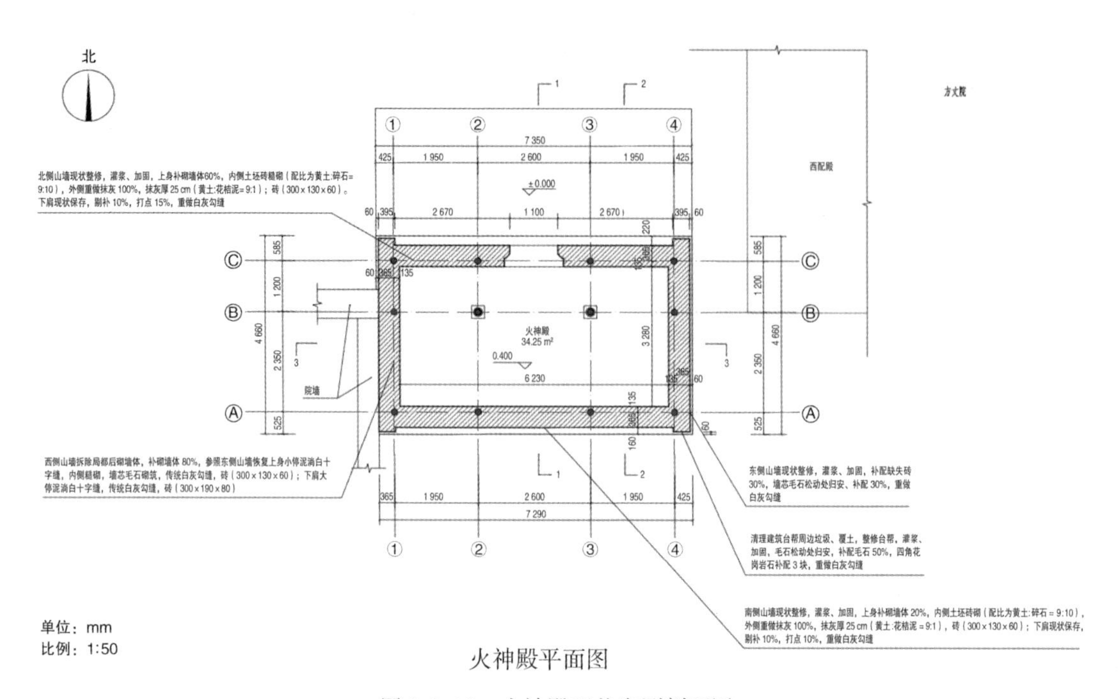

图 2.1.18　火神殿现状实测剖面图

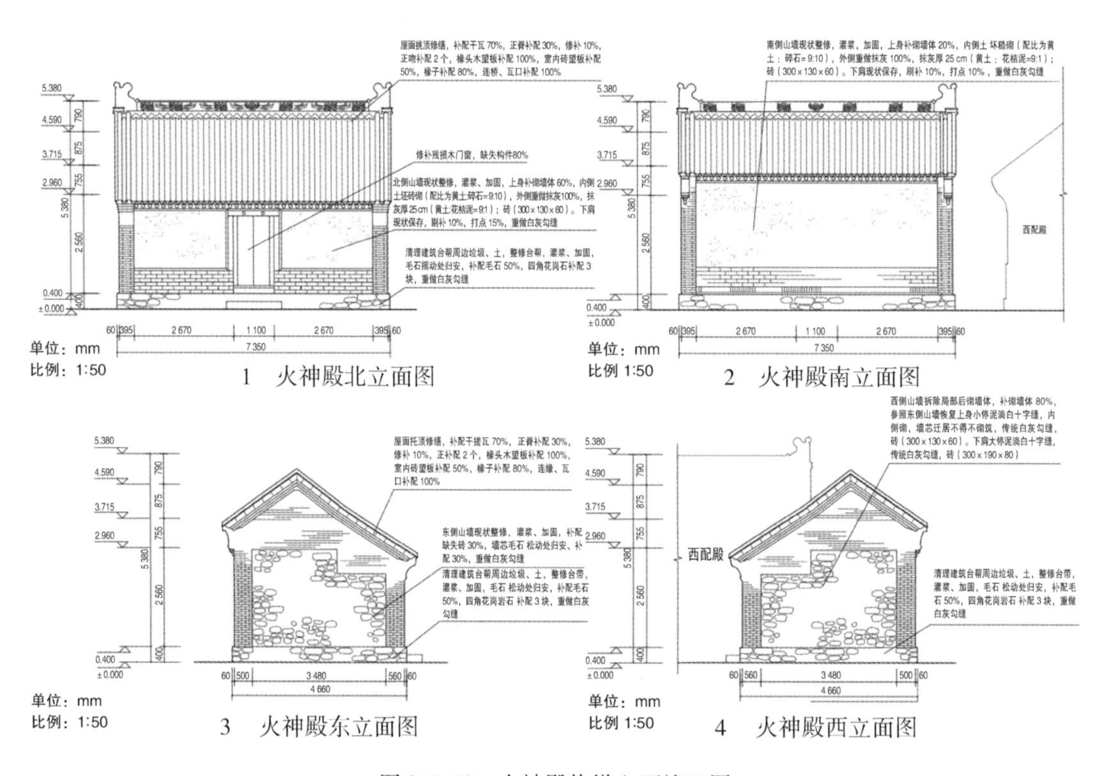

图 2.1.19　火神殿修缮立面施工图

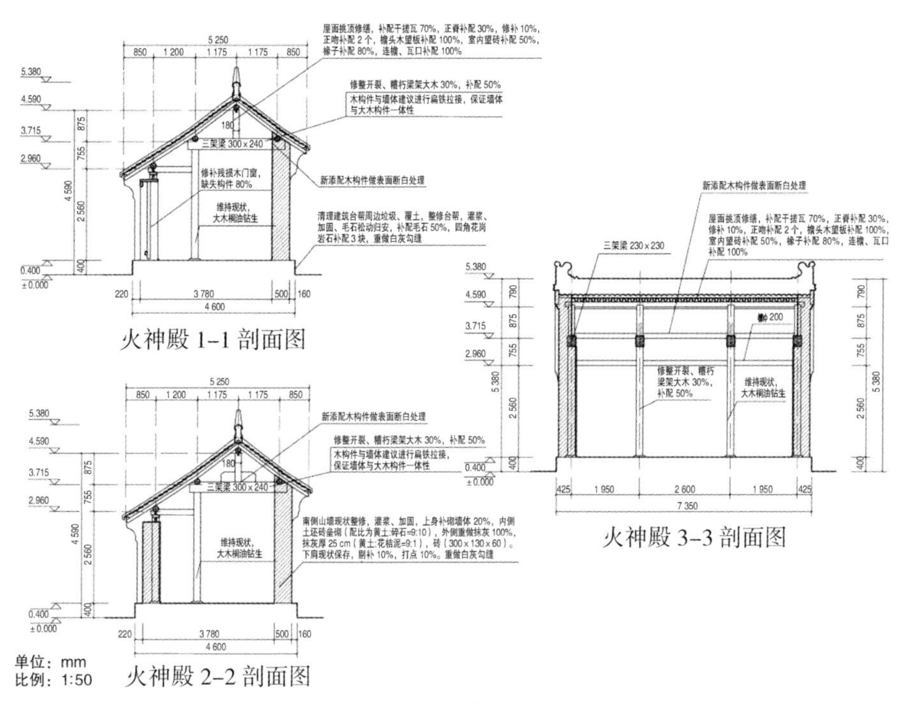

图 2.1.20　火神殿修缮剖面施工图

3. 方丈院正殿及门楼现状实测图与修缮施工图

(1)方丈院正殿及门楼现状实测平面图如图 2.1.21 所示,立面图如图 2.1.22 所示,剖面图如图 2.1.23 所示。

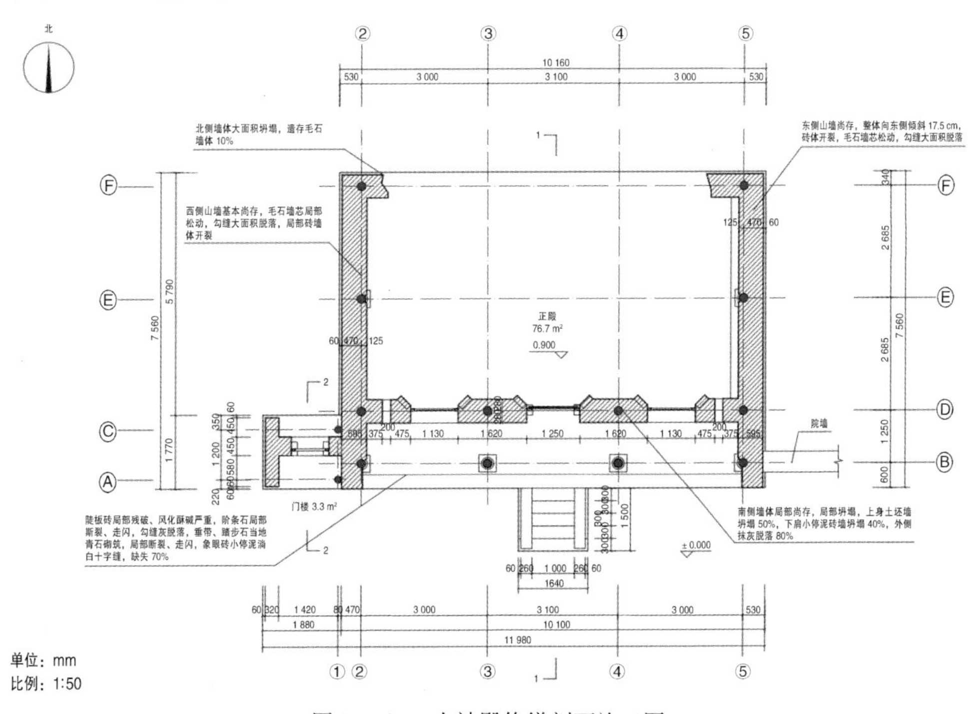

图 2.1.21　火神殿修缮剖面施工图

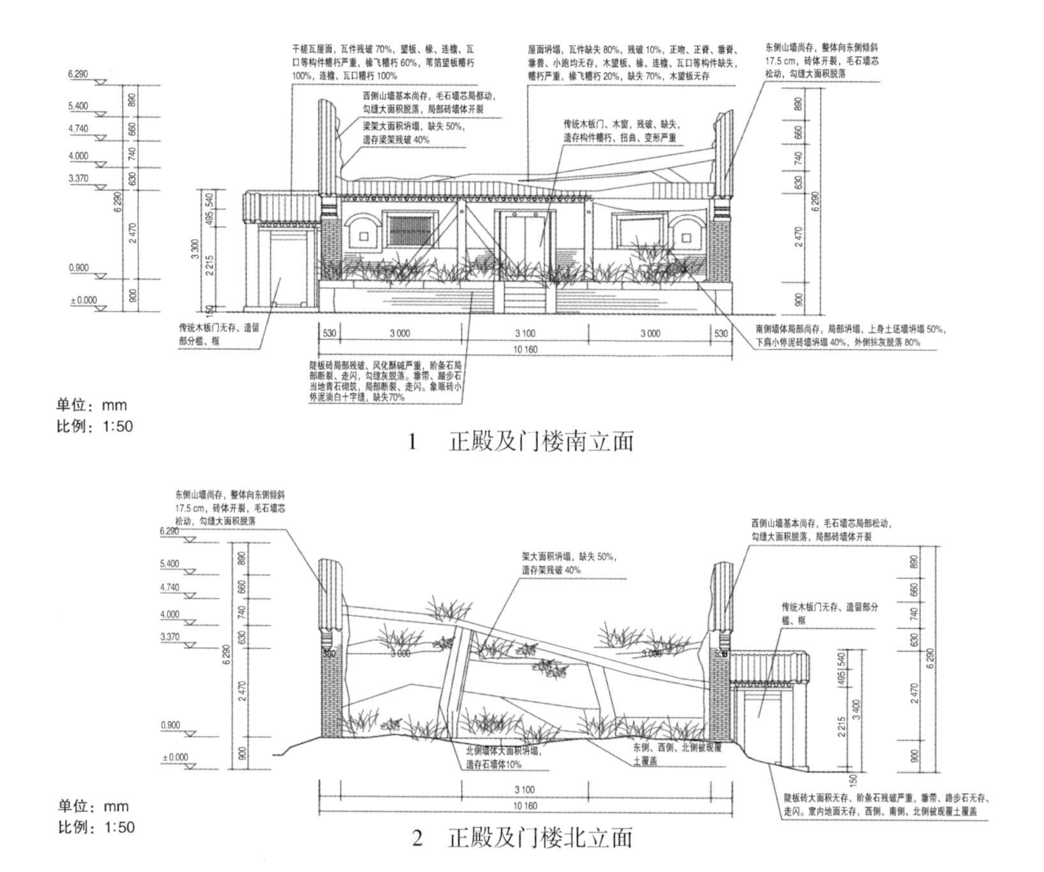

图 2.1.22　方丈院正殿及门楼现状实测平面图

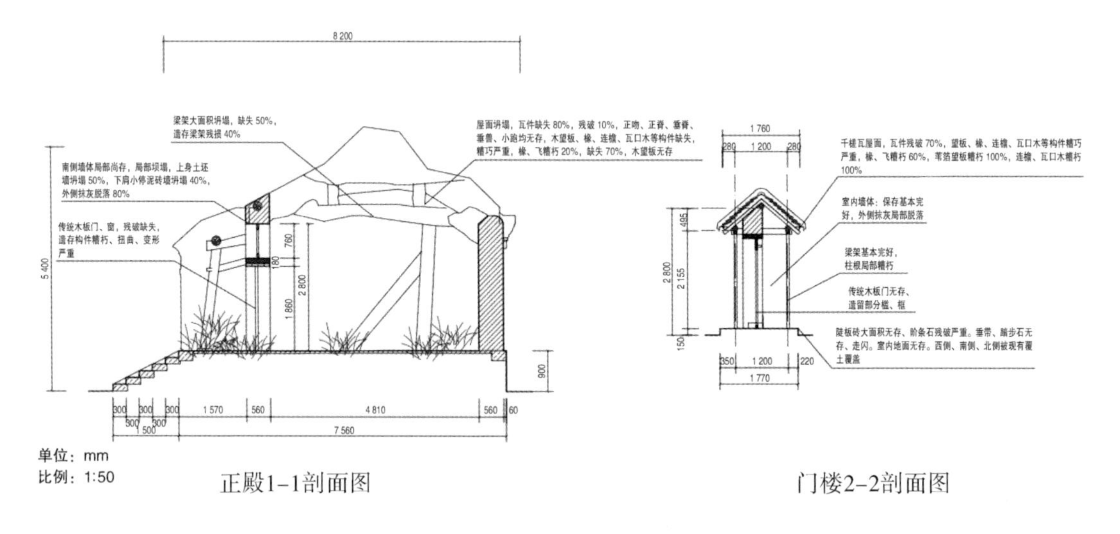

图 2.1.23　方丈院正殿及门楼现状实测剖面图

(2)方丈院正殿及门楼修缮平面施工图如图 2.1.24 所示,立面施工图如图 2.1.25 所示,剖面施工图如图 2.1.26 所示。

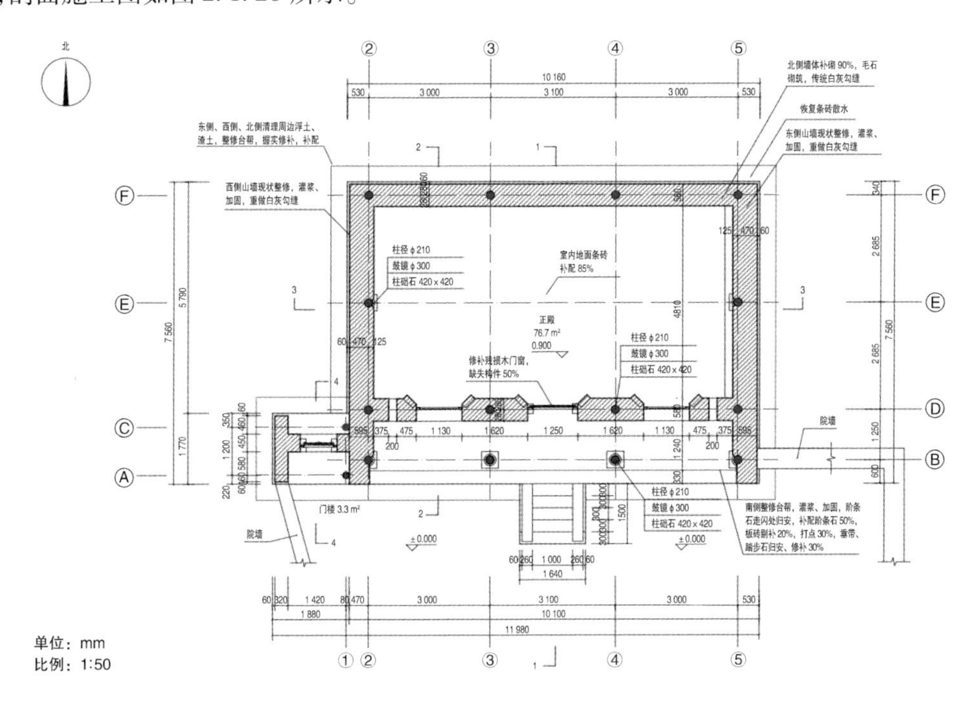

图 2.1.24　方丈院正殿及门楼现状实测立面图

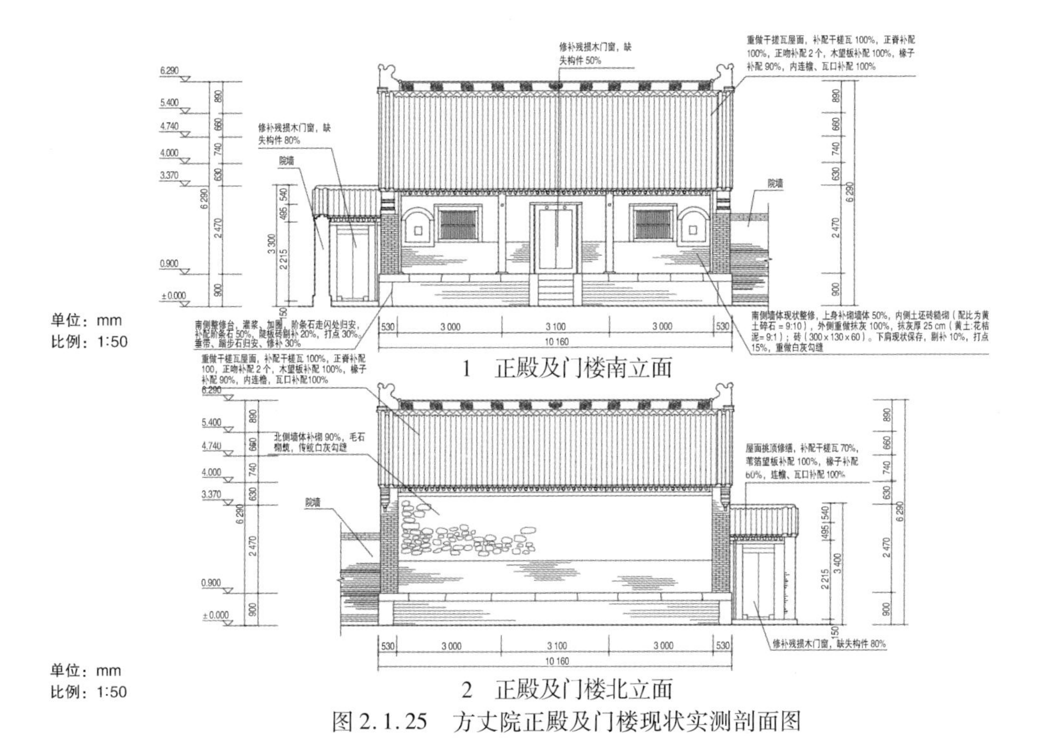

1　正殿及门楼南立面

2　正殿及门楼北立面

图 2.1.25　方丈院正殿及门楼现状实测剖面图

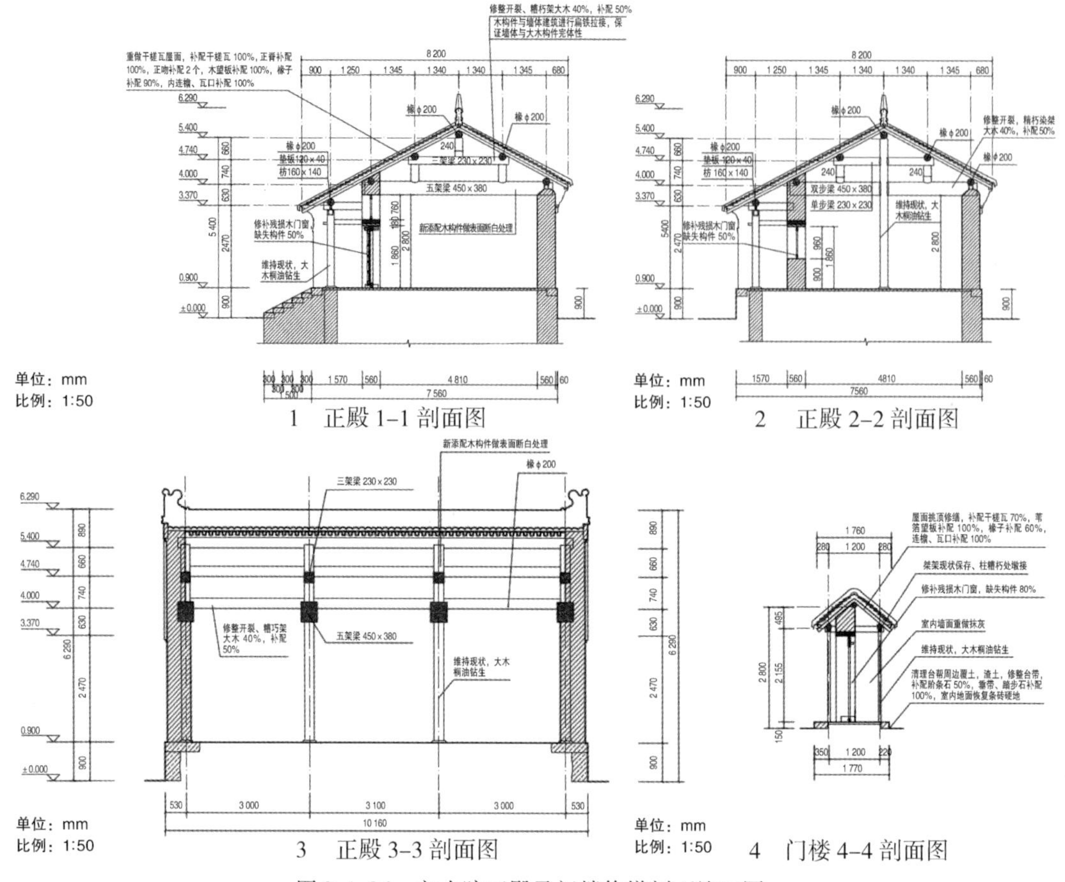

图 2.1.26 方丈院正殿及门楼修缮剖面施工图

4. 方丈院院门现状实测图与修缮施工图

(1)方丈院院门现状实测图如图 2.1.27 所示。

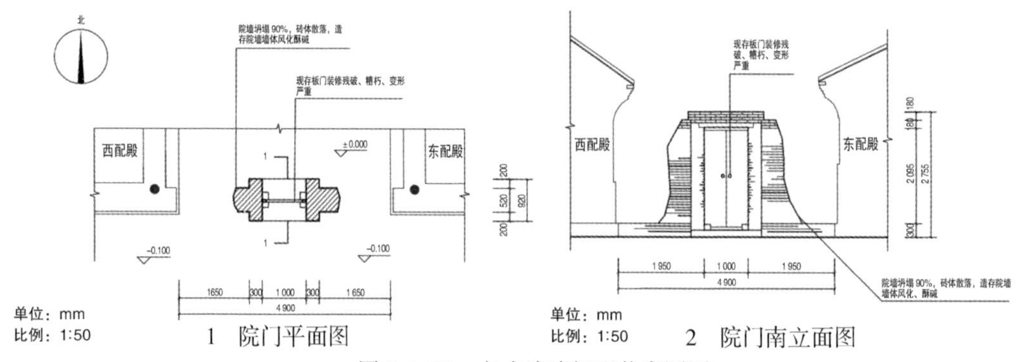

图 2.1.27 方丈院院门现状实测图

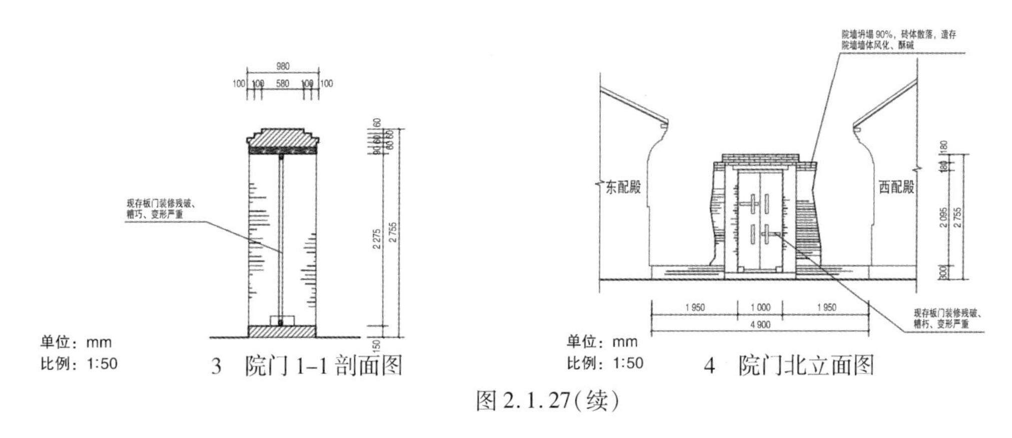

图 2.1.27(续)

(2)方丈院院门修缮施工图如图 2.1.28 所示。

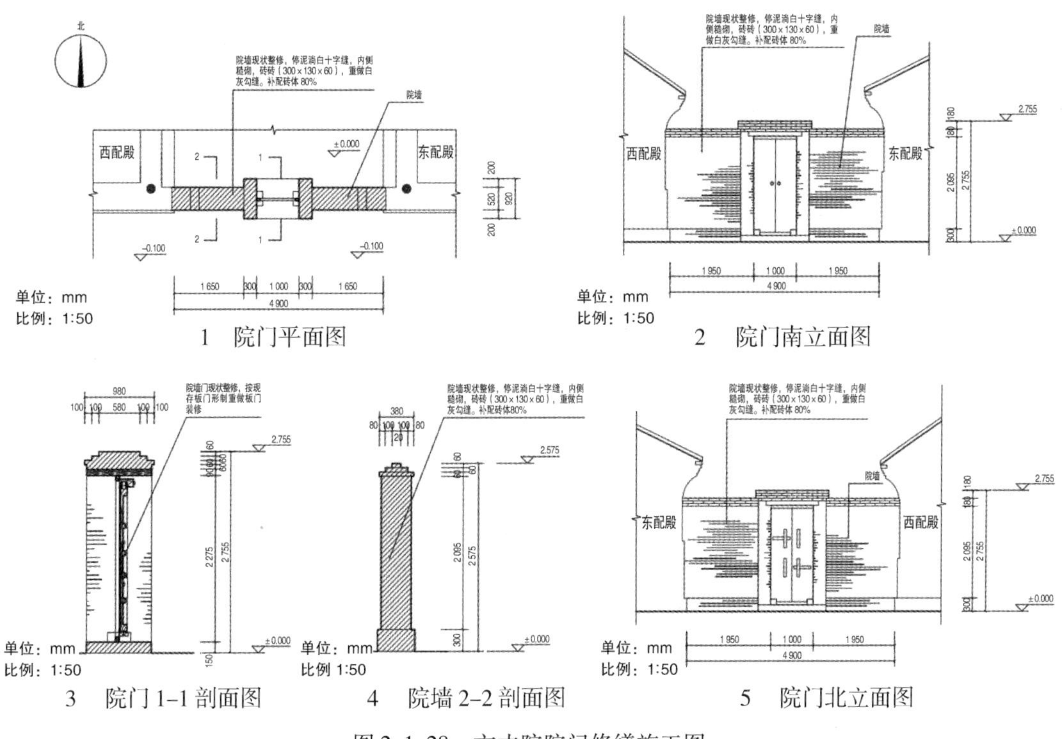

图 2.1.28　方丈院院门修缮施工图

2.2　卢氏城隍庙传统勘察与修缮做法

卢氏城隍庙位于卢氏县城中华街路北 130 m 处，是豫西城区建筑规模较大且保存最为完整的古代建筑群之一，现有山门、过门及九龙壁、舞楼、献殿、后殿、东厢房、西厢房，面积约 2 300 m^2。

卢氏城隍庙始建于元代，明洪武初重修，至宣德年间，因遭兵燹，化为灰烬。天顺甲申年(1464 年)重修，因工程浩大，故成化丙戌年(1466 年)落成。嘉靖年间又被火烧后进行三年重建，该次重建后，卢氏城隍庙规模宏敞、殿宇巍峨，并彩塑神像，增建殿宇。至清乾隆十年（1745 年），庙宇破坏，又进行了大规模的重修，现存建筑基本上保持着这次重修后的规模和布局，特别是殿顶琉璃瓦件绝大多数为此次重修时配置的。

卢氏城隍庙不仅是豫西南地区现存最为完整的古代建筑群之一，而且其具有明显的地方建筑结构特点，为研究我国古代建筑技术及历史提供了重要的实物资料。1987 年，卢氏城隍庙被河南省人民政府公布为省级第二批重点文物保护单位。2013 年，卢氏城隍庙被公布为第七批全国重点文物保护单位。

工程勘察中，文物建筑隐蔽部位尚且不具备彻底清理条件，若干容易损伤部位不能进行揭露性检查。在现有条件下通过局部的探查和测量之后，主要损伤和病害情况基本清楚，造成文物建筑损伤的原因能够得到归纳分析并得出初步结论。

2. 2. 1 卢氏城隍庙保护现状勘察

2. 2. 1. 1 卢氏城隍庙概况

卢氏城隍庙现状照片如图 2. 2. 1 所示。

图 2. 2. 1 卢氏城隍庙现状图

1. 环境概述

卢氏县位于河南省三门峡市西部的深山区，属洛河上游，地理坐标为北纬 33°33′ ~ 34°23′、东经 110°35′ ~ 111°22′，北邻灵宝市，东连洛宁县、栾川县，南接西峡县，西和西南与陕西省的洛南县、丹凤县、商南县 3 县接壤，东西宽约 72 km，南北长约 92 km，总面积约 4 004 km^2，总体近似菱形。本区属暖温带大陆性季风气候，年平均气温约 12. 6 ℃，年降水量约 466. 5 mm，无霜期 255 天。

2. 建筑及格局

据《卢氏县志》及碑碣记载,该庙始建于元末,明代洪武初年(1368 年)重建,至宣德年间,因遭兵燹,随之化为灰烬。明天顺八年(1464 年)重建,因工程浩大,至成化二年(1466 年)落成。

卢氏城隍庙坐北朝南,沿中轴线依次为山门、舞楼、献殿和后殿,配以两侧过门,九龙壁和东、西厢房。卢氏城隍庙现状格局图如图 2.2.2 所示。

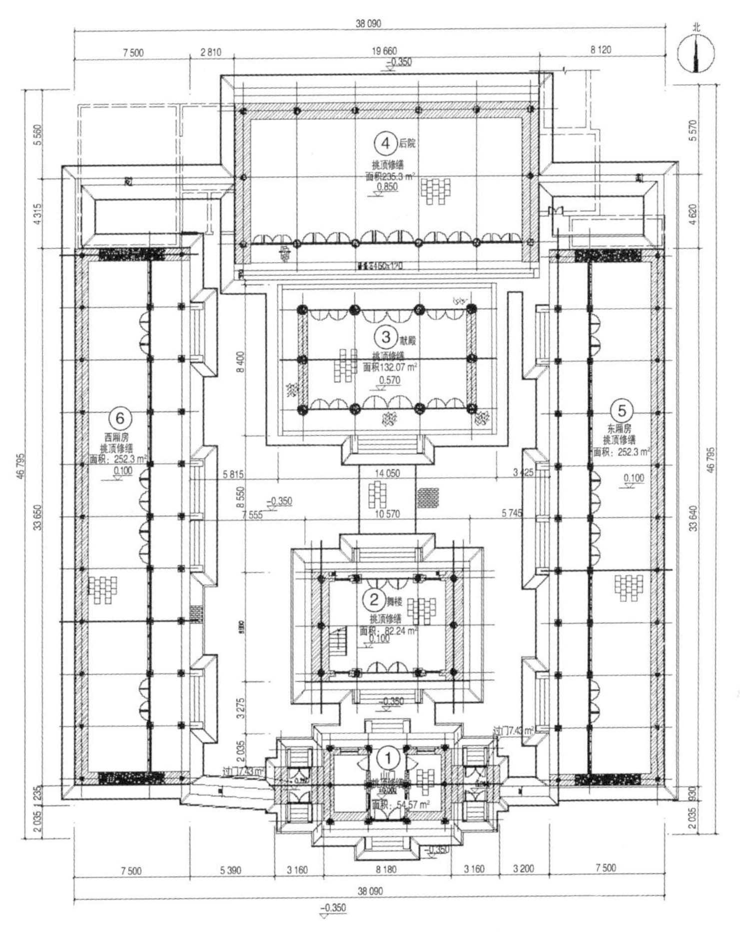

图 2.2.2 卢氏城隍庙现状格局图

3. 历史沿革

(1)卢氏城隍庙始建于元末,明代洪武初年(1368 年)重建,至宣德年间,因遭兵燹,随之化为灰烬。

(2)明天顺八年(1464 年)重建,因工程浩大,至成化二年(1466 年)落成。

(3)明嘉靖二十九年(1550 年)再遭火灾。后任太史率众连续三年进行重建。

(4)清康熙五十三年(1714 年)改修山门两侧过门为琉璃瓦屋面。清乾隆十年(1745

年）进行了大规模维修，将山门、献殿、正殿的大脊更换为彩色琉璃构件并配置大吻，使该庙焕然一新。

（5）1938 年，河南省国民政府第十一行政督察区公立中学为避日寇侵犯迁入城隍庙授课，彩塑被毁。1951 年卢氏县第一中学在城隍庙内授课。1961 年卢氏县人民文化馆迁入。

（6）1964 年，河南省文化局拨款 4 万元，维修了献殿、正殿屋面。

（7）1979 年，河南省文物局拨款 2 万元，对西厢房屋面、东厢房后墙、山门前檐屋面进行了翻修。

（8）1988 年，河南省文物局拨款 6 万元对部分木构件及漏雨屋面进行了维修。1991 年，河南省文物局拨款 5 万元，对城隍庙大殿屋面进行了维修。

（9）2002 年，卢氏县文物保护管理委员会办公室主持自筹资金 13 万元，对城隍庙进行了大规模的维修。城隍庙归属卢氏县文物保护管理委员会管辖。目前该文物景点已对游人开放。

4. 建造特点

（1）山门。

山门坐北面南，面阔三间，屋阔 8. 98 m，进深二间，地盘深 6. 02 m，单檐悬山顶，绿琉璃瓦屋面，五架椽屋。前檐铺作为四铺作单下昂，每间补间铺作各一朵，补间铺作的栌斗呈瓜楞型。昂头为琴面昂，昂嘴扁瘦，昂下刻假华头子，后尾伸出假华拱，耍头为足材蚂蚱头。上置撑头木，奇特的是其将撑头木桁碗合为一个构件，前端伸至撩檐槫、枋之外，刻成卷云形，后尾平伸刻成蚂蚱头状。其上为枋木，承托一斗二升交蚂蚱头铺作。次间柱头铺作栌斗为方形，斗幽线明显，昂下刻出假华头子，其上承托象鼻状梁头，明间柱头铺作用真昂，栌斗为方形。昂下为真华头子，真华头子后尾伸出华拱，承托令拱，真昂后尾挑杆斜插平樽下的垂莲柱，与中柱铺作拱上的斜撑呈八字形，共同支撑二椽袱。后檐明间柱头铺作同前檐，各补间铺作各一朵，为四铺作单抄计心造。次间柱头铺作为四铺作单抄计心造，中柱分上下两段，采用二短柱与斗拱相叠加的结构形式。柱之下段承托内额枋。枋上置四铺作单抄铺作，前后华拱上置异形拱，栌头为圆瓜楞形，其上再插短柱，柱头为覆盆状，柱身两边伸出斜枋支撑平榑下的垂柱，垂柱上置十字隔架科铺作，承托平梁。明间脊博正中置瓜楞斗，其下为八楞垂莲柱，柱之四周用斜插手支顶。山面梁架为中柱前后双步梁构造。从该建筑现存构件可以看出，其为保留较多元代以前建筑特征，清代维修时更换了少许构件的明代中叶建筑，为城隍庙中时代最早、文物价值最高的建筑物。

（2）山门东、西两侧过门及九龙壁。

过门面阔和进深各为一间，通面阔 3. 16 m，通进深 2. 35 m，单檐硬山顶，现为小青瓦屋面。过门前后檐今人封堵。比较珍贵的是过门墙壁上镶嵌有仿木结构琉璃门窗，前后檐下置仿木琉璃斗拱，显得古朴典雅。过门两侧又各有一坊砖雕九龙壁，显得华贵庄重，九龙壁墙帽为灰筒板瓦顶。

(3)舞楼。

舞楼位于山门以内,面阔三间,进深二间,通面阔 9. 76 m,通进深 6. 86 m,单檐双层楼阁式建筑,二层设回廊,歇山式建筑,前檐为琉璃瓦,后檐为灰筒板瓦屋面,前檐明间设平身科 2 攒,次间 1 攒。柱头科与平身科皆为五踩重昂重拱计心造,昂下刻假华头子,琴面形昂头,昂嘴扁瘦呈面包形,斗幽明显,下平出约 1. 5 斗口,疑为袭金代做法。柱头科耍头为麻叶头,而平身科为蚂蚱头。斗拱间距不等。山面各间平身科 1 攒,柱头科及平身科皆同前檐。后檐斗拱攒数及构造形式同前檐,只是少数构件上做了一些变化,梁架为抬梁式,五檩四步架,五架梁上置柁峰承托三架梁,三架梁上置柁峰,柁峰之上再立脊瓜柱支撑脊檩。木构架转角处置 2 至 3 道抹角梁承托老角梁,老角梁后尾直搭在五架梁下。需要提出的是翼角几乎无冲出(实际测量冲出 64 mm,忽略不计),而起翘为 690 mm,约 7 椽径。

(4)献殿。

献殿位于舞楼之后,面阔三间,通面阔 14. 05 m,进深二间,通进深 9. 38 m,重檐歇山式建筑,绿琉璃瓦屋面。前下檐斗拱:明、次间平身科皆为 2 攒,柱头科与次间平身科为五踩重昂重拱计心造,昂头为琴面昂,昂嘴三角形,其正面中央竖刻一沟槽,此系河南省目前已发现的四座沟槽昂之一。昂身下部刻出假华头子,所有坐斗、十八斗等皆有斗幽。斗拱间距不等。后檐斗拱同前檐。山面每间平身科 1 攒,柱头及平身科均为五踩重昂重拱计心造。前檐二层斗拱:明间平身科 2 攒,次间 2 攒,柱头科及平身科皆为五踩重昂重拱计心造,三角形昂嘴的正面竖刻沟槽,昂下刻假华头子。后檐上层拱攒数同前檐,平身科系五踩单昂单翘斗拱,柱头科为五踩重翘,斗拱间距不等。梁架结构中重要承重构件大柁的高明显大于宽,疑为袭早期建筑特点,大柁上立八角形金瓜柱,下檐明间单步梁前端伸至檐外承托挑檐檩,后端插入八角柱形金瓜柱内。大柁中央立瓜柱,瓜柱下用卷云状角背。柱头置大承托顺扒梁后尾,顺扒梁前端外伸,承托山面挑檐檩。八角形金瓜柱上置上层檐柱头科,其上为五架梁,再上为三架梁,三架梁上立脊瓜柱,柱头置大斗,使用叉手,共承脊檩。上层山面的顺扒梁一端搭五架梁下,一端外伸承托挑檐檩,明间金檩与金枋之间置隔架科斗拱。

(5)后殿。

该殿可能建于明代,清代大修时改变了部分结构做法。面阔五间,通面阔 19. 66 m,进深二间,通进深 12. 57 m,单檐悬山顶,原为灰筒板瓦屋面,现前檐屋面正中为灰筒板瓦屋面,两侧为琉璃瓦屋面,而后檐现为小青瓦屋面。前檐平身科斗拱已不存,柱头科斗拱为五踩重昂重拱计心造。昂头为琴面昂,昂嘴呈五角形,中央刻沟槽,昂下刻假华头子,后檐柱头科为五踩双翘,翘头前后形制相同,蚂蚱头后尾伸出蝉肚形雀替托梁头。梁架结构为五檩四步架,五架梁直接置在前、后柱头科上,其上置柁峰,柁峰与三架梁间置一斗二升隔架科,三架梁中央置鹰嘴柁峰,其上为断面呈“T”字形枋木,枋木之上置斗拱,与叉手共承脊檩,脊檩与金檩之下分别置一斗二升交麻叶头的隔架科斗拱。

(6)东厢房。

该建筑面阔十间,通面阔 33. 6 m,进深二间,通进深 7. 5m,单檐硬山建筑。五檩四步架带前廊,抬梁式结构,由前金柱直顶三架梁,四架梁一端置于后檐墙上,另一端插入金柱中,特别提出的是其前檐步比较大(中距 2.05 m),较为少见,疑为后人翻修时,去掉了单步梁及其之上的檩枋。原后檐墙已不存,现为红砖砌筑檐墙,前金柱间的装修全佚失,前檐下今人增设墙体及门窗,屋面原筒板瓦脊饰及垂脊均佚失,现为小青瓦。

(7)西厢房。

该建筑面阔十间,通面阔 33.6 m,进深二间,通进深 7.5 m,单檐硬山建筑。

5. 价值评估

(1)卢氏城隍庙现存山门,山门东、西过门及九龙壁,舞楼,献殿,后殿和东、西厢房,现存建筑基本保持着明清时期的建筑风格,是豫西地区保存最完整的古代木结构建筑群之一,是研究明清建筑的科学依据和实物标本,是河南省目前唯一保存完整的城隍庙。

(2)卢氏城隍庙大门使用真昂及奇特的梁架结构;献殿与后殿的沟槽昂,献殿的藻井结构,舞楼部分斗拱保留有宋代遗风,均为研究建筑史的重要实物资料。卢氏城隍庙为豫西地区现存文物价值最高的木结构建筑群之一。中轴建筑形式有明显的早期风貌,梁架和斗拱存有宋代建筑手法。

(3)不仅献殿建筑、沟槽昂建筑少见,而且主结构呈"T"字形的枋木组成八卦攒顶,八角各施垂莲柱一根的建筑形式,在河南省现存木结构殿宇建筑中尚属孤例。

(4)《卢氏县志》载:"明万历四十三年(1615 年)地震,楼舍崩塌,只存城隍、关帝二庙。"由此可见,卢氏城隍庙是研究古代木结构建筑抗震性的绝好标本。

综上所述,卢氏城隍庙具有较高的历史价值、研究价值、科学价值和艺术价值,为后人研究早期宋、明建筑留有重要参考价值。

2.2.1.2　现状勘察总说明

1. 勘察项目及内容

(1)勘察项目。

①山门及东、西过门:建筑面积 68.91 m^2。

②舞楼:建筑面积 66.95 m^2。

③献殿:建筑面积 131.79 m^2。

④后殿:建筑面积 247.13 m^2。

⑤东、西厢房:建筑面积各 252 m^2。

⑥其他:庙内甬路、铺地总面积约 740 m^2。

(2)勘察内容。

本次勘察内容包括瓦作、木结构、石材、油饰及彩画。拟维修建筑总面积:1 506.78 m^2(注:建筑面积为台明外轮廓面积)。

2. 勘察思路

因卢氏城隍庙始建于元代，明洪武初年（1368年）重修，嘉靖年间又被火烧后进行三年重建，至清乾隆十年（1745年），庙宇破坏，又进行了大规模的重修，现存建筑基本上保持着这次重修后的规模和布局，特别是殿顶琉璃瓦件绝大多数为此次重修时配置的。后代对其建筑的干扰相对较少，有利于建筑勘察的准确性。

在勘察中主要以建筑部位为单位进行分部位勘察，对木结构安全可靠性进行勘察判断。

现状彩画虽然存在大面积缺失、空鼓、脱落等现象，但个别殿中有彩画遗存，彩画风格及样式均有据可查，且病害情况清晰。此次方案制定期间，不具备勘察条件的部位，有待在施工图中进一步完善。

3. 主要问题及成因分析

（1）建筑大木构架木构件裂隙多为木材自然干缩裂缝所致，上架大木的糟朽年久失修、屋面渗漏，殃及椽头望板及部分上架大木；大木架下沉、拔榫、断裂系屋面荷载过大不足以抵抗屋面承载力所致。

（2）台基院落地坪上升，原始地坪、散水无存。原始地面无存，现为水泥地面，台帮后期水泥粉刷残存情况不详。

（3）建筑墙体表面均存在酥碱情况，靠近地面的墙体、台帮较明显；少部分墙体后用水泥砂浆抹面，局部采用抹灰修补做法；局部墙体为后期加砌，并非早期墙体。

（4）建筑屋面变形、渗漏，脊、瓦构件损伤、缺失是屋面病害的主要现象。受潮气、雨水、风雪侵蚀等自然因素影响，屋面琉璃构件普遍存在脱釉现象，琉璃构件本体防水性能降低，少数构件在冻涨作用力或受力不均情况下，产生断裂。受外力和自然环境的影响，瓦件连接处的捉节灰及夹腮灰开裂，瓦件间防水性破坏。屋面常年渗漏使木基层（望板、椽子）常年处于潮湿状态，易造成糟朽。钉帽缺失系年久失修自然脱落所致，脊件灰缝脱落、脊严重变形、松动为年久失修所致；吻兽及小兽缺失为年久失修所致；脊、兽件脱釉系琉璃瓦件自身材质特性加之年久自然风化所致。局部屋面后期修缮，已非原物。

（5）建筑装修构件因人为因素缺失或自然损伤，部分建筑使用功能的转变使建筑被拆改，现已经影响到建筑的完整性。局部装修、后期拆改，现存装修扭曲、变形、残破，局部构件缺失（存有卯口）。

（6）所有建筑油饰均存在起皮、脱落、空鼓、褪色等损伤，均无地仗；彩画以旋子彩画为主，加有地方特色，彩画脱落痕迹残留。

（7）整体环境风貌遭到严重破坏，周围民房乱搭乱建，庙外地面逐年被抬高，导致庙内地坪抬升。院内现为水泥地面，原铺装和甬路无存。

4. 勘察结论

根据《古建筑木结构维护与加固技术规范》（GB 50165—92）中有关规定，山门、舞楼、献殿、后殿、东厢房可靠性鉴定为 Ⅱ 类；西厢房可靠性鉴定为 Ⅰ 类。针对建筑现存的残损程度，根据《中国文物古迹保护准则（2015）》，本次维修工程性质应确定为现状修整。勘察结论如表 2. 2. 1 所示。

表 2.2.1　勘察结论

涉及建筑及构筑物	结构可靠性鉴定	现状简况	维修性质	维修措施
西厢房	Ⅰ类	—	现状修整	挑顶修缮，加固大木、消除隐患
山门、舞楼、献殿、后殿、东厢房	Ⅱ类	檐头构件糟烂，灰背酥碱，后代不当维修改变历史原貌等	现状修整，局部复原	挑顶修缮，加固大木、消除隐患
院落环境、室外铺装	—	后期人为拆改	环境整治	拆除私搭乱建，降地坪，恢复散水、甬路、地面铺装，合理有效组织排水

2.2.1.3　卢氏城隍庙单体建筑现场勘察

1. 山门现状勘察报告

（1）建筑基本情况。

山门坐北朝南，面阔三间，屋阔 8. 98 m，进深二间，悬山顶，绿琉璃瓦屋面。从该建筑现存构件可以看出，其为保留较多元代以前建筑特征，清代维修更换了少许构件的明代中叶建筑，为卢氏城隍庙内时代最早、文物价值最高的建筑物。建筑面积约 40 m²。山门彩画为墨线旋子彩画，无地仗，前后檐彩画痕迹明显。

（2）山门现状勘察照片。

山门各立面、梁架、瓦面等部位现状勘察照片如图 2. 2. 3 所示。

1　西立面现状

2　东立面现状

3　南立面现状

4　北立面现状

5　瓦面现状

6　檐口水渍、椽子干缩裂缝

图 2. 2. 3　山门各立面、梁架、瓦面等部位现状勘察照片

7　木柱糟朽现状

8　梁架现状

9　后期增设墙体现状

10　斗拱构件松散、干缩裂缝现状

11　西次间檐檩劈裂现状

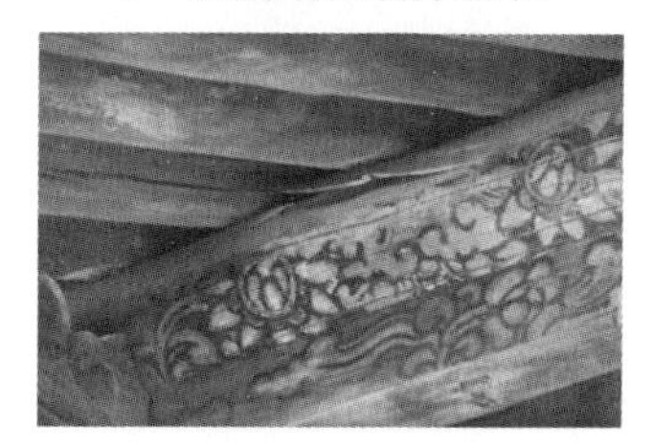

12　东次间檐檩劈裂现状

13　脊、兽件现状

14　室内地面现状

15　台明现状

16　外檐彩画现状

17　内檐彩画现状

18　油饰现状

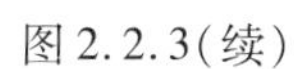

图2.2.3(续)

(3)勘察结论。

据残损现状和结构可靠性分析,该建筑主要残损是:前檐西角柱根部糟朽,已达到残损点;斗拱局部缺失,西次间后金檩糟朽弯垂,其下枋劈裂,斗拱变形,导致屋面变形,瓦面破损脱落;椽飞、望板大面积糟朽,日后将引起木构架进一步糟朽、变形。

2. 东、西过门及九龙壁现状勘察

(1)建筑基本情况。

过门面阔和进深各为一间,通面阔3.16 m,通进深2.35 m,单檐硬山顶,现为小青瓦屋面。过门前、后檐今人封堵。比较珍贵的是过门墙壁上镶嵌有仿木结构琉璃门窗,前、后檐下置仿木琉璃斗拱,造型独特。过门两侧又各有一坊砖雕九龙壁,显得华贵庄重,九龙壁墙帽为灰筒板瓦顶。

(2)东、西过门及九龙壁现状勘察照片。

东、西过门和九龙壁风化、残破及缺失情况现状照片如图2.2.4所示。

1　九龙壁上身后刷红色涂料，下肩水泥砂浆罩面现状

2　九龙壁屋面现为筒板屋，脊、兽件残破、开裂现状

3　九龙壁砖雕局部风化、酥碱现状

4　东侧九龙壁南侧檐口竖向开裂现状

5　东过门望兽缺失一个现状

6　东、西过门现为小青瓦屋面，脊、兽件残破、开裂现状

7　东、西过门墙体上身后刷红色涂料，下肩水泥砂浆罩面现状

8　东、西过门后增设墙体，板门装修无存现状

9　东、西过门斗拱缺失现状

图2.2.4　东、西过门和九龙壁风化、残破、缺失情况现状照片

(3)勘察结论。

承重结构可靠，不影响建筑物的安全和使用，但外观形式与原建筑有出入。东、西过门上琉璃瓦无存，现为小青瓦，琉璃构件残损；两侧九龙壁上砖雕残损，墙体后刷红色涂料，下肩水泥砂浆罩面；室外地面被抬高，台明做法不详；室内原始地面无存，现为水泥地面。

3. 舞楼现状勘察报告

(1)建筑基本情况。

舞楼位于山门以内，面阔三间，进深二间，通面阔9.76 m，通进深6.86 m，单檐双层楼阁式建筑，二层设回廊，歇山式建筑，前檐为琉璃瓦，后檐、东、西为灰筒板瓦屋面(20世纪90年代修缮不当，造成屋面各色琉璃瓦件混用、尺寸不一、筒瓦坐中)。

（2）舞楼现状勘察照片。

舞楼瓦片、梁架、斗拱等现状勘察照片如图2.2.5所示。

1　西立面现状

2　东立面现状

3　南立面现状

4　北立面现状

5　瓦面现状

6　瓦面现状

7　后檐柱根现状

8　梁架有水渍现状

9　梁架有水渍现状

10　斗拱构件歪闪现状

11　室内斗拱局部后期添配

12　檐口水渍、椽子干缩裂缝现状

图2.2.5　舞楼瓦片、梁架、斗拱等现状勘察照片

（3）勘察结论。

据残损现状和结构可靠性分析，该建筑主要残损是：柱根糟朽、劈裂，斗拱歪闪，椽飞、望板糟朽，屋面局部漏雨并影响下部木构件的安全，承重结构中关键部位的残损点或其组合已影响结构安全和正常使用，有必要采取加固或修理措施。台明现为水泥砂浆砌筑，已非原物。

4.献殿现状勘察报告

（1）建筑基本情况。

献殿位于舞楼之后，面阔三间，进深二间，通面阔14.05 m，通进深9.38 m，重檐歇山式建筑,绿琉璃瓦屋面(20 世纪 90 年代修缮不当,造成屋面琉璃瓦件尺寸不一,筒瓦坐中)。

(2)献殿现状勘察照片。

献殿现状勘察照片如图 2. 2. 6 所示。

1　西立面现状

2　东立面现状

3　南立面现状

4　北立面现状

5　瓦面现状①

6　瓦面现状②

7　梁架拔榫、下沉现状

8　木梁虫蛀、糟朽现状

9　室内梁架有水渍现状

10　斗拱构件歪闪现状

11　室内斗拱局部后期添配现状

12　檐口有水渍、椽子干缩裂缝现状

13　脊、兽件现状

14　台明现状①

15　台明现状②

图 2. 2. 6　献殿现状勘察照片

(3)勘察结论。

据残损现状和结构可靠性分析,该建筑主要残损是:木梁拔榫、下沉严重,后加附柱支撑、斗拱歪闪,椽飞、望板糟朽,屋面局部漏雨并影响下部木构件的安全,承重结构中关键部位的残损点或其组合已影响结构安全和正常使用，有必要采取加固或修理措施。台明现为水泥砂浆砌筑，已非原物。

5. 后殿现状勘察报告

（1）建筑基本情况。

后殿位于献殿之后，该殿可能建于明代，清代大修时改变了部分结构做法，面阔五间，进深二间，通面阔 19.66 m，通进深 12.57 m，单檐悬山式建筑，南侧布黄、绿相间瓦屋面，北侧合瓦屋面（20 世纪 90 年代修缮不当，造成屋面混乱，瓦件尺寸不一，筒瓦坐中）。

（2）后殿现状勘察照片。

后殿现状勘察照片如图 2.2.7 所示。

1　西立面现状

2　东立面现状

3　南立面现状

4　北立面现状

5　南侧瓦面现状

6　北侧瓦面现状

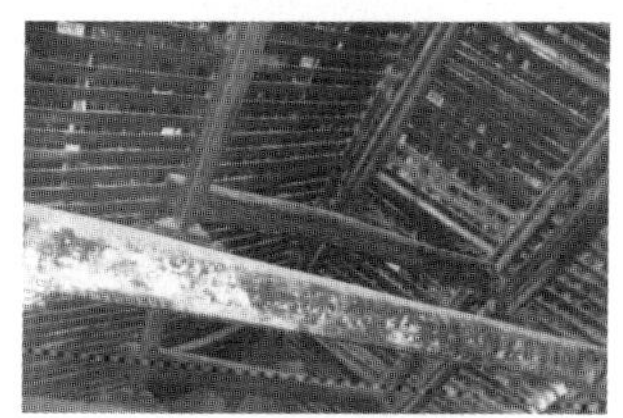

7　梁架现状

8　檐口有水渍、椽子干缩裂缝现状

9　室内梁架有水渍现状

10　博风板现状

11　斗拱松散、开裂现状

12　檐口有水渍、椽子干缩裂缝现状

图 2.2.7　后殿现状勘察照片

(3)勘察结论。

据残损现状和结构可靠性分析,该建筑主要残损是:屋面局部漏雨并影响下部木构件的安全,椽飞、望板糟朽,大木架大部分存在水渍,斗拱松散、局部开裂,承重结构中关键部位的残损点或其组合已影响结构安全和正常使用,有必要采取加固或修理措施。

6. 东、西厢房现状勘察报告

(1)建筑基本情况。

建筑位于中轴建筑东、西侧,面阔十间,进深二间,通面阔 33.6 m,通进深 7.5 m,单檐硬山抬梁式大木架,五檩四步架前带廊,原屋面无存,现为小青瓦。

(2)东、西厢房现状勘察照片。

①东厢房现状勘察照片如图 2.2.8 所示。

1　西立面现状

2　东立面现状

3　南立面现状

4　北立面现状

5　南侧瓦面现状

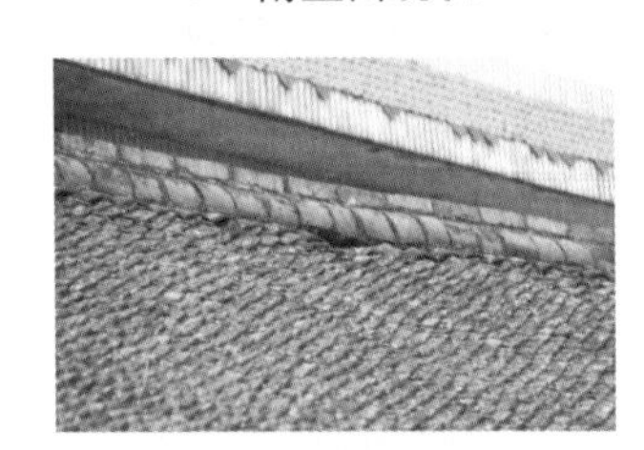

6　北侧瓦面现状

7　梁架现状

8　木望板糟朽、残破

9　椽、望板糟朽、干裂现状

10　墙体机砌筑,刷红色涂料现状

11　台帮阶条停泥砖砌筑现状

12　装修无存,存有榫卯现状

图 2.2.8　东厢房现状勘察照片

②西厢房现状勘察照片如图 2.2.9 所示。

1　东立面现状

2　柱根油饰受潮暴皮现状

3　梁架保存基本完好现状

4　檐墙后开多处窗洞口现状

5　槛墙后改机砖砌筑现状

6　装修保存较好现状

图 2.2.9　西厢房现状勘察照片

(3)勘察结论。

据残损现状和结构可靠性分析可知,该建筑主要残损是:屋面后期拆改,屋面常年渗水,椽飞、望板潮湿,易造成糟朽。大木构架自然损伤,干缩裂缝,后期人为维护不到位,缺乏修缮,受雨雪、冻融及地震等自然因素影响。墙体人为改造,自然风化。台名后期人为拆改,已非原物。装修部分有人为拆改痕迹。

7. 卢氏城隍庙整体环境现状勘察报告

(1)卢氏城隍庙整体环境现状勘察照片如图 2.2.10 所示。

1　院外地面被抬高现状

2　院落原铺装无存,现为水泥地面现状

3　院外地面抬高,淹没建筑台帮现状

4　院落后增设墙体现状

5　院落后搭临时建筑现状

6　现存排水沟现状

图 2.2.10　卢氏城隍庙整体环境现状勘察照片

(2)勘察结论。

卢氏城隍庙由于自然及人为因素,整体环境风貌遭到严重破坏:周围民房乱搭乱建且部分建筑已超过城隍庙建筑主体高度;庙外地面逐年被抬高,导致院内地坪被人为抬高且为混凝土地面;原始院砖铺地面及甬路无存,排水不畅通。

2.2.2　卢氏城隍庙保护修缮原则和思路

2.2.2.1　工程范围及性质

1.工程范围

(1)涉及修缮建筑:山门,东、西过门及九龙壁,舞殿,献殿,后殿,东、西厢房(总建筑面积 1 023.64 m^2)。

(2)院落占地面积 740 m^2。

2.工程性质

据《中国文物古迹保护准则》(2015)对文物古迹修缮方案的有关规定,该修缮工程性质应确定为现状修整。

2.2.2.2　修缮依据

(1)《中华人民共和国文物保护法》(2017 年 11 月修订)。

(2)《中华人民共和国文物保护法实施条例》(2017 年 10 月)。

(3)《中国文物古迹保护准则》(2015)。

(4)《河南省〈文物保护法〉实施办法(试行)》。

(5)《文物保护工程管理办法》(2003)。

(6)《古代建筑木结构维护与加固技术规范》(GB 50165—92)。

(7)《卢氏城隍庙维修保护现状勘察报告》。

(8)国家现行相关文物建筑修缮保护规范。

(9)历史文献等文字记载资料及走访调查所得资料。

2.2.2.3　修缮原则

(1)在不改变文物原状的前提下,坚持“保护为主,抢救第一,合理利用,加强管理”的保护方针,真实、完整地保存历史建筑原貌和特色。

(2)以建筑现有传统做法为主要的修复手法,适当运用新材料、新工艺,最大限度延长建筑物寿命。

(3)尽可能多地保留现有的建筑材料,加固补强部分要与原结构、原构件连接可靠。新补配的构件,应完全按照现存实物进行加工制作。

2.2.2.4　维修思路

1.建筑大木构架

经过初步勘察,建筑木结构基本处于安全状态。本次修缮针对建筑不同的损伤情况,个别建筑大木作构件出现拔榫、歪闪,需对其进行局部整修、归安、拨正,以及铁件拉接加固,对其他建筑木结构原则上不予干扰。施工过程中,对所有墙内隐蔽木柱柱根进行揭露检查(重点检查柱头下墙体裂隙、凹陷或外鼓部位,可局部剔除檐内墙体,确认木柱糟朽情况),如有糟朽,根据实际情况,墩接处理。屋面挑顶后对大木构架进行揭露检查,对于糟朽严重、达不到结构使用要求者,一律更换。

2.台基

铲除现台基后抹水泥砂浆面层,恢复原有台帮、小停泥淌白十字缝,采取剔补与打点修补的方法。砖体表面酥碱深度大于3 cm时,采用剔补做法;小于3 cm时,采取打点修补做法。室内地面铲除后改水泥地面,恢复原有墁砖地面,参照后殿现存原始地面(停泥砖席纹地面)。

3.建筑墙体

铲除后抹水泥砂浆面层,刷红色涂料、青灰面层。修补墙体,采取剔补与打点修补的方法。砖体表面酥碱深度大于3 cm时,采用剔补做法;小于3 cm时,采取打点修补做法。

4.建筑屋面

考虑屋面残损情况具有一定的不可预见因素,根据卢氏城隍庙大多数建筑屋面年久失修的实际情况(屋面漏雨严重,殃及大木构架),建筑屋面予以全部挑顶修缮的做法,整修木基层,更换糟朽木构件,彻底消除隐患。根据现场勘察,建筑屋面瓦件脱釉现象普遍,为使历史建筑保留更多的历史信息,本次维修拟对胎体较好、无裂隙的脱釉脊饰、瓦件,在保证建筑安全的前提下,一律予以保留(拍照、编号,原物整修、归安)。为增加脱釉构件的憎水性,于胎体表面涂刷有机硅憎水剂进行防渗处理。只对胎体较差的瓦件进行更换。

5.建筑装修

对于后期拆改的建筑装修予以原制恢复(参照庙内其他现存装修形制),对现存建筑装修进行现状整修。

6. 油饰、彩画

对于下屋架柱、装修槛框重新油饰;上屋架做断白处理,桐油钻生5道保护大木构件;室内所有上架大木做断白处理,桐油钻生5道保护大木构件。彩画现状保留,不做全面恢复,桐油钻生5道保护。

7. 环境整治

周边环境整治包括拆除庙内外乱搭乱建的民房,降低外围地面,铲除院内后期铺设的水泥地面,开展原有散水勘察研究工作。依据原散水标识院内高程,科学实施院内青砖地面和甬路、散水敷设工程,合理有效组织排水。

2.2.3 卢氏城隍庙单体建筑修缮做法

1. 山门修缮做法

山门挑顶修缮:妥善保护瓦、脊兽件(拍照、编号,原物整修、归安),残破严重者予以更换,所有大木构件归安、加固,更换糟朽椽飞、望板。拆改台帮及地面,恢复原状;室外墙面铲除后抹灰墙面,原墙面整修;内墙面铲除至基层,重做靠骨灰,饰白浆;外檐下架油饰铲除至基层,重做油饰;外檐上架及室内上架大门断白,桐油钻生保护大木构件;内、外檐现存彩画现状保留,清灰、除尘、回帖。

2. 东、西过门及九龙壁修缮做法

东、西过门及九龙壁挑顶修缮:妥善保护瓦、脊兽件(拍照、编号,原物整修、归安),残破严重者予以更换,所有大木构件归安、加固,更换糟朽椽飞、望板;拆改台帮及地面,恢复原状;室外墙面铲除后抹灰墙面,原墙面整修;内墙面铲除至基层,重做靠骨灰,饰白浆。

3. 舞楼修缮做法

舞楼挑顶修缮:妥善保护瓦、脊兽件(拍照、编号,原物整修、归安),残破严重者予以更换,所有大木构件归安、加固,更换糟朽椽飞、望板;拆改台帮及地面,恢复原状;室外墙面铲除后抹灰墙面,原墙面整修;内墙面铲除至基层,重做靠骨灰,饰白浆;外檐下架油饰铲除至基层,重做油饰;外檐上架及室内上架大门断白,桐油钻生保护大木构件;内、外檐现存彩画现状保留,清灰、除尘、回帖。

4. 献殿修缮做法

献殿挑顶修缮：妥善保护瓦、脊兽件（拍照、编号，原物整修、归安），残破严重者予以更换，所有大木构件归安、加固，更换糟朽椽飞、望板；拆改台帮及地面，恢复原状；室外墙面铲除后抹灰墙面，原墙面整修；内墙面铲除至基层，重做靠骨灰，饰白浆；外檐下架油饰铲除至基层，重做油饰；外檐上架及室内上架大门断白，桐油钻生保护大木构件；内、外檐现存彩画现状保留，清灰、除尘、回帖。

5. 后殿修缮做法

后殿挑顶修缮：妥善保护瓦、脊兽件（拍照、编号，原物整修、归安），残破严重者予以更换，所有大木构件归安、加固，更换糟朽椽飞、望板；拆改台帮及地面，恢复原状；室外墙面铲除后抹灰墙面，原墙面整修；内墙面铲除至基层，重做靠骨灰，饰白浆；外檐下架油饰铲除至基层，重做油饰；外檐上架及室内上架大门断白，桐油钻生保护大木构件。内、外檐现存彩画现状保留，清灰、除尘、回帖。

6. 东厢房修缮做法

东厢房挑顶修缮：妥善保护瓦、脊兽件（拍照、编号，原物整修、归安），残破严重者予以更换，所有大木构件归安、加固，糟朽椽飞、望板更换；台帮及地面拆除后代拆改，恢复原状；室外墙面铲除后抹灰墙面，原墙面整修，恢复软墙芯做法；内墙面铲除至基层，重做靠骨灰，饰白浆；外檐下架油饰铲除至基层，重做油饰；外檐上架及室内上架大门断白，桐油钻生保护大木构件；内、外檐现存彩画现状保留，清灰、除尘、回帖。

7. 西厢房修缮做法

西厢房修缮：茬补瓦面；封堵后檐后开窗洞，恢复软墙芯做法；重砌小停泥淌白十字缝槛墙；恢复原有地坪；恢复室内尺四方砖地面；查修隐蔽木柱及大木构架；油饰除尘。

8. 院落铺装做法

（1）院落露地：铲除水泥砂浆地面，海墁地趴砖十字缝（420 mm×210 mm×85 mm）地面（拉缝 4～5 mm），150 mm 厚 3∶7 灰土垫层。

（2）甬路：铲除水泥砂浆地面，恢复尺四方砖十字缝细墁地面（拉缝 4～5 mm），150 mm 厚 3∶7 灰土垫层。

2.2.4　卢氏城隍庙修缮保护图纸

卢氏城隍庙整体格局保存相对完好，单体建筑大木作构造特征基本保留明、清时期的营造做法，现状勘察报告内容科学、翔实，因此，现状勘察保护图纸不再重复展示。现将修缮保护图纸展示如下：

1. 卢氏城隍庙总平面修缮图

卢氏城隍庙总平面修缮图如图 2. 2. 11 ~ 图 2. 2. 13 所示。

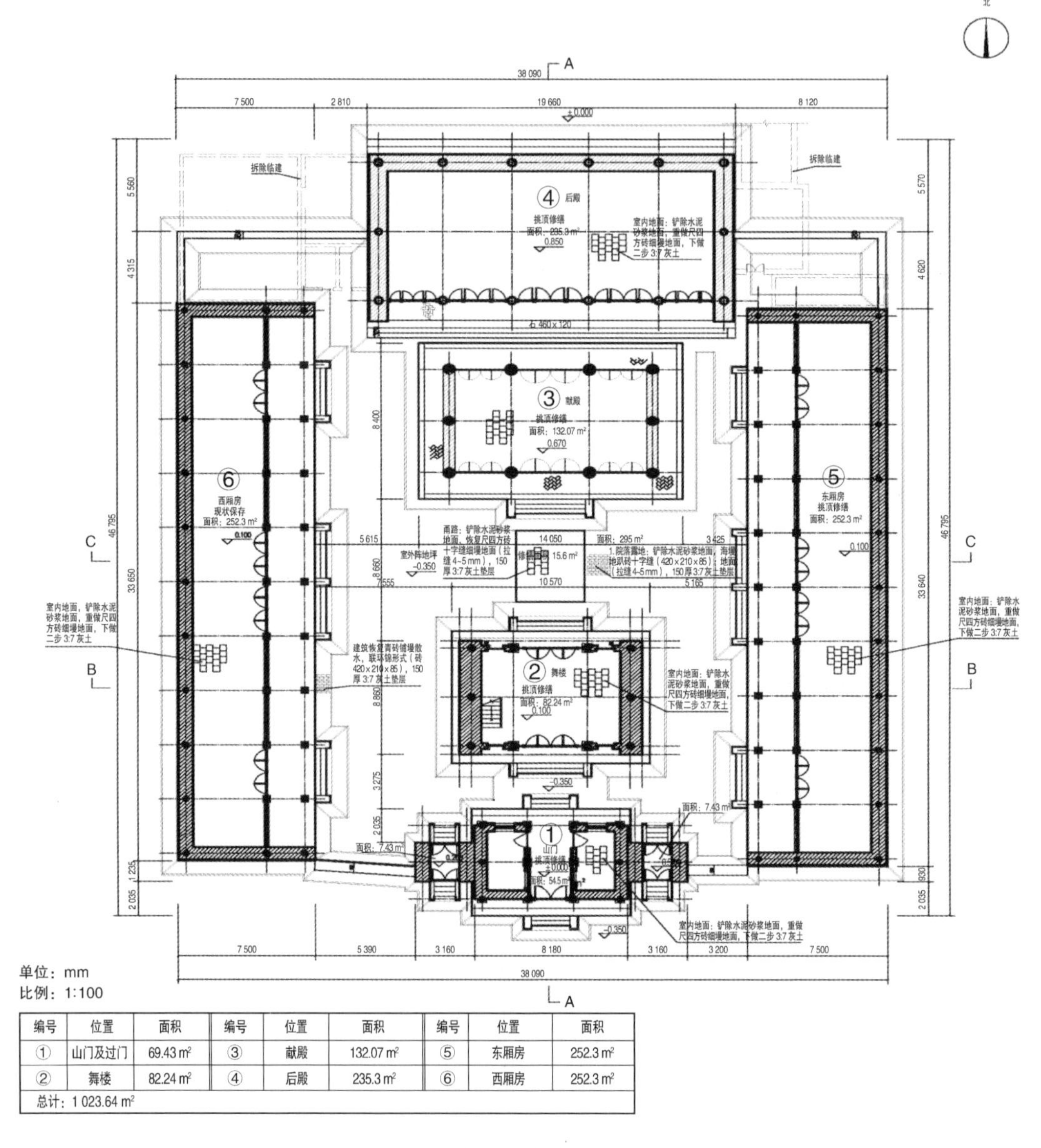

编号	位置	面积	编号	位置	面积	编号	位置	面积
①	山门及过门	69.43 m²	③	献殿	132.07 m²	⑤	东厢房	252.3 m²
②	舞楼	82.24 m²	④	后殿	235.3 m²	⑥	西厢房	252.3 m²
总计：1 023.64 m²								

图 2. 2. 11　卢氏城隍庙总平面修缮图

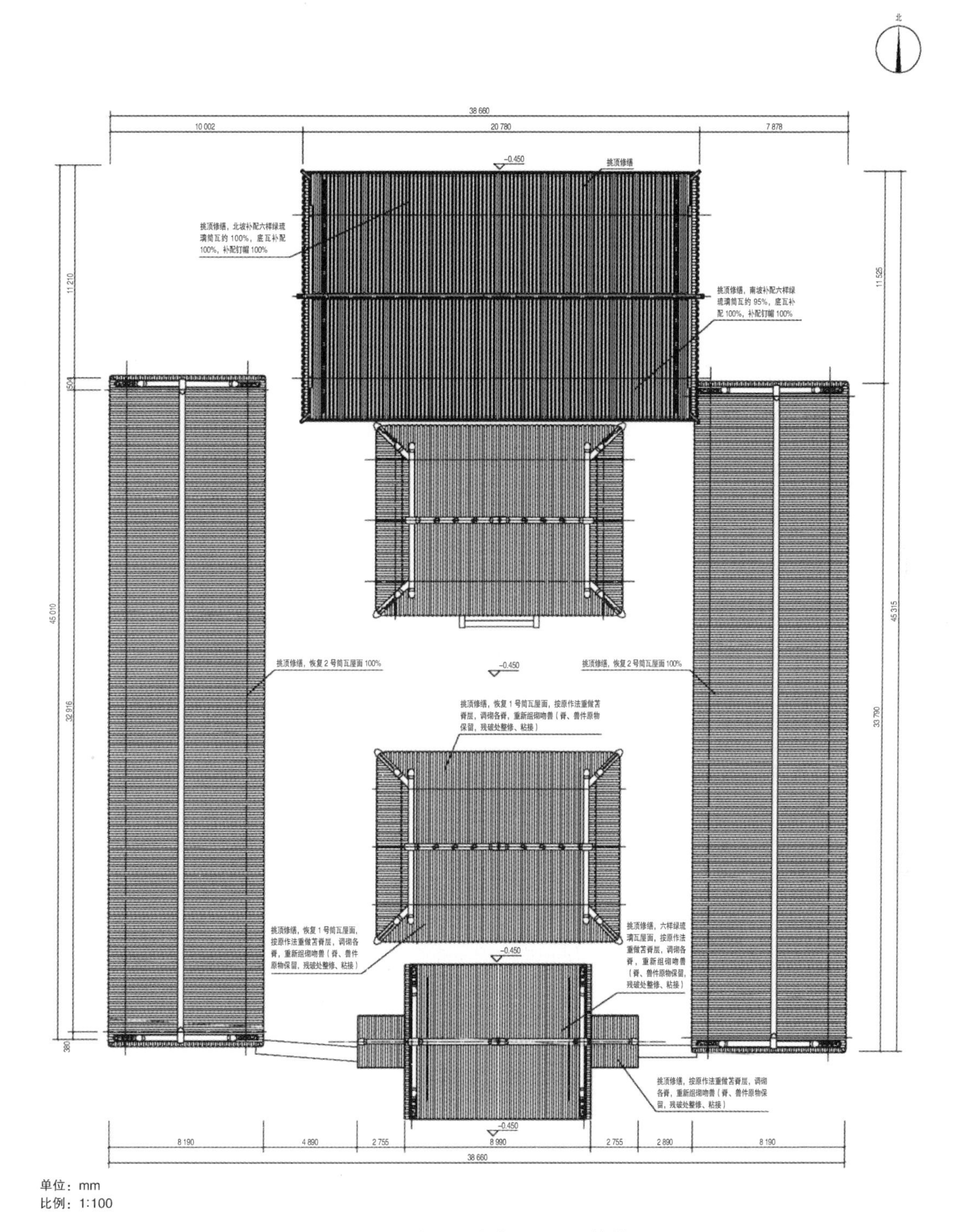

图 2.2.12　卢氏城隍庙屋顶平面修缮图

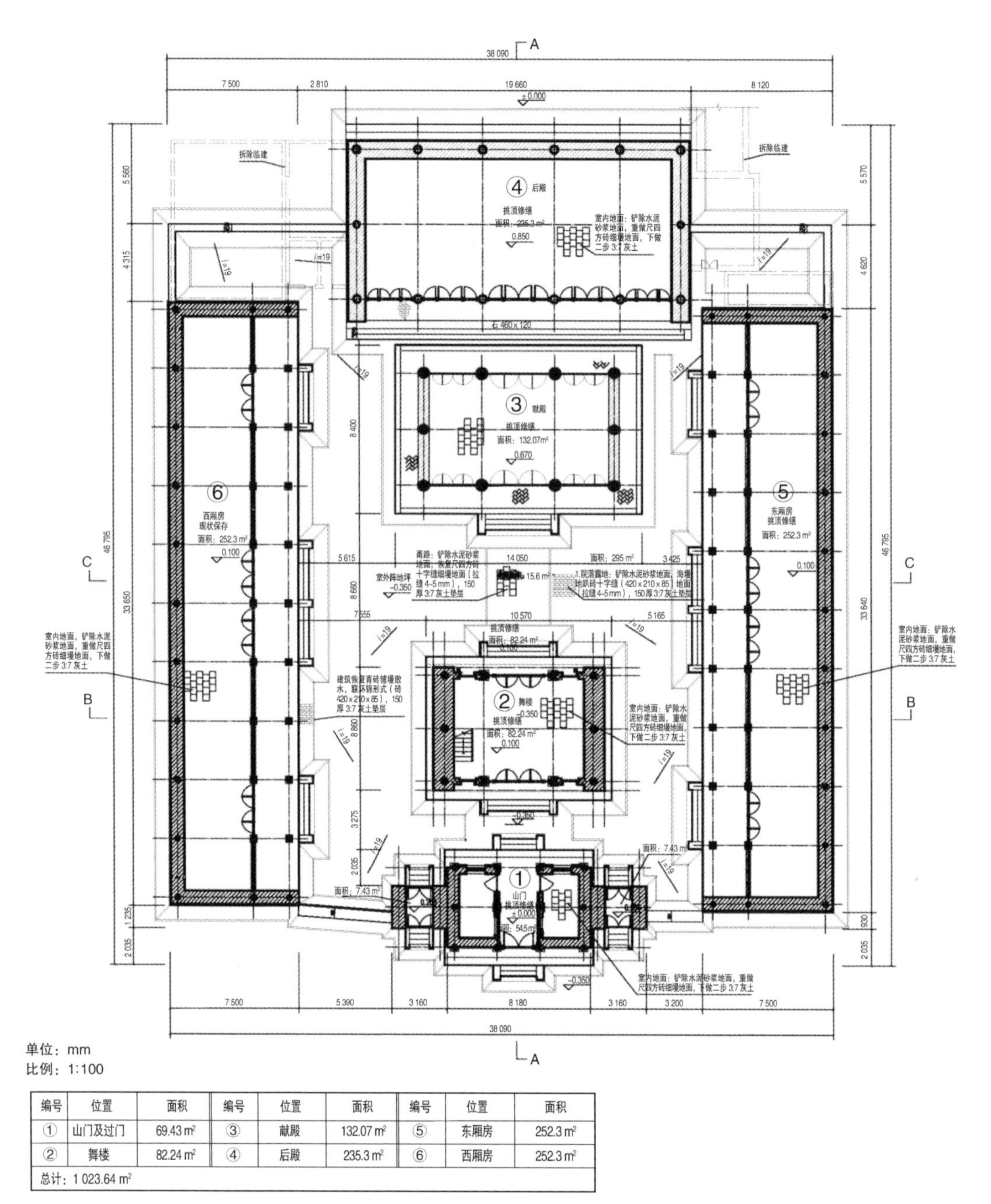

编号	位置	面积	编号	位置	面积	编号	位置	面积
①	山门及过门	69.43 m²	③	献殿	132.07 m²	⑤	东厢房	252.3 m²
②	舞楼	82.24 m²	④	后殿	235.3 m²	⑥	西厢房	252.3 m²
总计：1 023.64 m²								

图 2.2.13　卢氏城隍庙排水总平面修缮图

2. 卢氏城隍庙剖面修缮图

卢氏城隍庙剖面修缮图如图 2.2.14 ~ 图 2.2.16 所示。

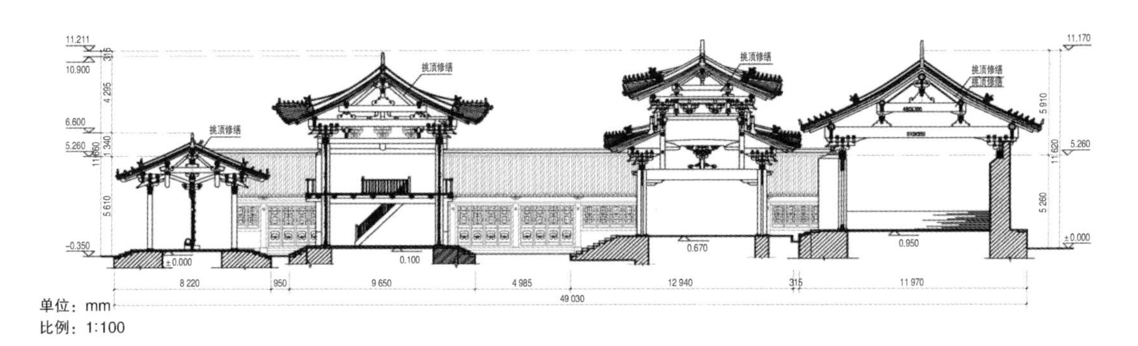

图 2.2.14　卢氏城隍庙 A－A 剖面修缮图

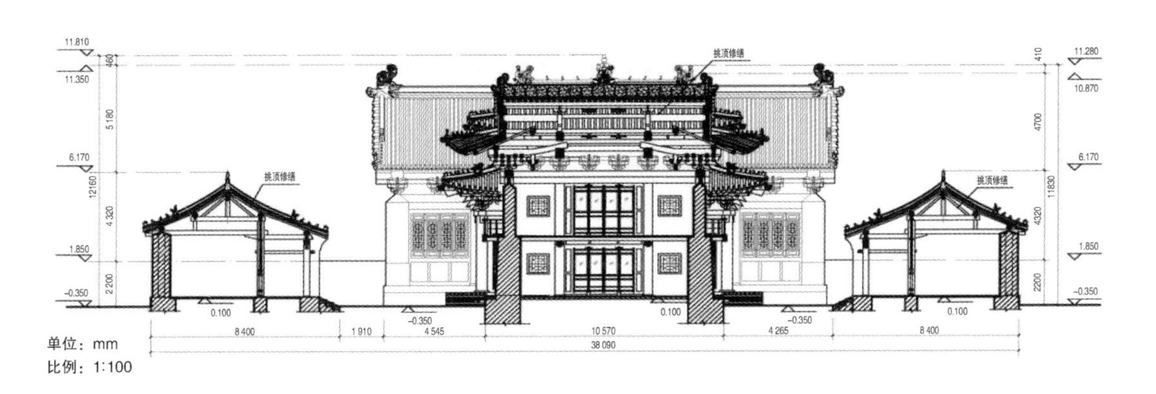

图 2.2.15　卢氏城隍庙 B－B 剖面修缮图

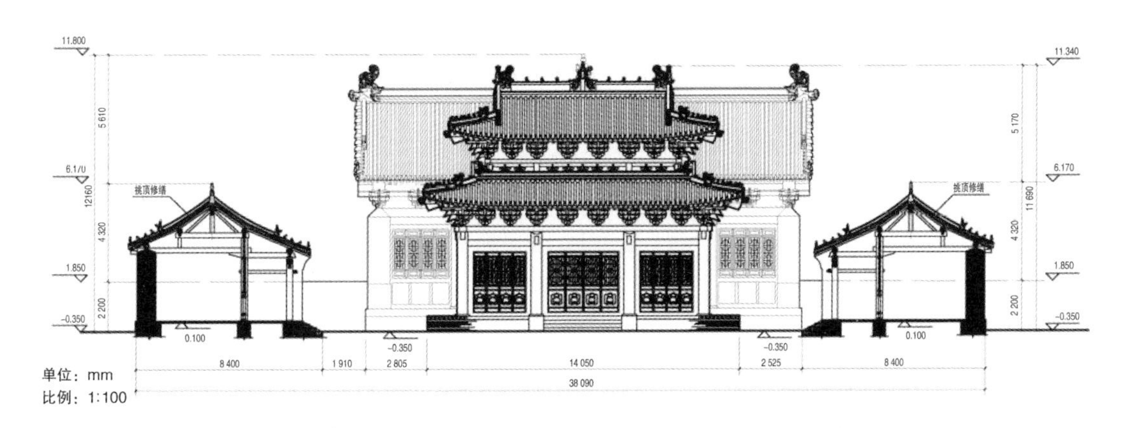

图 2.2.16　卢氏城隍庙 C－C 剖面修缮图

3. 舞楼修缮图

舞楼修缮图如图 2. 2. 17 ~ 图 2. 2. 22 所示。

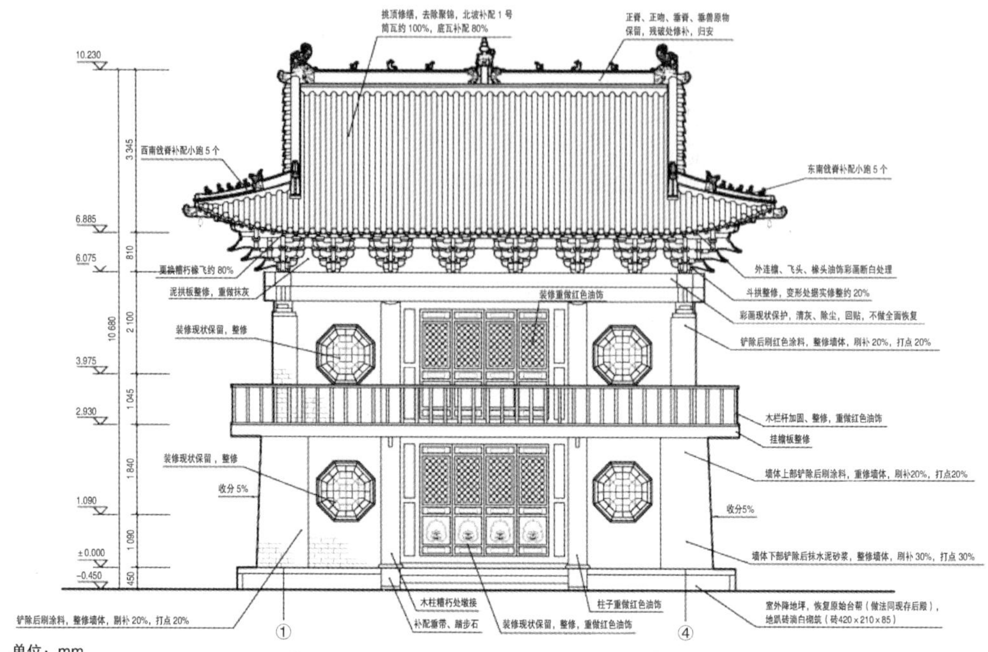

图 2. 2. 17　舞楼南立面修缮图

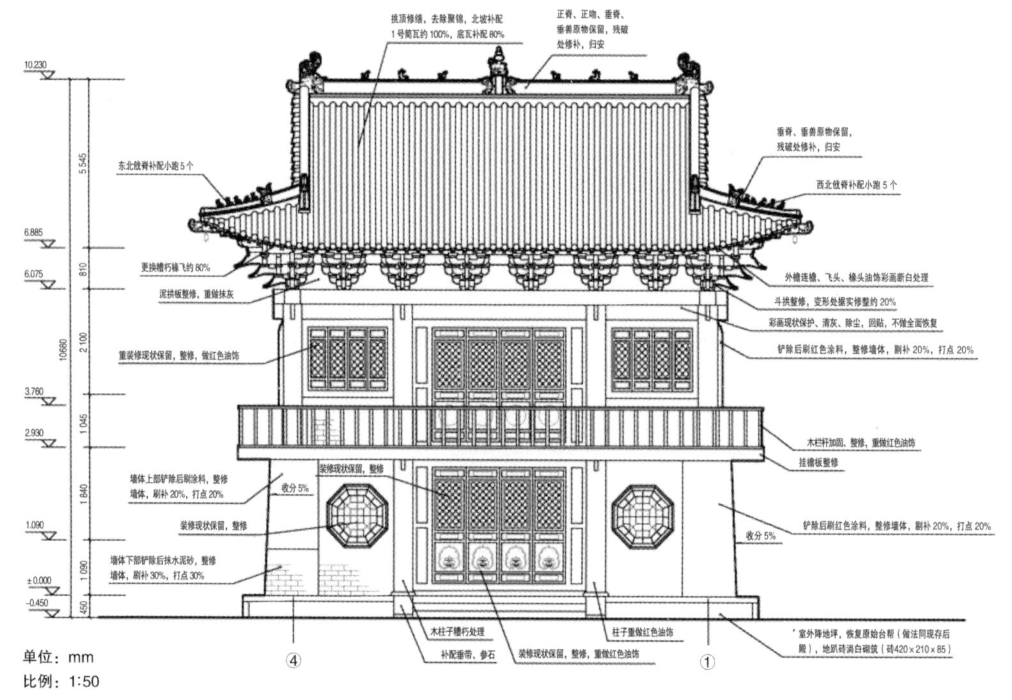

图 2. 2. 18　舞楼北立面修缮图

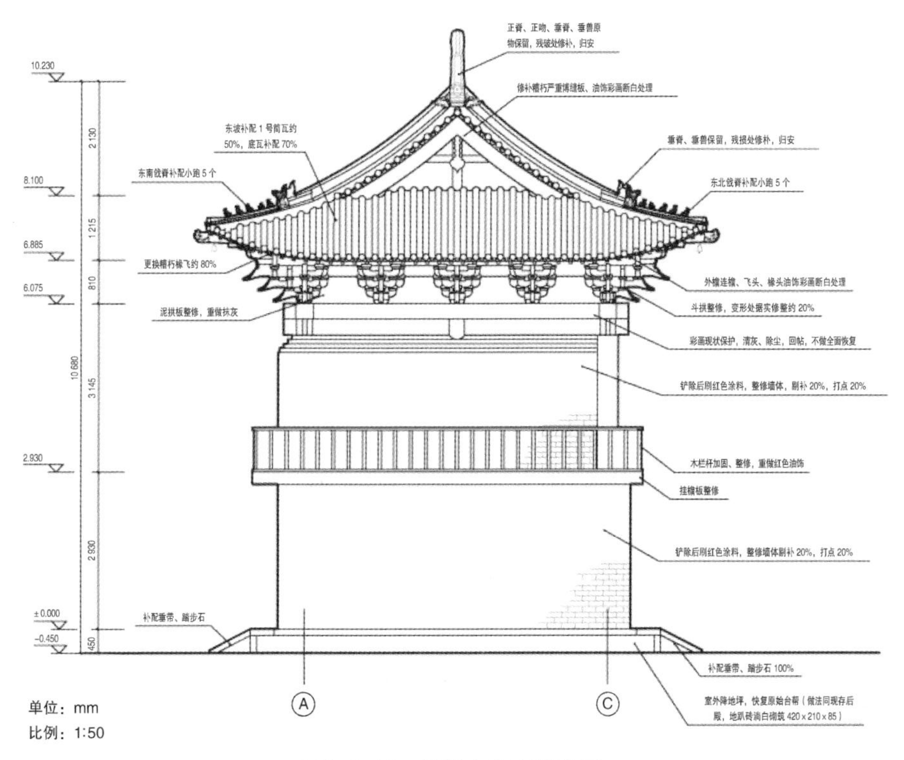

图 2.2.19　舞楼东立面修缮图

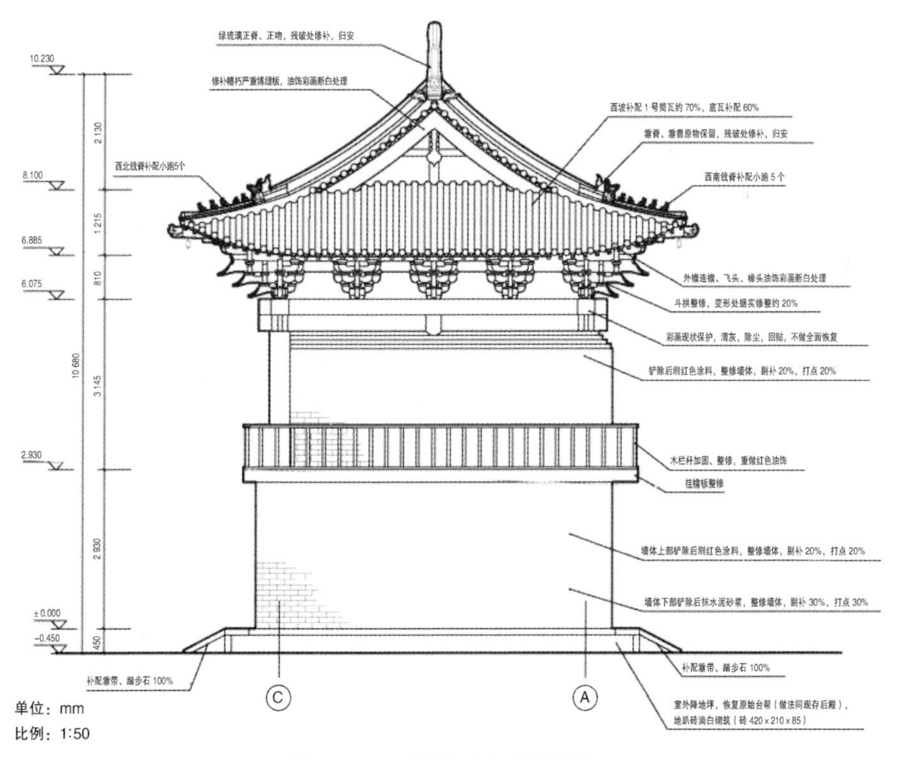

图 2.2.20　舞楼西立面修缮图

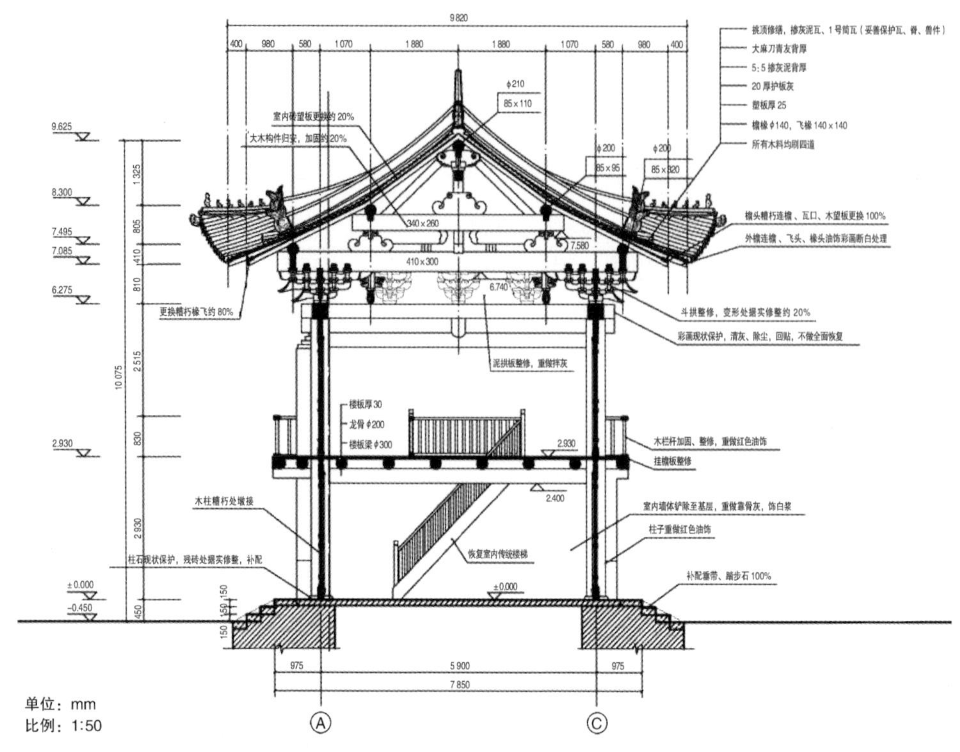

图 2.2.21　舞楼剖面修缮图①

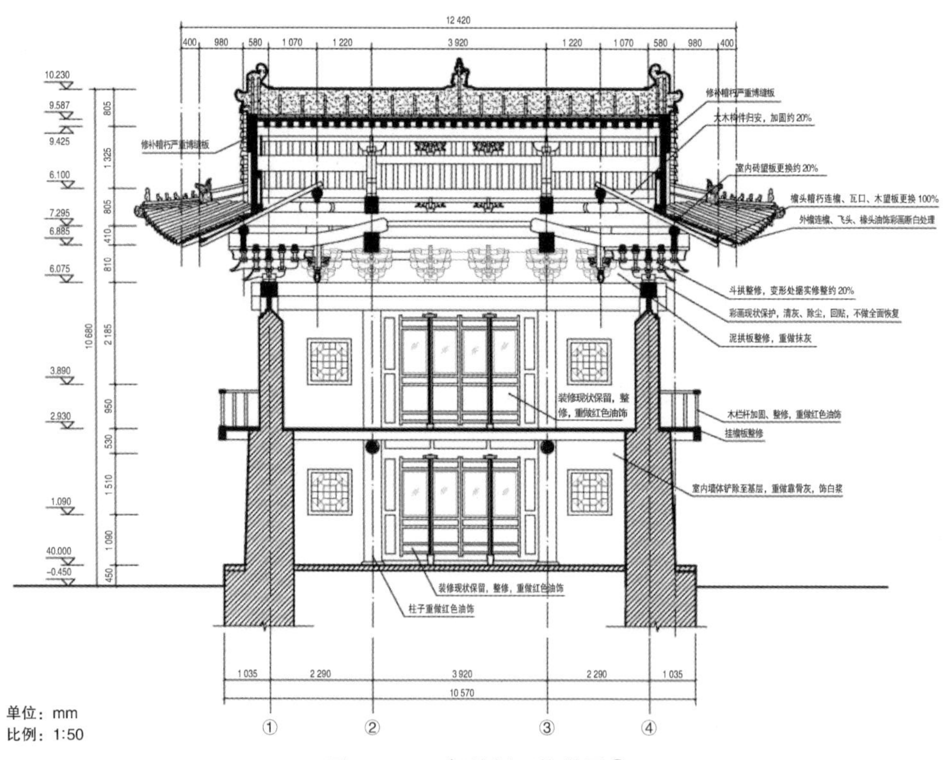

图 2.2.22　舞楼剖面修缮图②

2.3　石佛村古民居传统勘察与修缮做法

2.3.1　石佛村古民居现场勘察

2.3.1.1　项目概况

1. 环境概要

石佛村位于河南省三门峡义马市义马东区办事处东部，距义马市约 15 km。义马市位于河南省西部，地处崤函古道，东西介于古都洛阳与三门峡市之间，北仰韶峰，南眺洛伊，有北魏时期著名的鸿庆寺石窟、项羽坑杀二十万秦卒的楚坑等。石佛村古称“轼谷”，新中国成立后更名为“石佛”。

2. 历史沿革

石佛村古民居由李家大院的 1 至 5 号院落构成（以下通称“李家大院”）。李家大院始建于清咸丰九年（1859 年），距今已有 160 余年。现存的李家大院分为两大建筑群，分别坐落在石佛村街道南北两侧，自东至西由 5 组四合院组成，村民俗称“五过庭”。1 号院和 2 号院为李氏家族的第九代李一元所建。李家历代秉承耕读传家的祖训，子孙多入朝为官。李一元生前任“盐运司知事，敕赠布政司儒林郎”，他的后代有多人在清朝担任过武信骑尉、武德骑尉、布政司理问、太学生等职。3 号院至 5 号院则为李一元的儿子所建。李家大院建筑群中以 4 号院、5 号院保存最为完整，其房屋台基、构架、屋顶及门窗均保存完好。

表 2.3.1　李家大院始建人与权属人列表

名称	1 号院	2 号院	3 号院	4 号院	5 号院
始建人	李一元（李氏第九代）	李一元（李氏第九代）	李一元长子李鸣鹤（贡生）	李一元次子李景阳（掌门）	李一元四子李鸣盛（武信骑尉）
权属人	李学功等	李小中等	李宝轩等	李随之等	李全中等

2016 年 2 月，石佛村李家大院被河南省人民政府公布为第七批河南省文物保护单位。义马市东区石佛村村委会负责石佛村李家大院日常维护与管理工作。

3. 建筑形制与构造特征调研

李家大院为典型的清式“硬山小式四合院”，背依白鹿山，南望涧河，建筑材料、工艺十分考究。屋顶梁架大部分为成年桐木营造；墙体大部分为青砖砌筑，白灰勾缝，墀头上手工雕刻吉祥图案；院内采用青砖铺墁，室内采用方砖或青砖十字缝顺铺。

李家大院5号院位于整个建筑群的最西侧，依次向东排开为4至1号院落，各自形成独立封闭的空间。其中，5号院的一进院建筑为二层结构，东厢3间，西厢2间，二进院则东、西厢各3间。倒座、过厅均有檐廊，檐柱柱础为青石雕刻，造型别致、刻工精良；隔扇门木作十分精良，上部格心棂子为细木套榫组合花形，上、中、下条环板刻有“灵芝福寿图”，裙板为桐木质手工雕刻图案；厢房屋门均为双扇，窗为槛窗，与之相邻的4号院落的西厢房与该院的东厢房共用一个后檐墙和一条屋脊，独具特色，体现了家族和睦的传统家风。李家大院建筑木作、木雕、瓦作、砖雕构思纯熟、工艺精湛，充分反映了清代社会制度、文化思想、生活习惯等时代脉络，为后人研究清式建筑提供了实物资料。

4. 价值评估

（1）历史价值。

李家大院始建于清代，据《李氏家谱》记载，元朝末年，李氏祖上为避战乱，自亳州亳县顺河湾八里集迁至河南府渑池县治东轼谷村。李家大院大部分为二进或三进四合院，房屋以中轴线为基线，对称布置，层层递进，空间布局合理，依自然地形而建，南低北高的院落格局，高低错落，院与院之间常以合用厢房的形式出现，体现李氏家族和谐融洽的家风。时至今日，院落的历史格局保存较好。建筑集木作、木雕、瓦作、砖刻、石刻于一身，构思纯熟、工艺精湛，充分反映了清代制度、思想、习俗、工艺等时代文化背景，是豫西地区清代民居工艺艺术成就卓越的主要建筑代表，更是研究清式地方建筑风格的实物性范例。

（2）科学价值。

李家大院在选址上依照中国古代风水学说布局，西部白鹿山有一自然形成的巨大凹处，东侧突出较长，西侧稍短，风水学谓之“左青龙，右白虎”；南与涧河遥遥相望，涧河之滨为平川良田，谓之“前朱雀，后玄武”。这对研究民居选址建造时的思想具有科学价值。

建筑前檐、墀头、门窗抱框大部分为青砖、白灰砂浆修筑，而山墙、后檐上身及墙里皮大部分为河卵石加滑秸泥修筑，局部为土坯，内外墙附以木梁拉结，材料的应用依据建筑部位变化丰富，建筑外形美观大方，且经过了风雨侵蚀和战争的洗礼，仍屹立不倒，体现了较高的建造技艺。建筑室内梁架为抬梁式结构，脊檩设叉手，木构件大多使用桐木；建筑虽经过历次修缮，但建筑的原形制得到了较好的保存，同样，多种建造手法和技艺也保存下来，在研究清代河南地方宅院建造技艺方面具有较高的科学研究价值。

（3）艺术价值。

建筑大部分为青砖、河卵石砌筑，双坡小青瓦建筑，厢房个别为单坡，在材料选用和构件的细部设计上都体现了设计和建造者较高的艺术涵养；砖雕、木雕、石雕精美细致，建筑的墀头变化丰富，上刻莲花等吉祥图案，正脊和垂脊上雕刻高浮雕莲花图案，图案逼真、线条细腻流畅、层次分明；在表现手法上运用花卉图案祈求富贵长寿、安康快乐、吉祥如意、幸福美满。5号院倒座后檐隔扇门为六抹，裙板雕刻荷花，线条曲线优美，棂条为一码三箭；门上部横陂窗套万字棂条花心，做工精细，富有艺术效果，门枕石为仿须弥座形制，上枋刻回形纹，上枭、下枭刻莲瓣,寓意富贵不断和高雅。李家大院在院落整体的布局、建筑形制以及材料应用的丰富变化上都体现了建造者较高的艺术情操和较高的艺术追求。这种利用建筑的空间环境表现李氏家族的艺术内涵的方法,具有较高的艺术研究价值。

(4)社会价值。

民居建造至今,延续了李氏子孙的脉络和家族传承。院落在使用中多次进行修缮和维护保养,不仅很好地传承和保护了建筑,而且提高了人们的文物保护意识,为文物传统文化的延续和有效利用创造了良好条件。李家大院历史环境朴素,民风淳朴,在当地有着重要的影响,为传统文化发展发挥了作用,其有效的保护修缮及合理的展示利用,融合石佛村现存的白鹿山、涧河、鸿庆寺等其他自然和文物资源,一起带动了当地的经济发展,体现了较高的社会价值。

2. 3. 1. 2　现状勘察

1. 勘察对象

李家大院的 5 组院落建筑风格和形制相同,本书遴选最具代表性的 5 号院落建筑及其内外相关环境进行重点介绍。

2. 勘察目的和方法

(1)勘察目的。

通过现场调查,对李家大院建筑及周边环境进行勘测记录,对文物建筑的原形制、原结构、原材料、原工艺进行现场调研,结合相关资料对文物进行准确的勘察、研究。

(2)勘察方法。

①手工测绘外观形制、大样等草图,通过现场勘测记录,了解建筑结构特点,获得构造原貌的各种数据。

②用敲击法和勘测分析法对建筑残损进行分析和调研。

③查询相关资料,结合碑刻记载,对建筑原貌进行细致的研究。

综合以上几种方法,对建筑进行勘察和调研,将其作为编制保护修缮方案的依据。

3. 文物本体现状调查

5 号院位于李家大院最西侧,院落整体坐北朝南,为三进四合院建筑布局,占地面积 693 m^2;现存建筑五座,均为文物建筑。

(1)5 号院倒座。

倒座坐北朝南,面阔三间(9. 36 m),进深二间(6. 35 m),建筑面积 143. 26 m^2,砖木结构。根据现状勘察情况,倒座散水全部佚失;墙体青砖局部酥碱,后期水泥抹面;瓜柱劈裂;屋面局部坍塌、漏雨,梁架裸露室外,长期雨淋日晒;瓦件碎裂、佚失等。根据古代建筑维修级别划分的标准，将其定为 Ⅳ 类建筑。

（2）5 号院一进院西厢房。

一进院西厢房坐西朝东，面阔四间（11.38 m），进深一间（3.71 m），建筑面积 84.44 m^2，砖木石结构。根据现状勘察情况，西厢房南山墙坍塌，后檐墙局部有裂缝，墙体青砖部分酥碱，檩条局部糟朽，屋面局部坍塌、漏雨，瓦件碎裂、佚失等。根据古代建筑维修级别划分的标准，将其定为 Ⅳ 类建筑。

（3）5 号院一进院过厅。

过厅坐北朝南，面阔三间（9.96 m），进深二间带前廊（9.6 m），建筑面积 95.62 m^2，砖木石结构。根据现状勘察情况，过厅室内后加红砖隔墙，前檐东西次间有后人增加临时建筑，地面方砖局部碎裂、佚失，屋面瓦垄松动，墙体青砖部分酥碱，土坯墙部分缺失，抹灰层脱落，檩条局部糟朽、断裂，屋面局部凹陷、漏雨，瓦件碎裂、佚失等。根据古代建筑维修级别划分的标准，将其定为 Ⅲ 类建筑。

（4）5 号院二进院东厢房（4 号院二进院西厢房）。

二进院东厢房与 4 号院二进院西厢房共用一座硬山式建筑，中间由一道厚 540 mm 的墙体隔开，西侧为 5 号院二进院东厢房，东侧为 4 号院二进院西厢房，面阔五间（16.88 m），进深二间（6.14 m），建筑面积 118.18 m^2，砖木石结构。根据现状勘察情况，5 号院二进院东厢房南次间及南稍间屋面坍塌，室内建筑垃圾堆积，室内灌木、杂草丛生；墙体毛石墙面灰缝大面积脱落；上部墙体局部开裂，且向北鼓闪；屋面坍塌、漏雨，金檩糟朽，整体梁架佚失一榀；檐檩、金檩均有佚失；椽子严重糟朽。根据古代建筑维修级别划分的标准，将其定为 Ⅳ 类建筑。

（5）5 号院二进院西厢房。

二进院西厢房坐西朝东，面阔五间（16.88 m），进深一间（3.19 m），建筑面积 66.91 m^2，砖木结构。根据现状勘察情况，散水全部佚失，墙体多处开裂，毛石墙面灰缝大面积脱落，屋面漏雨，檐檩、金檩糟朽，瓦件大面积碎裂。根据古代建筑维修级别划分的标准，将其定为Ⅲ类建筑。

（6）5 号院二进院上房。

二进院上房坐北朝南，面阔三间（10.05 m），进深一间带前廊（7.68 m），建筑面积 154.36 m^2，砖木石结构。根据现状勘察情况，上房整体建筑均已坍塌，现仅存东西山墙、后檐墙遗址，以及东、西部分墀头。根据古代建筑维修级别划分的标准，将其定为 Ⅳ 类建筑。

（7）相关环境现状勘察。

李家大院现存 5 组院落，现院内环境较差，局部建筑坍塌，后期增建了临时建筑，历史格局不完整。目前，院内及文物建筑周边无安防、消防、避雷措施。院内、外排水措施不完善。

2.3.1.3　残损原因分析

残损原因分类：自然因素、人为因素。

1. 自然因素

(1)风化、酥碱:雨水侵蚀、冻融循环综合作用下引起建筑青砖风化及材料中的碱和盐溶出,聚集在墙体表面,在物理和化学的双重作用下,使抹灰层及墙体逐层酥软脱落。

(2)年久失修:缺乏有效的日常维护,导致墙体局部裂缝;门油漆脱落、干裂;屋面杂草丛生、瓦件散乱、佚失;脊饰残损、佚失;散水佚失。

2. 人为因素

人为改造和不恰当的修缮措施:院落内后期增加临时构筑物,破坏了原有的历史环境。

2.3.1.4 勘察结论

根据现场测绘和后期分析,针对李家大院建筑现存病害的分布、残损程度对建筑造成的结构及环境风貌破坏的因素进行调查、评估,依照《古代建筑木结构维护与加固技术规范》(GB 50165—92)第四章第一节结构可靠性鉴定,将所有现存的文物建筑进行分类,其中 Ⅲ 类建筑共2座,Ⅳ 类建筑共4座(分类依据:需要屋面全部揭瓦整修但室内梁架保存较好的为 Ⅲ 类,对其进行整修;建筑屋面坍塌面积较大,已经影响到梁架,以及建筑屋面需要揭顶维修,墙体存在部分为红砖后期砌筑,即建筑面临坍塌和局部需要复原的建筑为 Ⅳ 类)。对建筑周围的环境进行整治,如对院内积水进行整治等,消除对建筑造成威胁的隐患;对 Ⅲ 类建筑进行揭顶修缮:对地面、墙体、木构架、门窗进行整修;对 Ⅳ 类建筑进行整修和局部复原:对地面、墙体、木构架、门窗进行整修,对坍塌的屋面和木构架进行恢复,对建筑后期添加的红砖墙体进行拆除和改造,对后期更改的门窗进行恢复,消除建筑的安全隐患,恢复建筑及其历史环境。本方案建筑残损分类表如表2.3.2所示。

表2.3.2 文物建筑残损分类标准

名称	项目	Ⅲ类	Ⅳ类	备注
		共2座	共4座	
5号院	倒座		✓	
	一进院西厢房		✓	
	一进院过厅	✓		
	二进院东厢房		✓	(与4号院二进西厢房为同一建筑)
	二进院西厢房	✓		
	二进院上房		✓	上房大面积坍塌,仅存局部墙体

注:根据《古代建筑木结构维护与加固技术规范》(GB 50165—92)第四章第一节结构可靠性鉴定,文物建筑残损分类标准进行鉴定。

Ⅲ 类建筑承重结构中关键部位的残损点或其组合已影响结构安全和正常使用,有必要采取加固或修理措施,但尚不致立即发生危险。

Ⅳ 类建筑承重结构的局部或整体已处于危险状态,随时可能发生意外事故,必须立即采取抢修措施。

石佛村李家大院鸟瞰图如图 2.3.1 所示。

图 2.3.1 石佛村李家大院鸟瞰图

2.3.2 5 号院现状照片

(1)李家大院 5 号院临街倒座现状照片如图 2.3.2 所示。

图 2.3.2 李家大院 5 号院临街倒座现状照片

(2)5 号院院内布局现状照片如图 2.3.3 所示。

图 2.3.3　5 号院院内布局现状照片

(3)5 号院倒座现状照片如图 2.3.4 所示。

1　过道内 260 mm×130 mm×160 mm 青砖铺墁,局部佚失,局部水泥铺面

2　廊内 300 mm×300 mm×60 mm 方砖铺墁,局部碎裂、佚失,局部水泥铺面;柱础佚失,石块支撑

3　室内 300 mm×300 mm×60 mm 方砖铺墁,局部碎裂、佚失,局部水泥铺面

4　前檐阶条石表面局部水泥抹面

5　前檐墙体开裂

6　过道两侧墀头均开裂、下垂

图 2.3.4　5 号院倒座现状照片

7　后檐墙上部因屋面漏雨使墙面有水渍且被熏黑

8　西山墙下碱青砖酥碱，水泥抹面；中部墙面抹灰层大面积脱落

9　西山墙上部墙体外皮坍塌，重新砌筑，与原形制不符①

10　西山墙上部墙体外皮坍塌，重新砌筑，与原形制不符②

11　里皮因屋面坍塌、长期雨水冲刷，局部坍塌

12　通道内墙面抹灰层大面积脱落

13　室内后加隔墙(4 600 mm × 140 mm × 2 540 mm)

14　室内原有楼梯、楼板全部佚失

15　室内后加吊顶

16　明间西缝脊瓜柱竖向通裂

17　西次间上金檩、下金檩、檐檩、檐枋佚失

18　望兽破损、头部佚失；垂兽破损、头部佚失

19　屋面漏雨、长草，瓦件大面积碎裂；西次间后坡里局部坍塌

20　西次间前檐窗户棂条局部佚失，剩余部分全部糟朽

21　西次间后檐窗户棂条全部佚失

图 2.3.4(续)

22　后檐明间隔扇门棂条局部佚失

23　后檐明间隔扇门上部亮窗棂条局部佚失

24　柱础佚失，红砖支撑

图 2.3.4(续)

(4)5 号院一进院东厢房，现状照片如图 2.3.5 所示。

1　南墀头墙局部风化、酥碱严重，南山墙局部风化、酥碱严重

2　室内墙面抹灰层局部脱落

3　室内后期增加吊顶

4　苇稍后望板糟朽、断裂

5　屋面漏雨、长草，瓦件大面积碎裂

6　垂兽佚失，望兽佚失

7　室内 255 mm × 125 mm × 55 mm青砖铺墁，局部碎裂、佚失

8　二层木楼板局部起翘变形

9　前檐南梢间后加门洞被红砖封堵

10　室内抹灰层局部脱落

11　室内后加隔断

12　前檐墙明间窗、北梢间窗上部出现裂缝

图 2.3.5　5 号院一进院东厢房现状照片

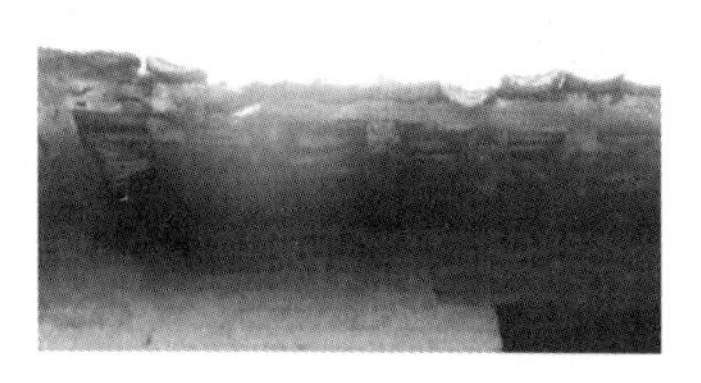

13　连檐糟朽，滴水碎裂、佚失

14　北次间门下档板佚失

15　南次间、南梢间窗户均被改为现代铁窗

16　北梢间窗户棂心局部缺失

17　土坯砖封堵

18　前檐墙明间板门被后期改造

图 2.3.5（续）

（5）5 号院一进院西厢房现状照片如图 2.3.6 所示。

1　室内 255 mm × 125 mm × 55 mm 青砖铺墁，局部佚失

2　室内 255 mm × 125 mm × 55 mm 青砖铺墁，后期局部水泥铺面

3　南山墙坍塌

4　前檐墙明间二层窗下墙体开裂

5　后檐墙上部局部开裂

6　后檐墙下部滑秸泥抹面，局部空鼓、脱落

7　后檐墙与南山墙交接处局部坍塌、歪闪严重

8　室内抹灰层局部脱落

9　室内后加隔断

图 2.3.6　5 号院一进院西厢房现状照片

10　室内后加红砖隔墙

11　二层木楼板局部糟朽

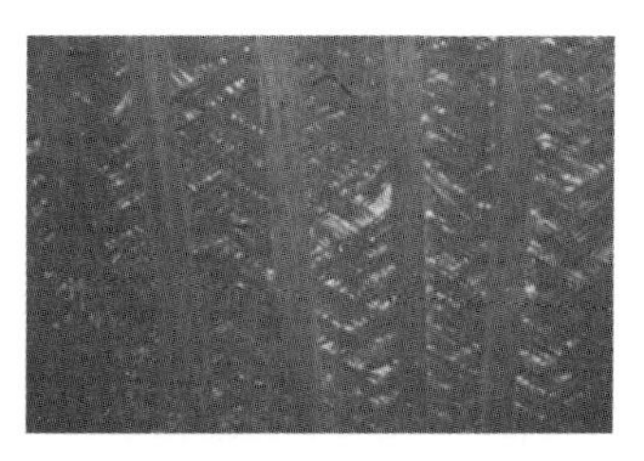
12　椽子糟朽、断裂,苇稍望板糟朽、佚失

13　连檐糟朽、断裂

14　前后坡滴水碎裂、佚失

15　屋面漏雨、长草,瓦件大面积碎裂

16　北梢间窗户棂条局部佚失

17　南梢间二层窗户棂条缺失

18　南梢间原有板门佚失,现为后期改造板门,下槛缺失

图2.3.6(续)

(6)5号院过厅现状照片如图2.3.7所示。

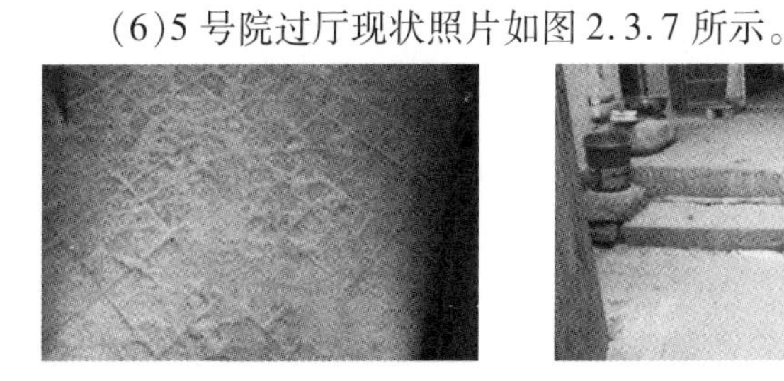
1　室内300 mm×300 mm×60 mm方砖斜铺,局部碎裂、佚失

2　廊内方砖佚失,后期局部水泥抹面

3　室内后加红砖隔墙

4　后檐外墙上部白灰罩面空鼓、脱落

5　山墙墙体开裂

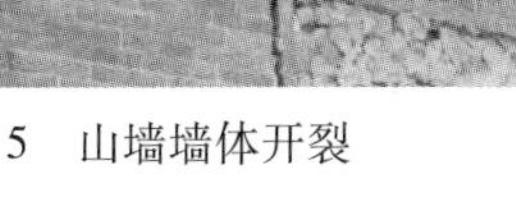

6　后檐墙下部青砖墙面局部风化、酥碱

图2.3.7　5号院过厅现状照片

7 室内后加隔墙

8 后檐墙北侧后期砌筑红砖房

9 前廊西侧后加隔墙

10 室内后加吊顶

11 苇稍后望板糟朽、佚失

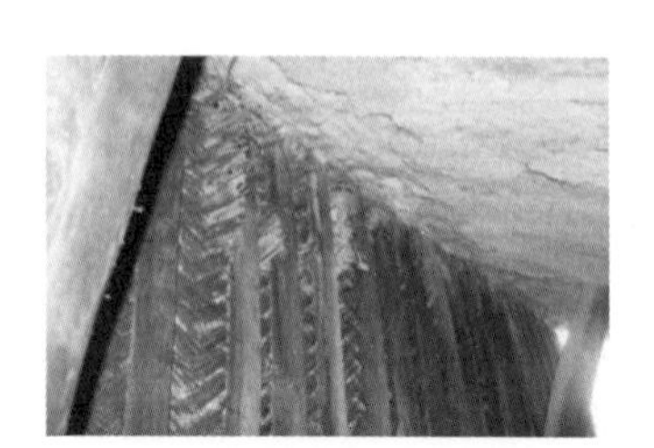

12 苇箔望板糟朽、佚失

13 苇箔望板局部佚失

14 椽子糟朽、断裂,望砖碎裂、佚失

15 屋面漏雨、长草,瓦件大面积碎裂

16 前后坡滴水碎裂、佚失

17 望兽佚失,正脊佚失,垂背、垂兽佚失

18 后檐墙明间板门下槛佚失,现为红砖砌筑

图2.3.7(续)

(7)5号院二进院东厢房(4号院二进院西厢房)现状照片如图2.3.8所示。

1 青砖铺墁,凹凸不平,局部佚失①

2 室内杂物堆积

3 青砖铺墁,凹凸不平,局部佚失②

图2.3.8 5号院二进院东厢房(4号院二进院西厢房)现状照片

4　今人在墙上多处增开孔洞

5　墙面青砖严重酥碱，今人水泥抹面

6　室内墙面均大面积被熏黑，局部雨水冲刷脱落

7　墙体向南歪闪，墙面青砖严重酥碱

8　屋檐檐墙墙面裂缝、错位

9　青砖铺墁，凹凸不平，局部佚失③

10　墙体局部开裂，且向北鼓闪；博风砖佚失，今人后期用青砖砌筑

11　屋面漏雨，金檩糟朽①

12　屋面漏雨，金檩糟朽②

13　屋面苇箔糟朽、佚失

14　二进院西厢房南次间及南稍间屋面坍塌

15　屋面漏雨、长草，瓦件大面积碎裂

16　原有双扇板门佚失，今人改造为单扇板门，下槛严重糟朽，中部弯曲变形，挡板佚失

17　南山墙上窗户棂条糟朽，局部佚失；室内部分今人以土坯封堵

18　窗户棂条糟朽、局部佚失

图2.3.8(续)

(8)5号院二进院西厢房现状照片如图2.3.9所示。

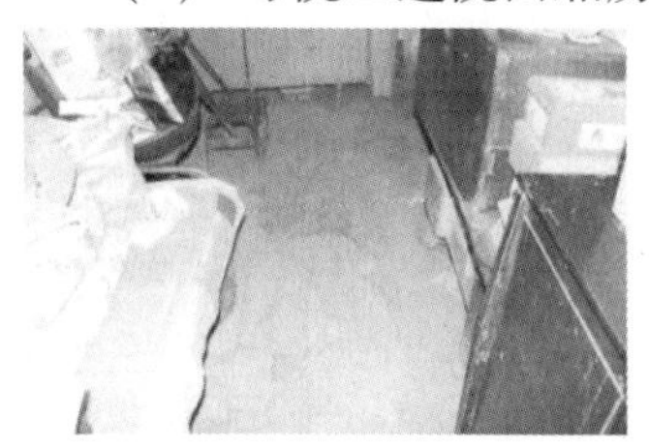

1　局部佚失,今人局部水泥铺面

2　今人局部红砖铺面

3　屋内地砖佚失

4　墙体开裂,窗台石外部今人水泥抹面

5　墙体开裂①

6　墙体多处开裂,墙面青砖局部佚失

7　窗户下部墙面青砖酥碱;窗户棂条局部佚失,其余部分糟朽;双扇板门佚失,今人改造为单扇板门

8　墙体开裂②

9　墙体多处开裂

10　墙面青砖酥碱

11　毛石墙面灰缝大面积脱落

12　墙体开裂③

13　墙面今人水泥抹面

14　原有墙体坍塌,现为今人后期垒砌,与原形制不符,与原有墙体存在裂缝

15　室内后加隔墙

图2.3.9　5号院二进院西厢房现状照片

16　室内墙面今人白灰浆抹面

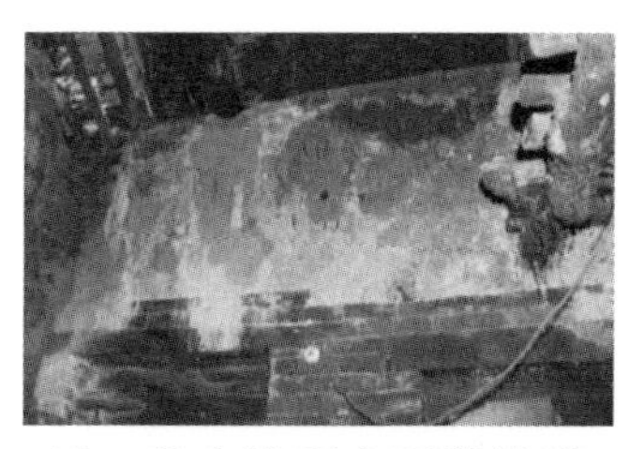

17　室内墙面大面积被熏黑，局部雨水冲刷脱落

18　室内墙面抹灰层局部脱落①

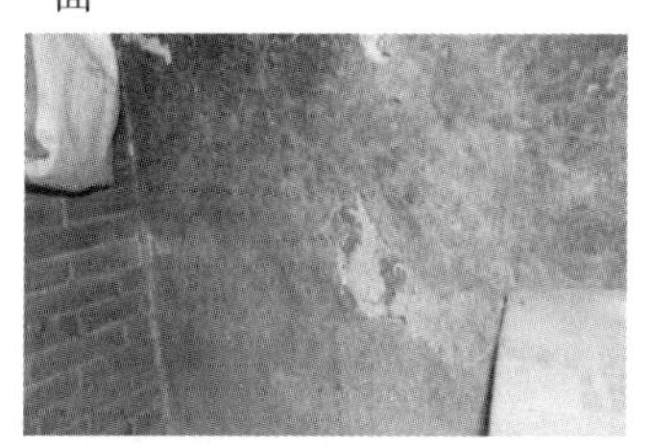

19　室内墙面抹灰层局部脱落②

20　屋面漏雨，椽子佚失、断裂①

21　屋面漏雨，椽子佚失、断裂②

22　金檩糟朽

23　屋面漏雨，局部水泥抹面、长草，瓦件大面积碎裂

24　屋面漏雨，局部水泥抹面、长草，瓦件大面积碎裂；望兽、垂兽破损、头部佚失

图2.3.9(续)

(9)5号院上房现状照片如图2.3.10所示。

1　除部分墙体外，其余全部坍塌

2　350 mm×150 mm阶条石局部缺失，室内铺地青砖全部佚失

3　残存后檐墙

4　原有山墙坍塌，现为后期砌筑

5　后期砌筑临时建筑

6　残存廊心墙

图2.3.10　5号院上房现状照片

2.3.3　5 号院修缮做法

2.3.3.1　5 号院修缮的必要性和可行性

1. 必要性

经过详细的现场调研发现，李家大院 5 号院建筑周围散水部分佚失且有多处裂缝，屋面杂草丛生、瓦件碎裂、脊饰缺损，局部建筑存在安全隐患，严重影响了文物价值和历史信息的有效传递。李家大院 5 号院历史环境朴素，在当地有重要的影响，为传统文化精神传承起到重要作用，有效地保护修缮及合理地展示利用，将带动当地的经济发展。另外，建筑的砖雕、木雕、石雕精美细致，体现了较高的艺术价值。

为更好地保护文物的安全和发挥文物的价值，必须实施保护修缮工作。

2. 可行性

国家对文化遗产的关注加上保护体系的不断完善，为李家大院 5 号院的保护修缮提供了坚实的政策支持。

2.3.3.2　工程性质，指导思想、修缮原则，设计依据

1. 工程性质

根据李家大院 5 号院的现场勘察与残损病害分析，按照《中国文物古迹保护准则》（2015）对文物古迹修缮分类的有关规定，李家大院 5 号院属于重点修复工程（为保护文物所必需的结构加固处理和维修，包括结合结构加固而进行的局部复原工程）。

2. 指导思想、修缮原则

（1）指导思想。

坚持保护文化遗产的真实性和完整性，坚持依法和科学保护，正确处理经济社会发展与文化遗产保护的关系，统筹规划、分类指导、突出重点、分步实施。按照《中华人民共和国文物保护法》对不可移动文物进行修缮、保养、迁移，必须遵守“不改变文物原状的原则”，尽最大可能利用原材料，保存原有构件，使用原工艺，延续文物的历史信息和时代特征。

（2）修缮原则。

①坚持不改变文物原状的原则。尽可能地避免或降低因维修而带来的文物自身价值的损害。

②坚持最少干预原则。凡必须干预时，附加的手段只用在最必要部分，并减少到最低限度。

③坚持尽可能多地保护现存实物原状和历史信息原则。一切技术措施应当不妨碍再次对原物进行保护处理；经过处理的部分要和原物或前一次处理的部分既相协调，又可识别。

3. 设计依据

（1）《中华人民共和国文物保护法》（2017年11月修订）。

（2）《中华人民共和国文物保护法实施条例》（2017年10月）。

（3）《中国文物古迹保护准则》（2015）。

（4）《河南省〈文物保护法〉实施办法（试行）》。

（5）《文物保护工程管理办法》（2003）。

（6）《古代建筑木结构维护与加固技术规范》（GB 50165—92）。

（7）《义马市东区石佛历史文化名村保护规划》（2014—2030）。

（8）《石佛村李家大院（1—5号院）保护修缮方案——现状勘察报告》。

（9）国家现行相关文物建筑修缮保护规范。

（10）历史文献等文字记载资料及走访调查所得资料。

2.3.3.3　工程概况

（1）项目名称：石佛村李家大院5号院保护修缮。

（2）工程地点：义马市石佛村。

（3）设计范围与设计规模。

①设计范围：李家大院5号院文物建筑本体及相关环境。

②设计规模：李家大院5号院的建筑面积约663 m^2，占地面积约693 m^2。

（4）工程目的。

①为了更好地保护旧址的文物建筑，使其能“延年益寿”。

②文物生存环境得以改善，为今后李家大院保护展示利用及旅游服务业的发展提供了前提条件，便于规范管理。

2.3.3.4　文物本体修缮说明

《义马市东区石佛历史文化名村保护规划》（2014—2030）中明确李家大院1至5号院中需要维修的项目包括：墙体、屋面、地面、门窗、雕刻、屋脊、大院门口台阶等。本方案结合上述规划对文物建筑保护的相关要求，严格依据《中华人民共和国文物保护法》（2017年11月修订）和《中国文物古迹保护准则》（2015）的要求对建筑进行维修。

1. 维修保护措施(5 号院)

(1)文物建筑本体修缮。

①重点维修工程。

地面:清除地面杂物及清理地面积尘,整修地面。

墙体:对外表酥碱、风化严重的土坯墙、青砖墙、石墙进行整修、打点;铲除空鼓、脱落的墙面抹灰层,重新按原材料、原工艺进行抹面;整修局部有隐患,但不影响整体结构的墙体,对有裂缝,但无安全隐患的部位,进行灌浆加固处理,所用加固材料根据原部位材质性能进行现场调试,确保无损害后,方可使用;拆除后期增加、与原材质不相同的墙体,按原材料、原工艺重新恢复。

屋面:对屋面基层、木基层已经出现破损、漏雨严重、构件腐烂的部位,根据残损面积,确定是否需要局部整修,对于需要揭瓦亮椽的部位,科学计算残损面积和构件数量,禁忌不必要的大拆大换。

木构架:检测梁架位置,确定是否稳定,如需校正、加固构件时,须对现场构建结构进行进一步勘测,制定详细的加固实施方案,在确保建筑本体安全、原构件无损坏、实施科学的前提下,方可实施;对表面残损,但不影响使用功能的构件,可采取局部剔补或铁件加固措施;对的确需要更换的构件,尚应做进一步检测,杜绝不必要的拆换;对于外露或者埋入墙体的木构架应采取必要的防腐措施。

木装修:对局部构件残缺、榫卯松动的构件,应按原有构件规格、材质进行添配和加固;对完全缺失的构件,应找与该建筑风貌相协调的参照构件进行添配,同时应对所有木装修采取防腐处理。

②局部复原维修。

依据残存建筑痕迹、墙基现状进行清理,确有资料可进行复建时,尽可能做到参考原形制、原结构,采用原材料、原工艺恢复建筑原有风貌。

(2)材料使用。

本设计遵循"不改变文物原状的原则",尽最大可能利用原材料、保存原构件、使用原工艺、保持原形制,所需要添补构件的材料应按下列标准实施:

①屋面:以原建筑使用的板瓦瓦件为依据,恢复小青瓦屋面,将旧构件拆卸编码、归类存放;统计残损部件后,按其规格、色泽、类型添配备用。

②木构件:新添配的木构件材质尽可能与原构件相同(原构件经调研为桐木),如现场木材品种与调研的不一致,按现存建筑的木材品种添配。

③青砖:新添配青砖的规格、色泽须与原构件相同。

2. 维修保护做法及技术要求(5 号院)

(1)屋面。

揭瓦亮椽,检查、更换损坏的瓦件,按原有材料配比、工艺做法重新瓦瓦屋面。严禁对好的屋面使用任何涂饰,杜绝焕然一新的修缮效果。

①屋面揭顶之前,应对木构架采取安全支撑保护措施,检查确实安全后,可施工。

②拆卸瓦件、脊饰前,应对垄数、瓦件、脊饰、底瓦搭接等做好记录。

③揭除灰背时,应对灰背层次,各层材料、做法等做好记录。待屋面灰渣清理干净后,应按原样分层苫背。

④瓦瓦时,根据勘察记录铺瓦件和脊饰,并使用原瓦件;新添配的瓦件,必须与原小青瓦件规格统一,色泽尽量保持一致,且尽量使用在暗处。

(2)木构架。

①应先检查屋架是否倾斜、歪闪,根据变形程度采取打牮拨正的方法,将木构架校正到原始位置,校正标准后须立即对木构架进行整体支撑加固,检查安全后,方可施工。当柱身糟朽大于柱径 1/3,明柱根部损坏高度不大于柱高 1/5,暗柱根部损坏高度不大于柱高 1/3 时,应采取墩接措施。超过此比例者应酌情更换。

②对于局部开裂但不影响正常使用的檩条,可选用同等干燥材质木条镶缝,再用铁箍予以加固;其余糟朽、腐烂、变形严重的檩条予以重新制作替换。在修复中如发现隐蔽处有残缺的构件,根据现状另行设计制作安装。所有木构件需做好防虫、防腐处理。屋架构造不安全需要用铁件加固的,其采用的材质、型号、规格和连接方法应符合修缮设计要求。铁件应位置正确、联结严密牢固,外观不妨碍建筑的完整性和美观。防锈处理应均匀、无漏涂。

(3)墙体。

①古代建筑墙壁的维修,应根据其构造和残损情况采取修整或加固措施。修补、加固时,不得改变墙壁的结构、外观、质感以及各部分的尺寸。

②拆砌砖墙时,按下列要求实施:一是清理和拆卸残墙时,应将砖块及墙内石构件逐层揭起,分类码放;砌筑时,应保持原墙尺寸和式样,并宜利用原件。局部拆除较大裂缝处墙体时,应逐个拆除,不得采用机械或人工物理方式大面积拆除。局部拆砌墙时拆除的旧砖须整齐堆放,重新砌筑的墙体,按原有材料配比、工艺做法重新砌筑,严禁对砌好的墙面使用任何涂饰,杜绝焕然一新的修缮效果。二是补配砖墙时,按原墙壁的构造、尺寸和做法,以及丁、顺砖的组合方式砌筑。

③对剔凿挖补或拆砌外皮墙体,做到新旧砌体咬合牢固,灰缝平直,灰浆饱满,外观保持原样。

④青砖墙面进行整修、打点。对不需拆除、酥碱深度大于 3 cm 的部位，局部掏补，用铁挠子或钢锯条将要拆除的砖构件灰缝挠净，使被掏砖松动后再掏取，添配的砖构件要求与原砖规格一致、灰缝一致，色感要与原墙面一致。

剔凿挖补：先用錾子将需要修复的地方凿掉，凿去的面积应该是单个整砖的整倍数，然后按原砖的规格重新砍制，砍磨后照原样用原做法重新补砌好，里面要用砖灰填实。

勾抹打点：用于灰缝及砖的棱角的修补，剔凿、清理缺失部位，砍磨后照原样用原做法重新补砌好。

局部拆砌：这种方法只适用于墙体上部，如果损坏的部位是在下部，即为择砌。先将需拆砌的局部拆除，如有砖槎，应留坡槎，用水将旧槎洇湿，然后按原样重新砌好。

择砌：必须边拆边砌，不可等全部拆完后再砌，一次择砌的长度为 50 ~ 60 cm，若只择砌外（里）皮时，长度不要超过 1 m。

剔补：对青砖、石砌墙体裂缝，采取剔补措施。用铁铙子或钢锯条将裂缝处残砖和石块掏出，清理完残留灰层，挑选相同规格青砖和大小合适的石块先试补无误后再修补，要求墙面灰缝与原墙体一致。

⑤石砌墙体。检查其牢固性，对松动的石块、孔洞、缝隙采用滑秸泥填实，将外表石块灰缝修补完整，与原墙面色泽保持一致，切忌用水泥砂浆进行修补和表面勾缝，须用与原墙面材料一致的材料进行黏结修补。

⑥墙体出现歪闪、倾斜时，参照《古代建筑木结构维护与加固技术规范》（GB 50165—92）第四章第一节第 4. 1. 11 条规定，单层房屋倾斜量大于 $H/150$、多层房屋总倾斜量大于 $H/120$，或多层房屋层间倾斜量大于 $H_i/90$，即达到残损点。（H 为墙的总高度；H_i 为层间墙的高度。）

⑦墙面抹灰维修时，应按原灰皮的厚度、层次、材料比例、表面色泽，赶压坚实平整。刷浆前应先做样色板。

（4）地面。

①不得任意抬高路面、室内地面的高度，不得埋没土衬石、砚窝石等。

②地面砖墁地面的分缝形式，应符合设计要求或当地传统做法的规定。在施工前应对砖料进行逐块选砖。将后期配置的质地不好、颜色不均、声音不清脆、棱角不完整、厚薄不一致的砖剔除，对尺寸大小不一致的砖应加工成一致后使用。修补部分应密实牢固，接槎和顺、平整，无接痕，色泽一致。在铺设室外地面时，可以做成中间高、两边低的形式，以利于排水。地面砖拆揭之前要先按砖趟编号，拆揭时要注意：如发现地下垫层下沉必须夯实，揭墁时必须重新铺泥、接趟和坐浆。地面墁砖的材料、品种、质量、色泽、砖缝排列、图案中分等应符合设计要求或传统做法。

（5）木装修。

①对门窗等构件照原样修补、拼接、加固，或照原样复制。

②修补和添配小部件时，其尺寸、榫卯做法和起线形式应与原构件一致，榫卯应严实，并应加楔、涂胶加固。

③金属零件不全时，应按原式样、原材料、原数量添配，并置于原部位。为加固而新增的铁件应置于隐蔽部位。

④对原木装修表面的油饰、漆层应仔细识别，并记入勘察记录中，作为维修的依据。

⑤所有木材品种依据现场材料为准，现场经调研为桐木。

（6）防腐、防潮、防虫、防白蚁工程。

①木材的含水率是影响木构件性能的重要因素，作为受力构件的木材应严格控制含水率，达不到要求应用人工干燥法进行处理。所有木构件在做处理时，其含水率不大于20%。

②埋入墙内或与墙面相贴的木构件，容易受潮腐朽，施工时应进行防腐处理。按传统工艺做法，应用生桐油进行“钻生”，一般需要两遍。亦可用“潜油”涂刷两遍，“潜油”的配制比为熟桐油∶90 #汽油＝0.4∶0.6。

③木构架、木基层安装完成后，对新、旧的露明木构件全部做防腐处理。

④对所有暴露的木构件，应在安装、“补疤”完成后，做地仗之前进行防腐处理，且应测量木构件的干燥程度，其含水率不大于15%。

⑤经过防腐处理的木构件，不得再进行二次加工或损坏，以免损害防腐处理效果。如遇特殊情况，也应尽量减少加工面，加工完应及时进行修补处理。

⑥清理场地，断绝场地遗留虫害和白蚁的食料；向地基垫层、墙基、木构件喷洒两遍以上的0.2%氯菊酯和0.6%残杀威等杀虫粉剂。

（7）木构件面层保护。

①对旧构件表面的油渍、灰尘、脏污用清洗剂、挠刷干吹方法等清理干净。新补配的构件要有楦缝、剁斧迹。

②清理干净的木构件，应先进行防腐。可分为明防和暗防，明防是指对所有露明的构件进行防腐处理，材料可用传统的钻生油（涂刷生桐油）。暗防是指墙内、阴暗潮湿部位的木构件的防腐处理。可用沥青油、生桐油或其他新型防腐材料，但要对人、畜、木构件无损害。

③对木基层、木构架、木装修构件等清理、楦缝完毕，钻生油二遍。

（8）其他说明。

本次勘察过程中，因条件有限，可能会因勘测不到位及不明现象的存在，特别是屋顶被改造严重、柱子多封于墙体之内、后檐墙有暗柱而无法勘察其残损程度等，出现缺漏之处，后期维修中若遇到新情况，应制定有针对性的解决方案。

2.3.4 5号院现状测绘图和修缮图对比

1. 总平面现状勘察图（图2.3.11）

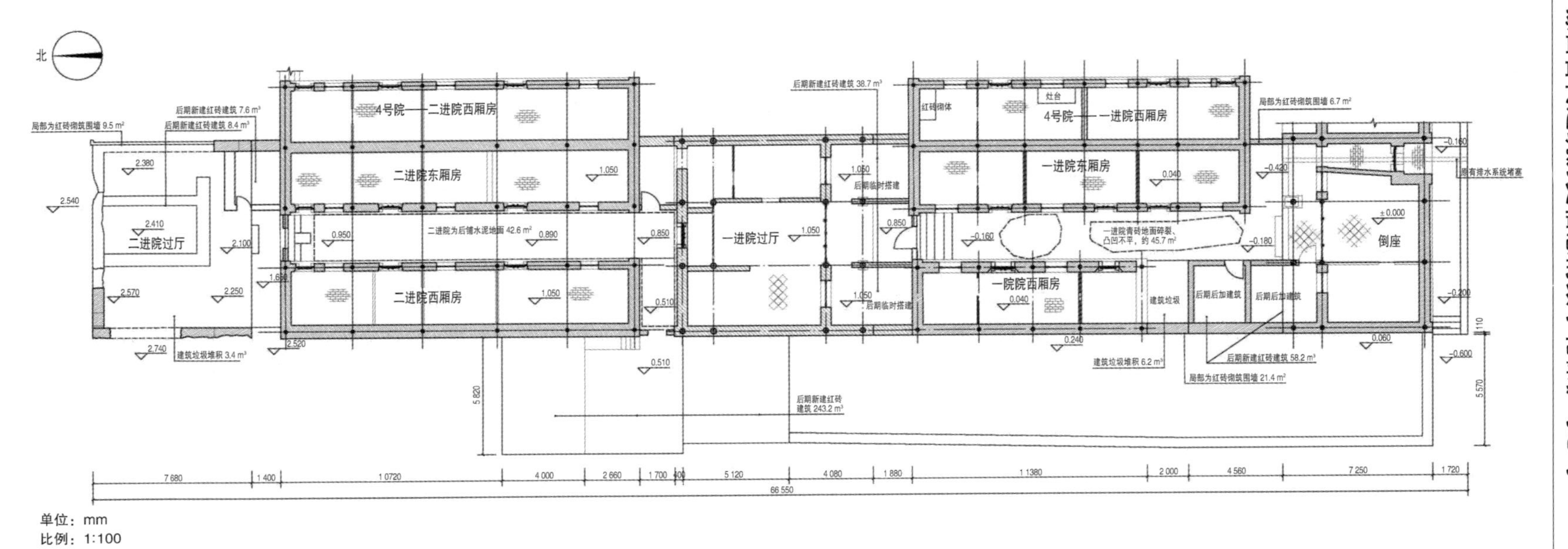

图2.3.11 5号院总平面现状勘察图

2. 总平面修缮图(图 2.3.12)

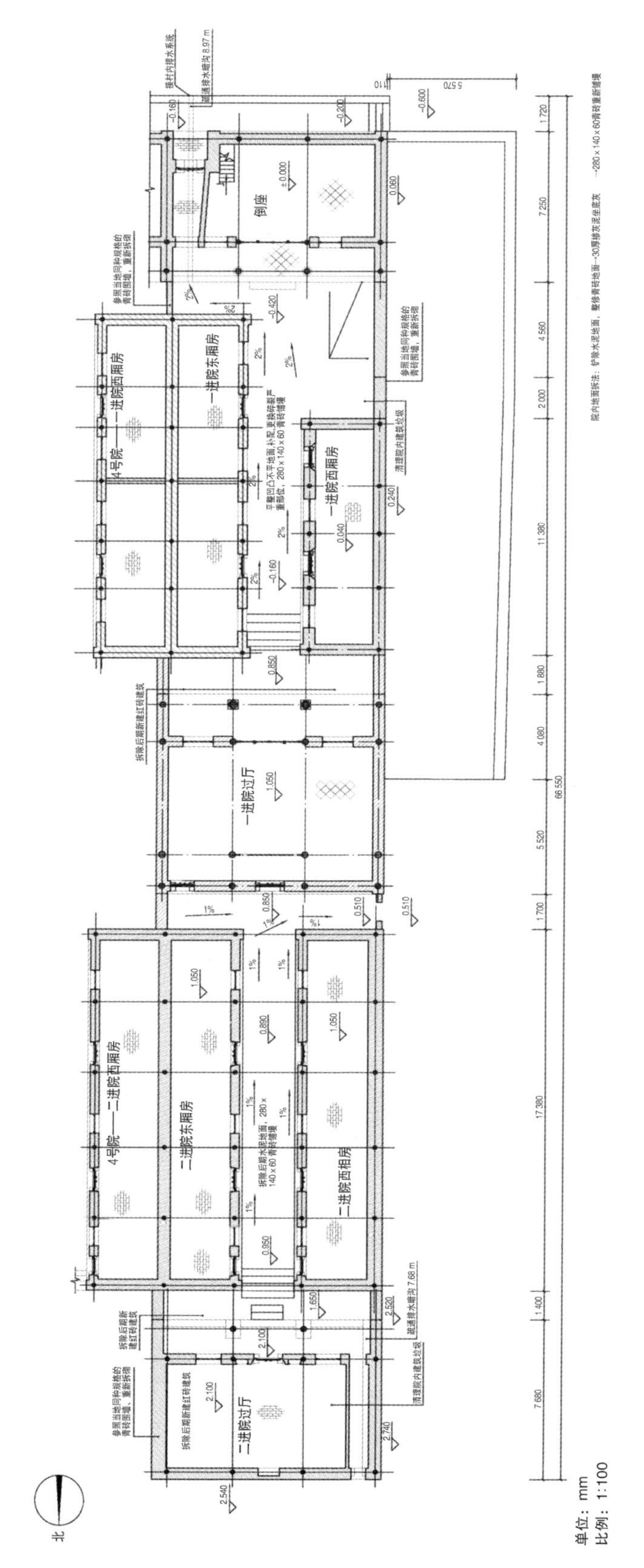

图 2.3.12　5 号院总平面修缮图

3. 单体建筑现状勘察图和修缮图

（1）倒座一层平面现状勘察图（图 2.3.13）。

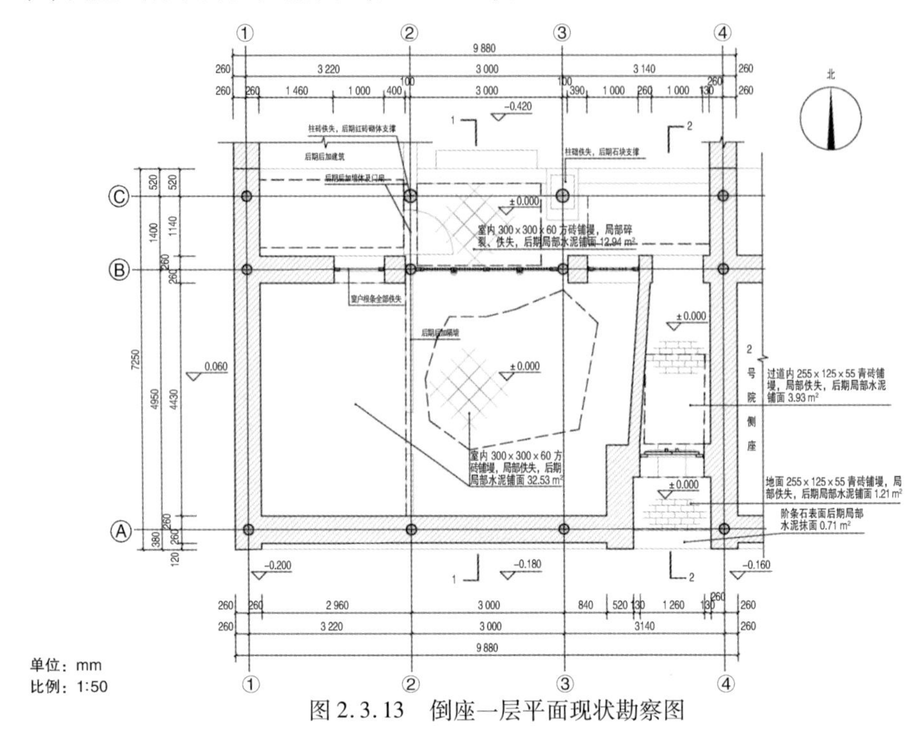

图 2.3.13　倒座一层平面现状勘察图

（2）倒座一层平面修缮图（图 2.3.14）。

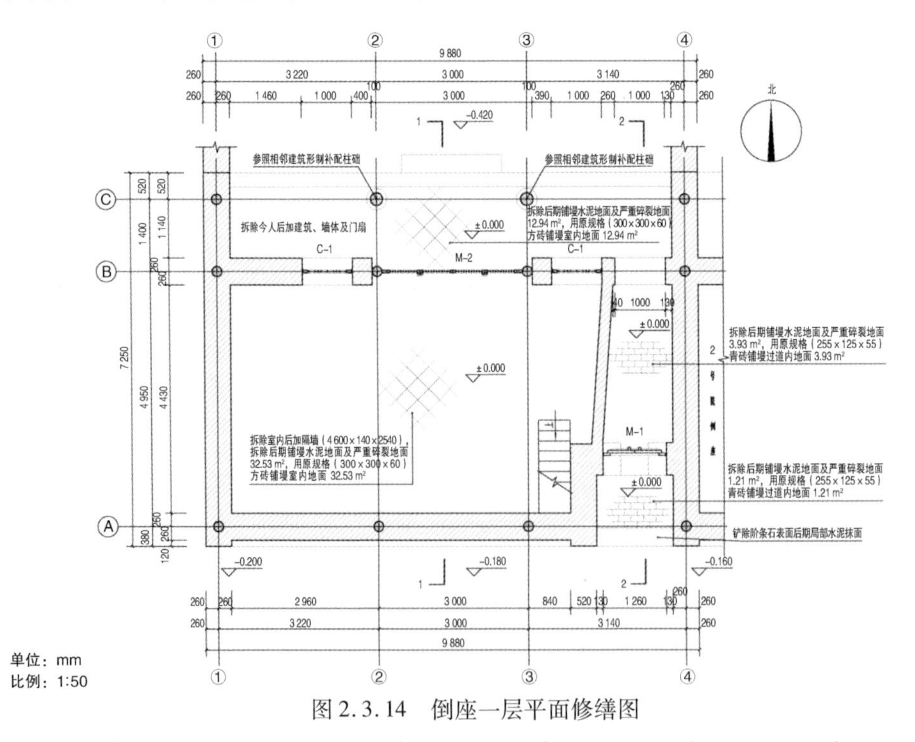

图 2.3.14　倒座一层平面修缮图

(3)倒座二层平面现状勘察图(图 2.3.15)。

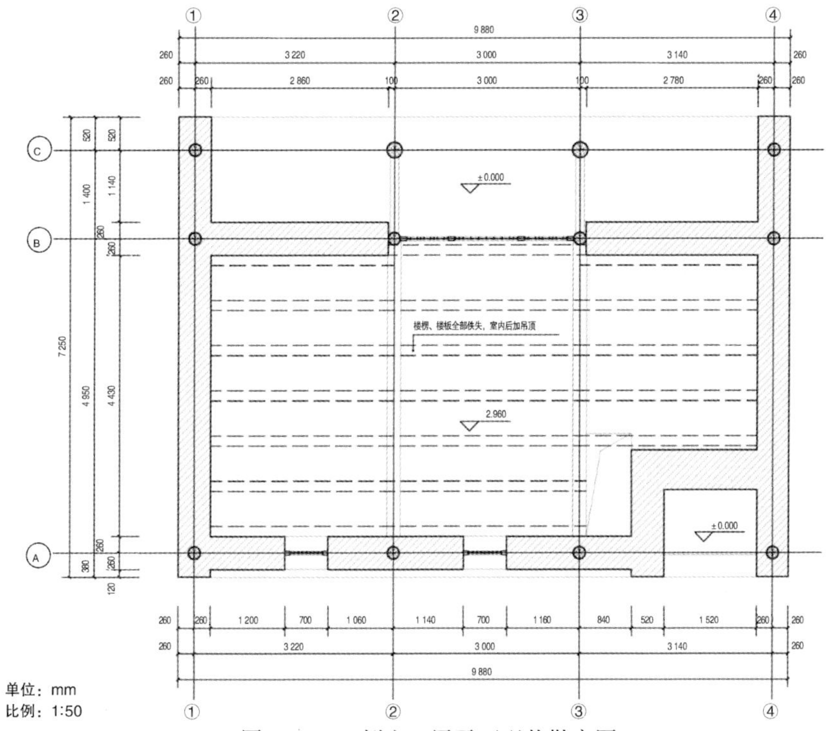

图 2.3.15　倒座二层平面现状勘察图

(4)倒座二层平面修缮图(图 2.3.16)。

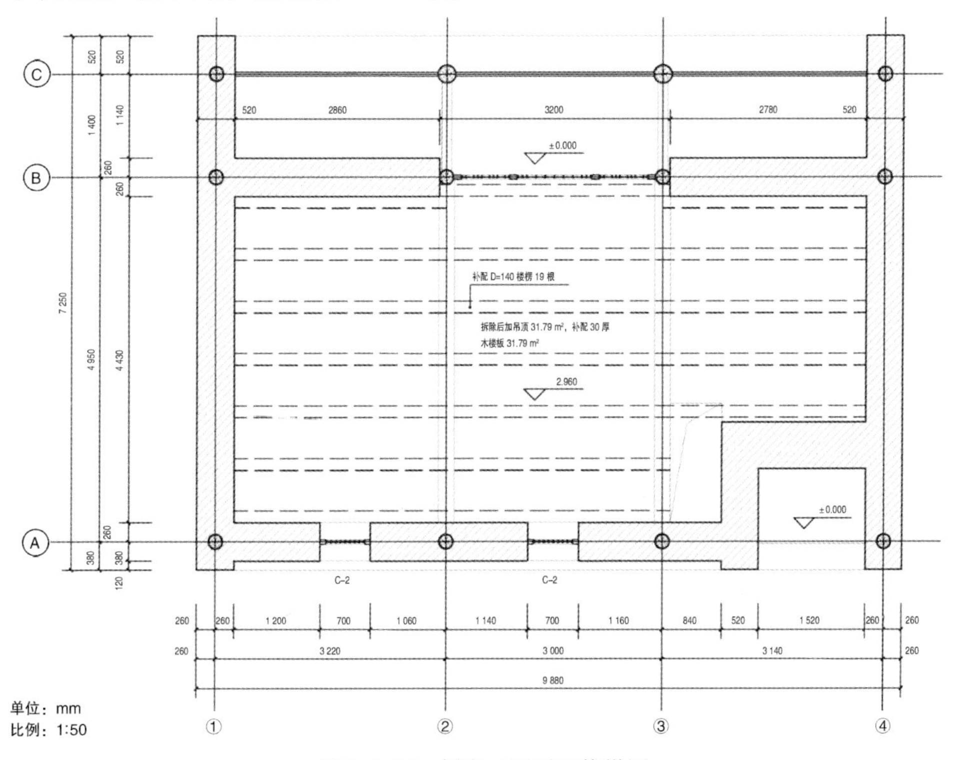

图 2.3.16　倒座二层平面修缮图

(5)倒座南立面现状勘察图(图 2.3.17)。

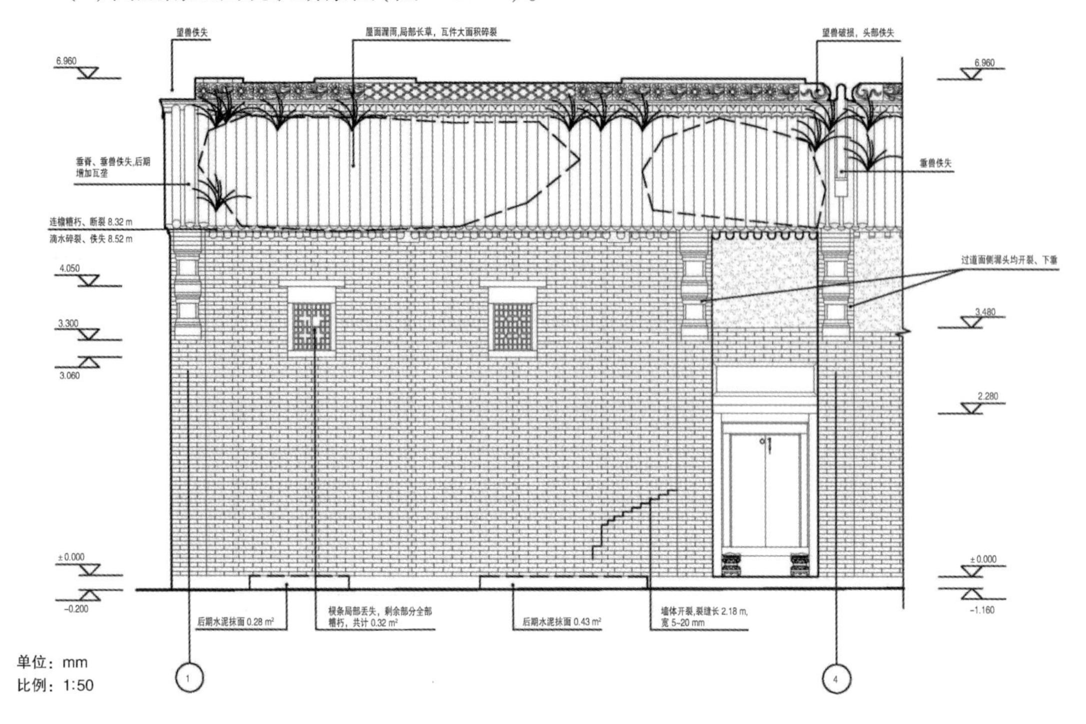

图 2.3.17　倒座南立面现状勘察图

(6)倒座南立面修缮图(图 2.3.18)。

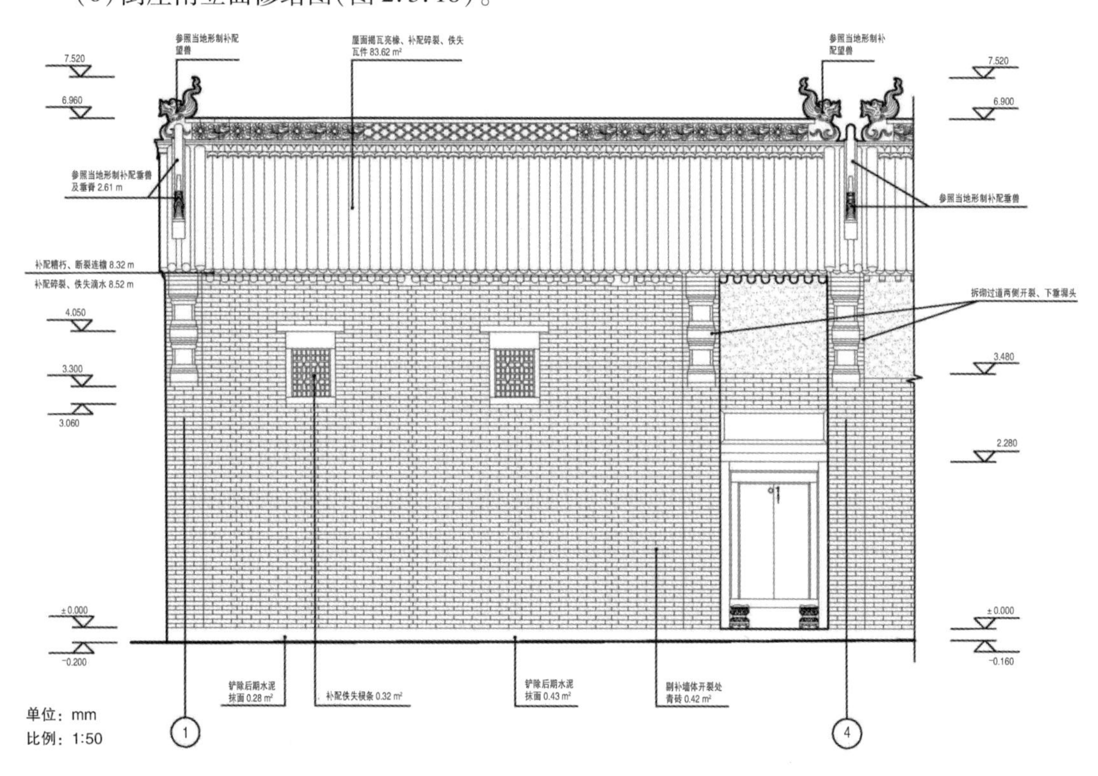

图 2.3.18　倒座南立面修缮图

(7)倒座北立面现状勘察图(图 2.3.19)。

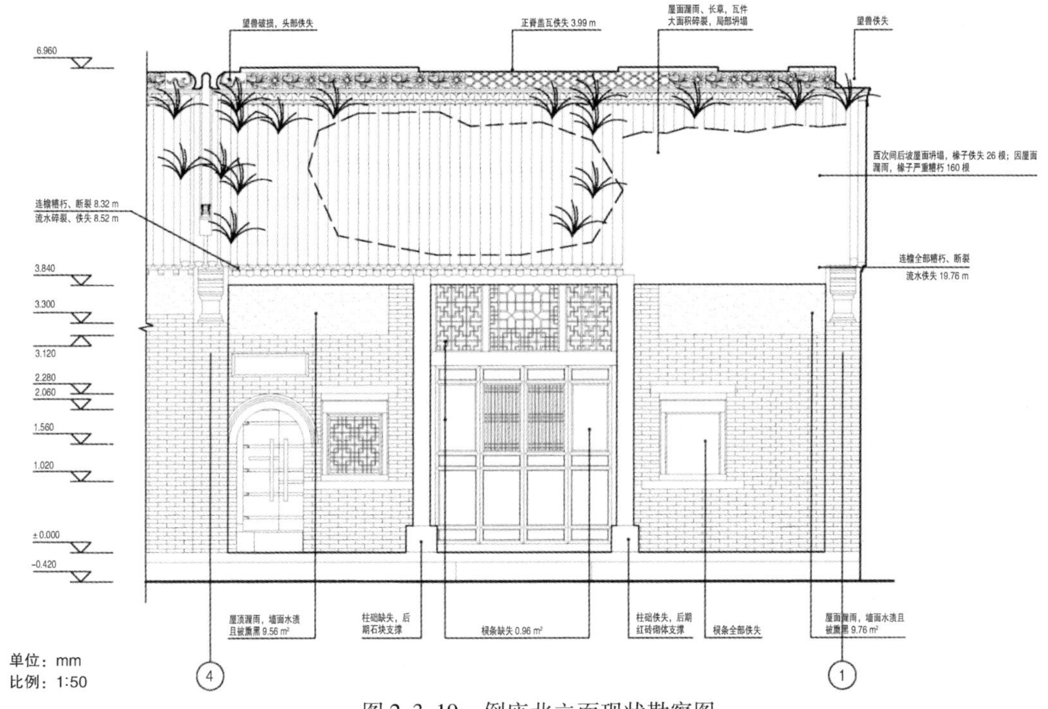

图 2.3.19　倒座北立面现状勘察图

(8)倒座北立面修缮图(图 2.3.20)。

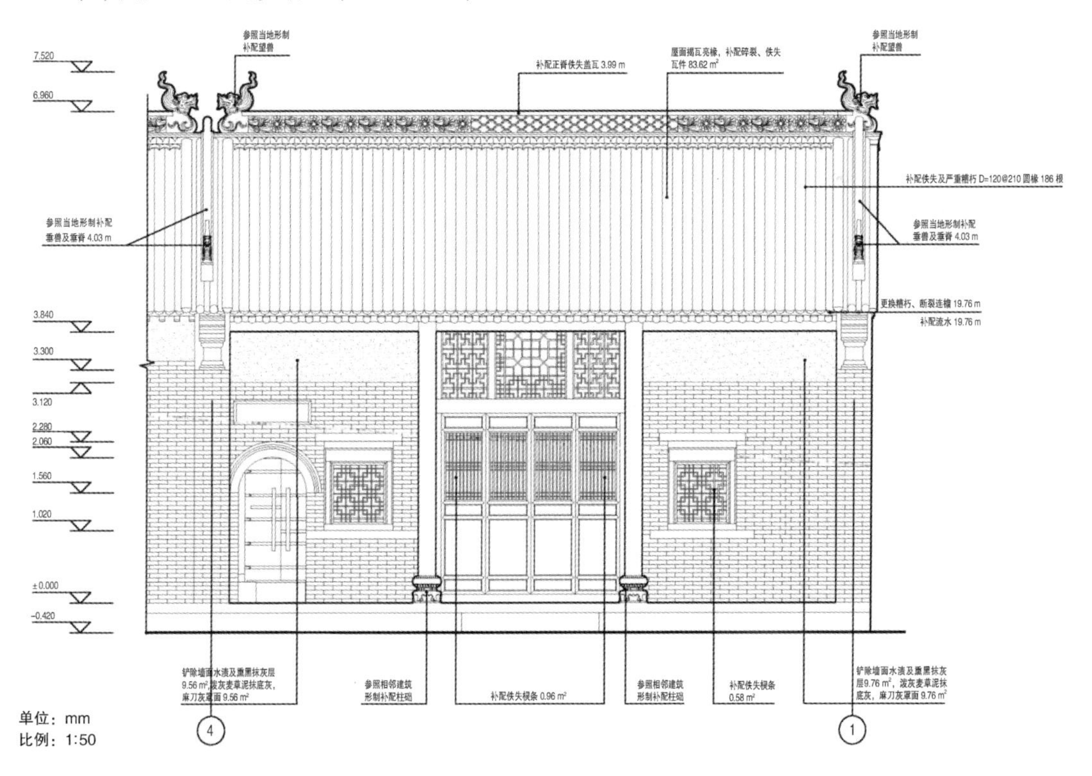

图 2.3.20　倒座北立面修缮图

(9)倒座西立面现状勘察图(图 2.3.21)。

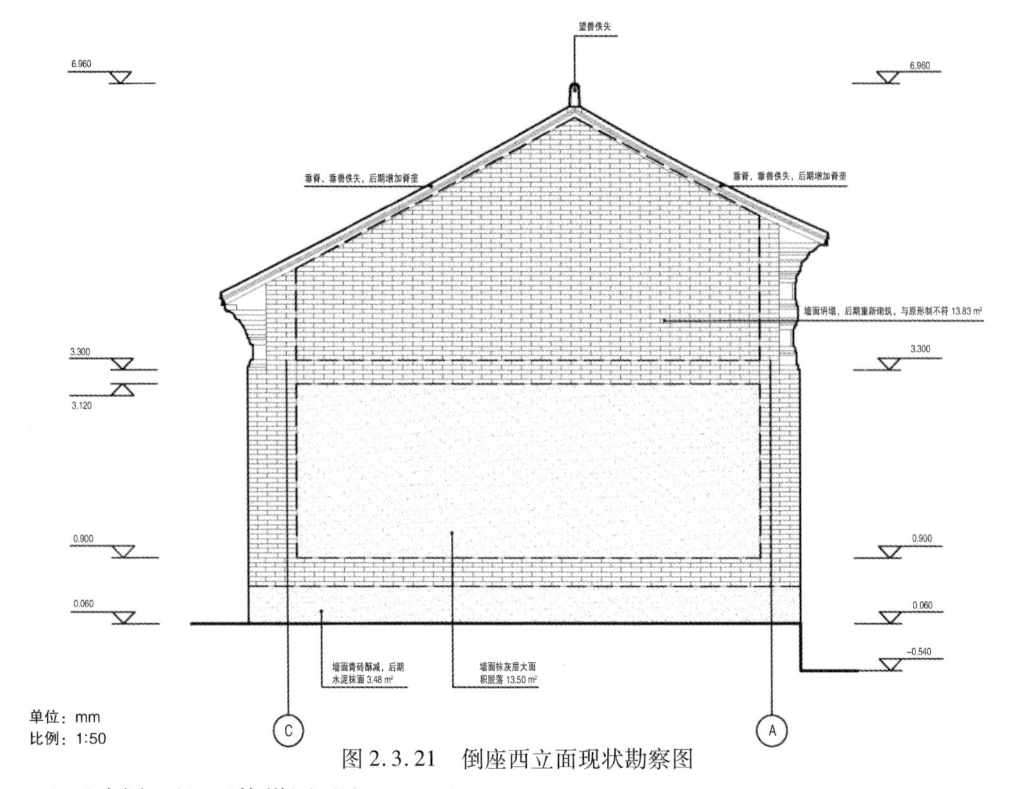

图 2.3.21　倒座西立面现状勘察图

(10)倒座西立面修缮图(图 2.3.22)。

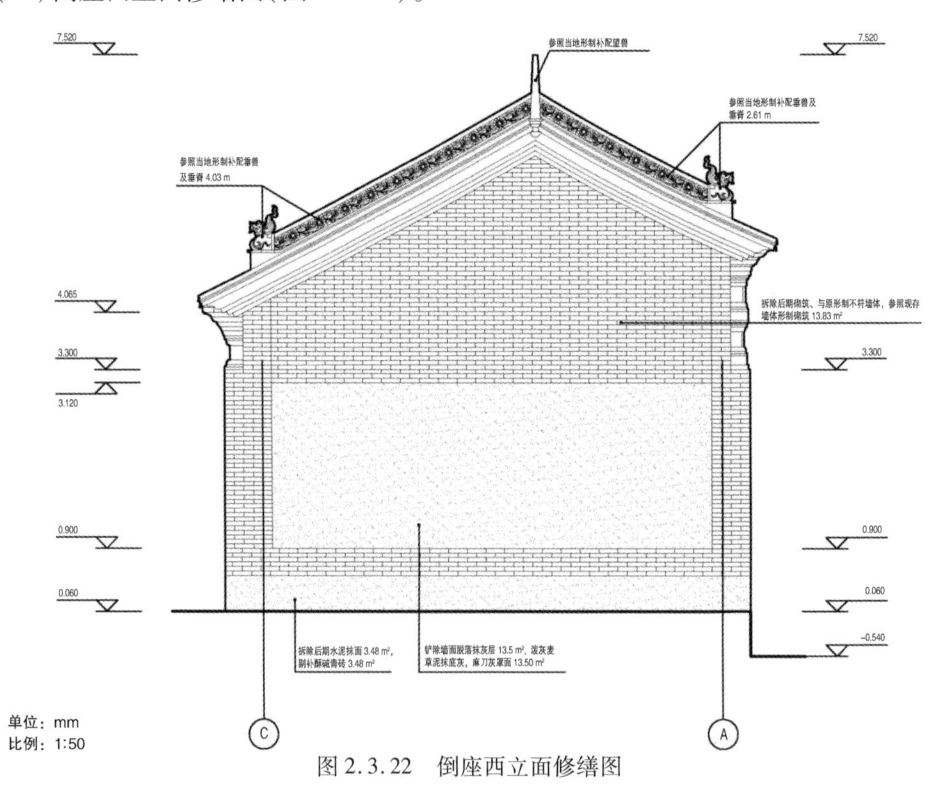

图 2.3.22　倒座西立面修缮图

（11）倒座纵向 1－1 剖面修缮图（图 2.3.23）。

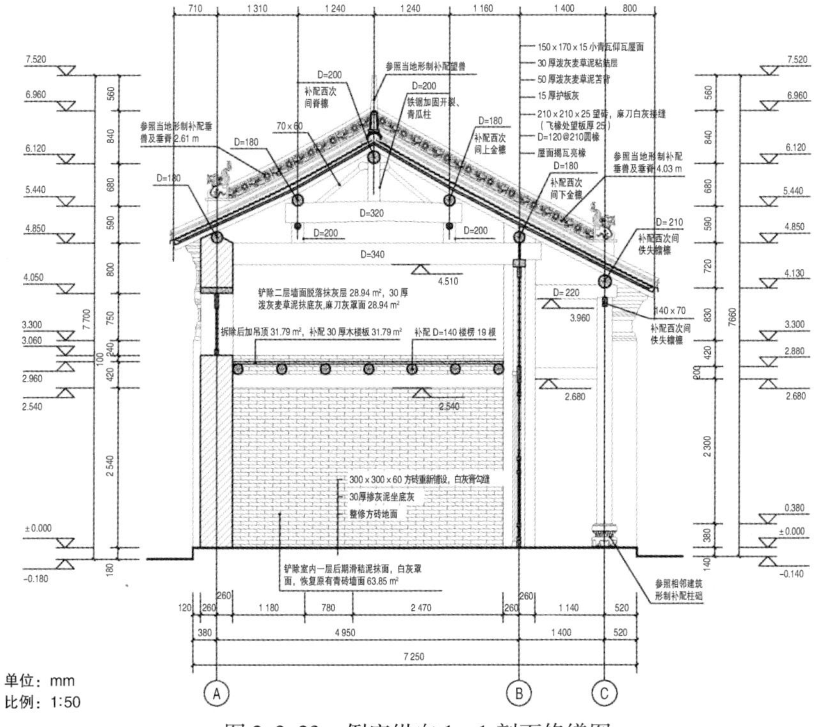

图 2.3.23　倒座纵向 1－1 剖面修缮图

（12）倒座纵向 2－2 剖面修缮图（图 2.3.24）。

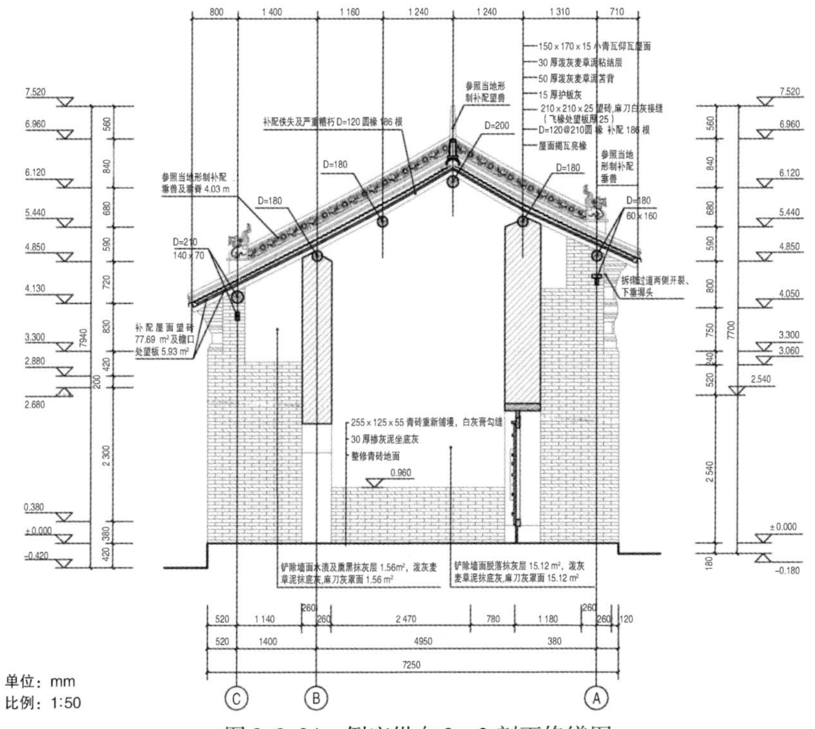

图 2.3.24　倒座纵向 2－2 剖面修缮图

(13)一进院一层平面现状勘察图(图 2. 3. 25)。

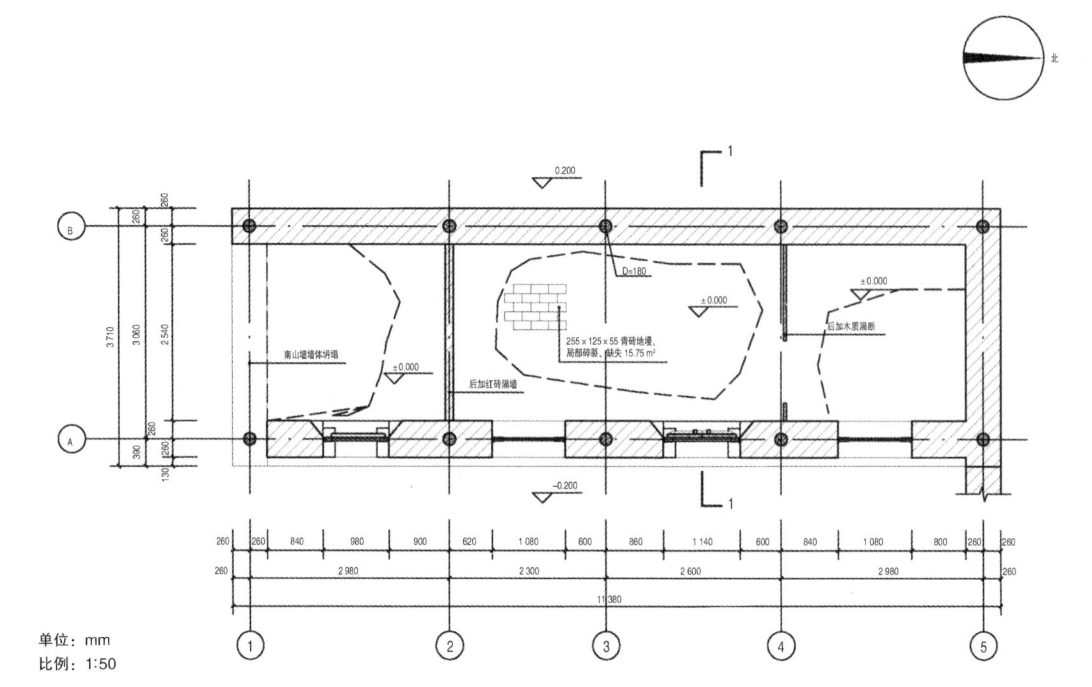

图 2. 3. 25　一进院一层平面现状勘察图

(14)一进院一层平面修缮图(图 2. 3. 26)。

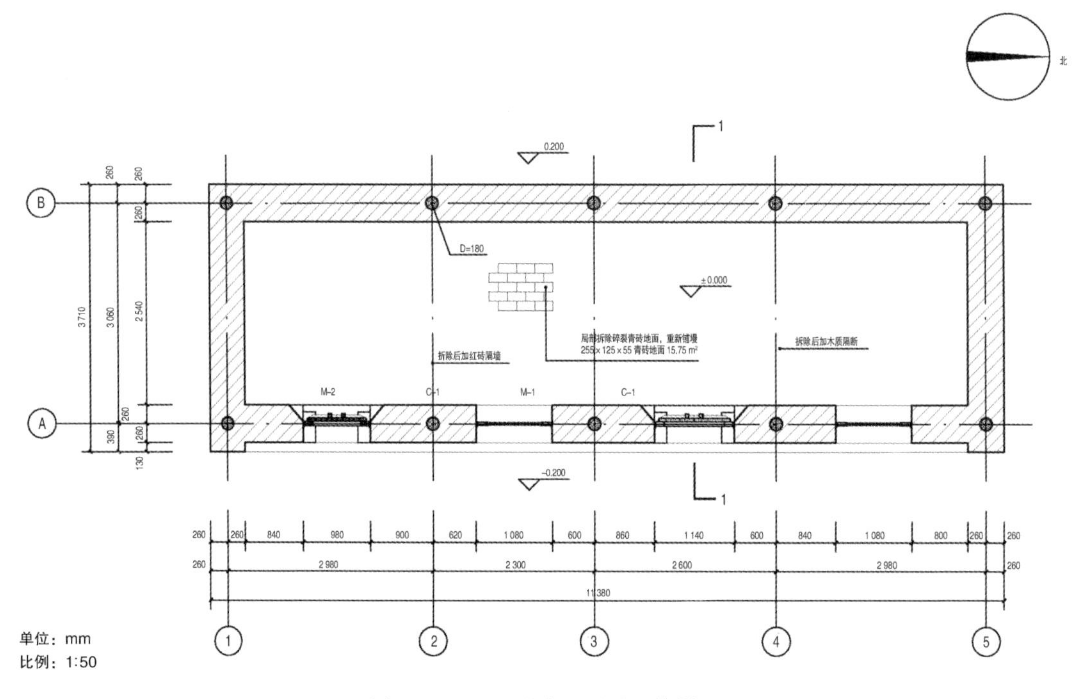

图 2. 3. 26　一进院一层平面修缮图

(15)一进院二层平面现状勘察图(图2.3.27)。

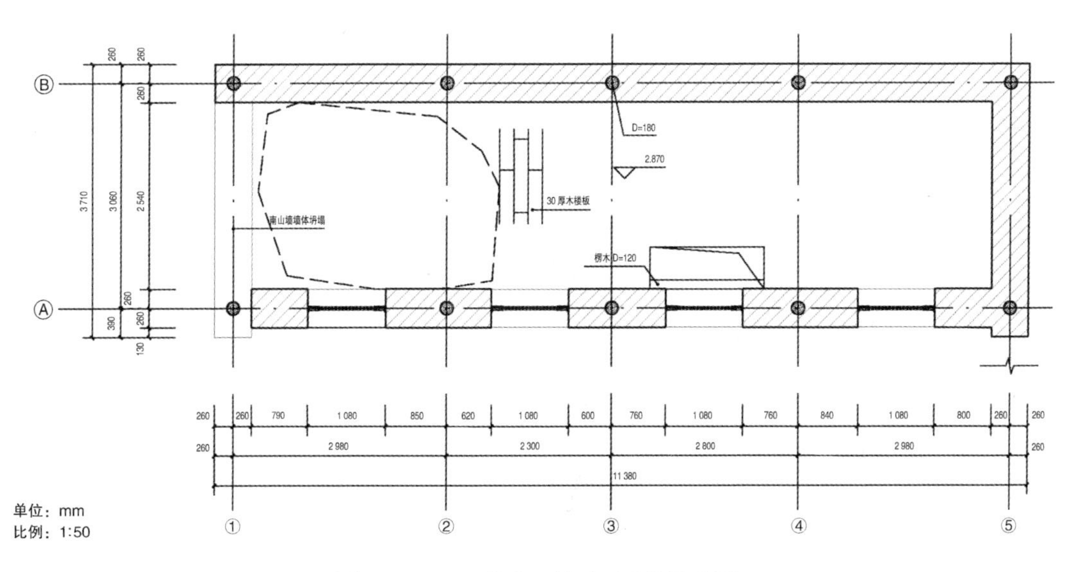

图2.3.27　一进院二层平面现状勘察图

(16)一进院二层平面修缮图(图2.3.28)。

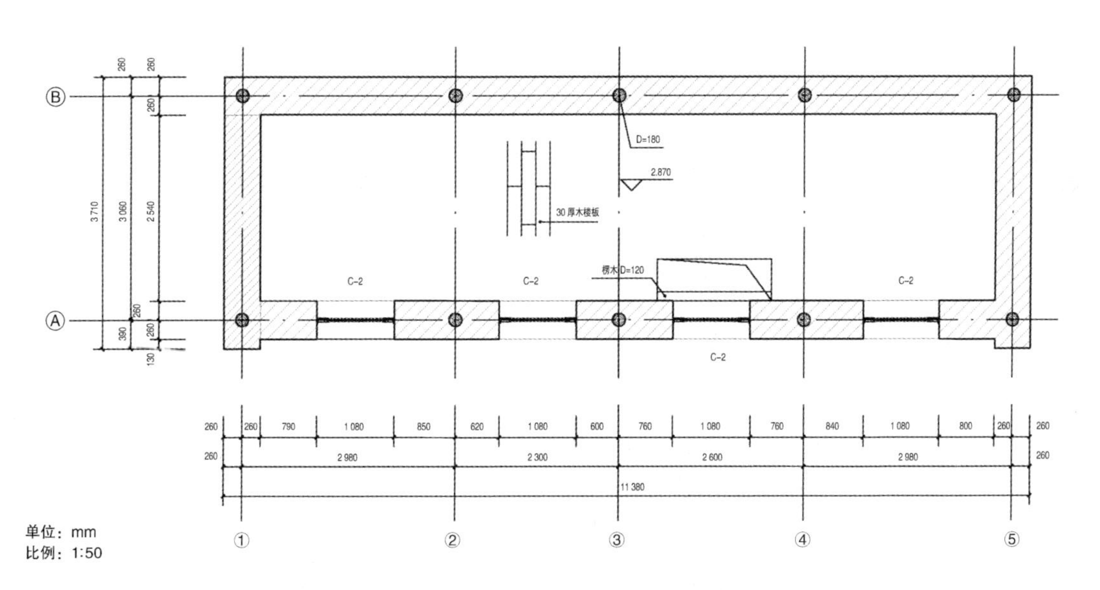

图2.3.28　一进院二层平面修缮图

(17)一进院西厢房东立面现状勘察图(图 2.3.29)。

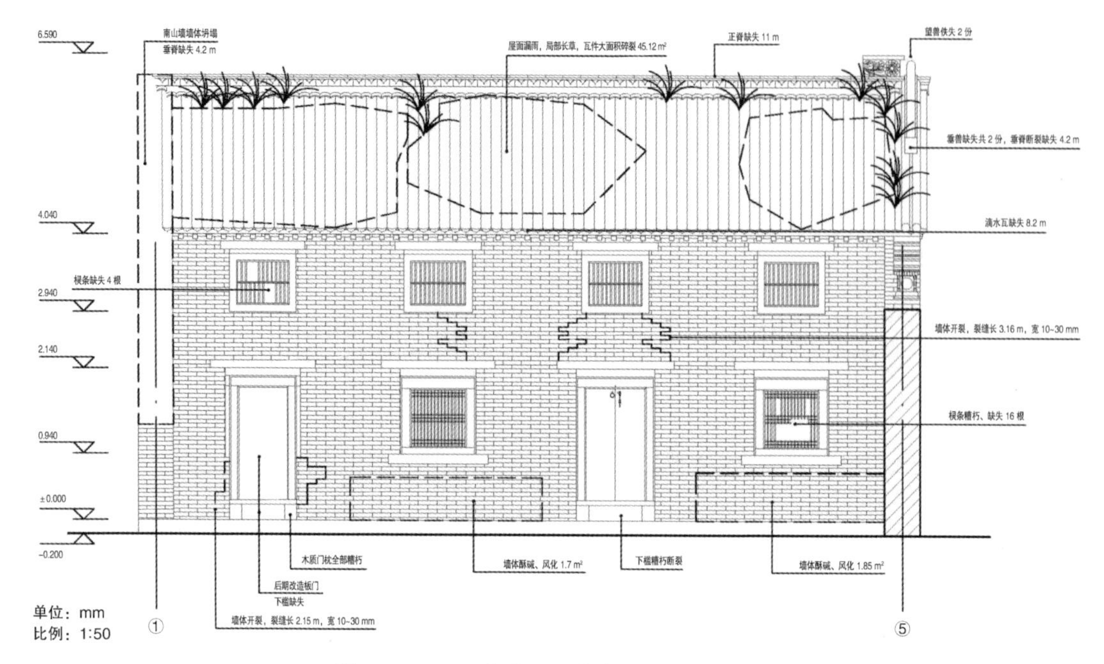

图 2.3.29　一进院西厢房东立面现状勘察图

(18)一进院西厢房东立面修缮图(图 2.3.30)。

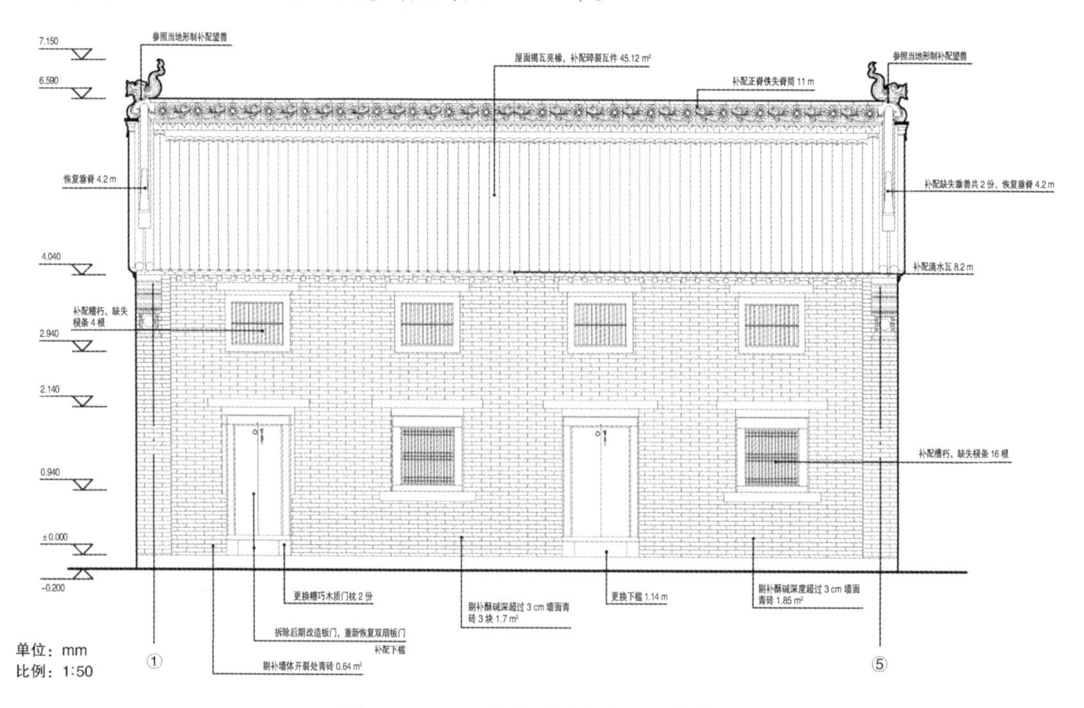

图 2.3.30　一进院西厢房东立面修缮图

(19)一进院西厢房西立面现状勘察图(图 2.3.31)。

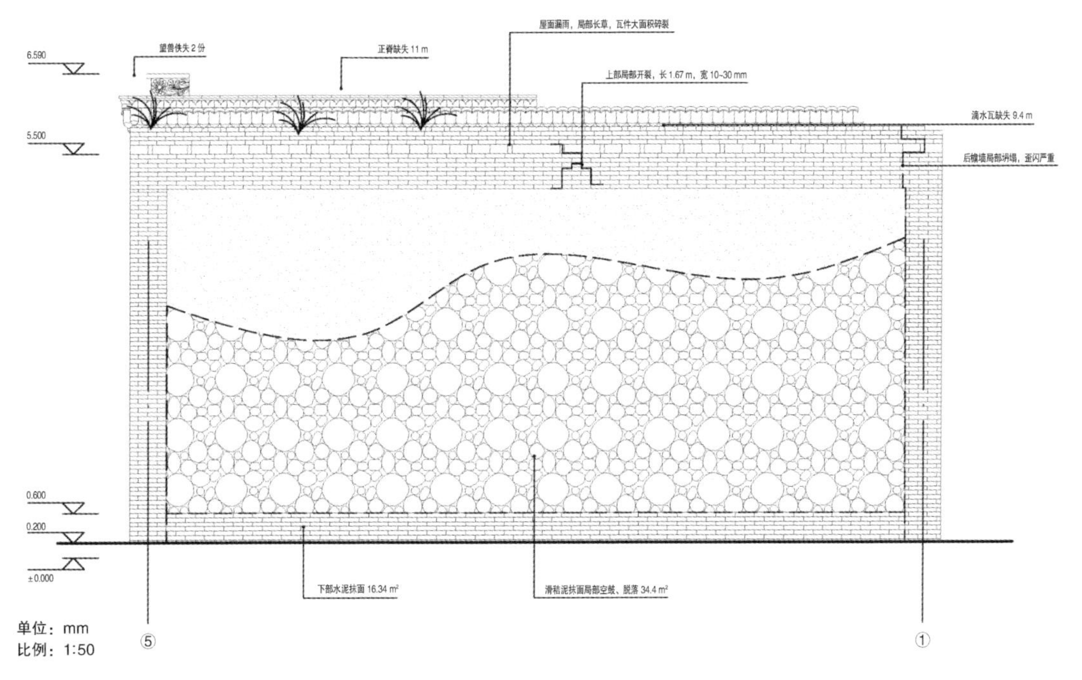

图 2.3.31　一进院西厢房西立面现状勘察图

(20)一进院西厢房西立面修缮图(图 2.3.32)。

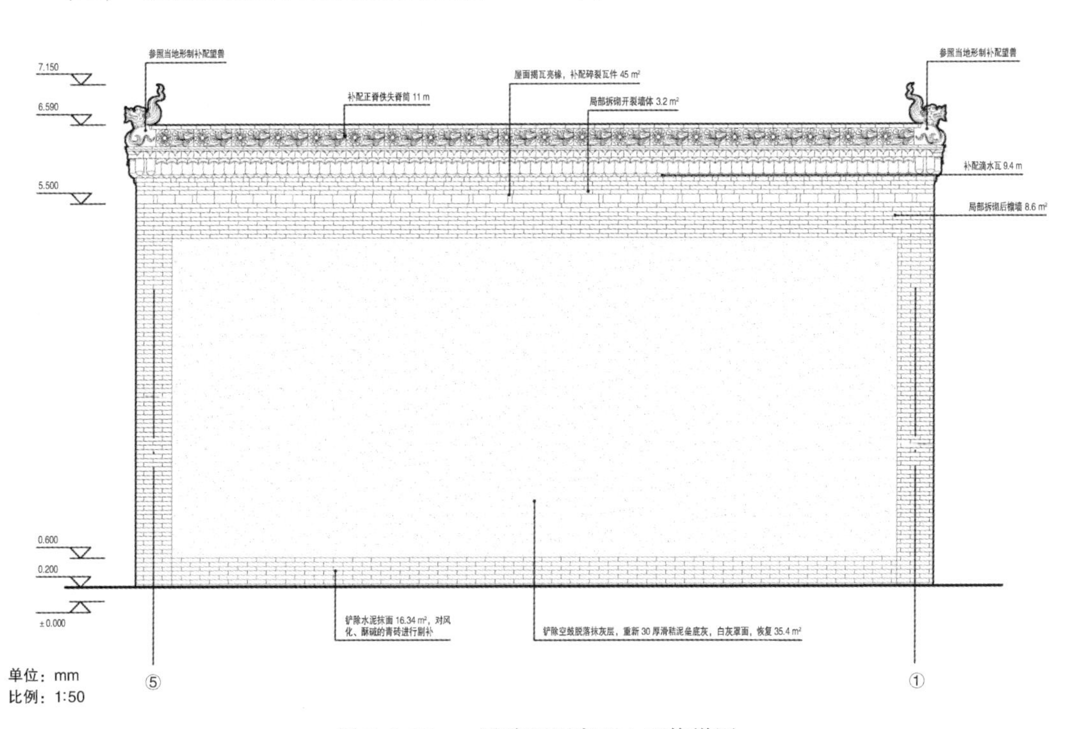

图 2.3.32　一进院西厢房西立面修缮图

(21)一进院西厢房南立面现状勘察图(图 2.3.33)。

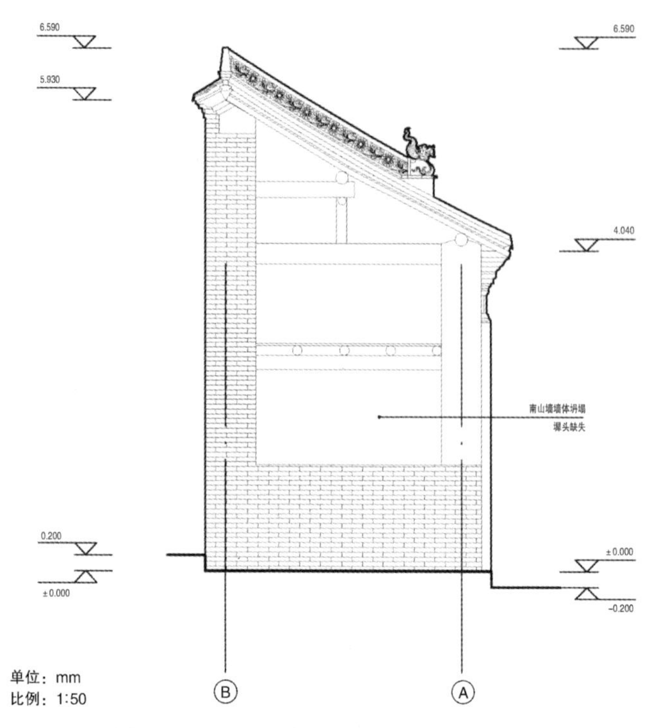

图 2.3.33　一进院西厢房南立面现状勘察图

(22)一进院西厢房南立面修缮图(图 2.3.34)。

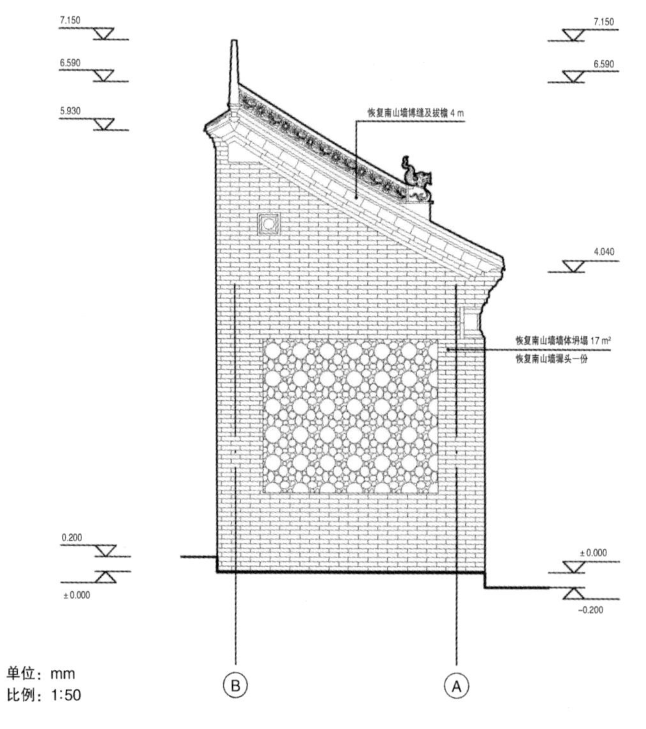

图 2.3.34　一进院西厢房南立面修缮图

(23)一进院西厢房1-1剖面修缮图(图2.3.35)。

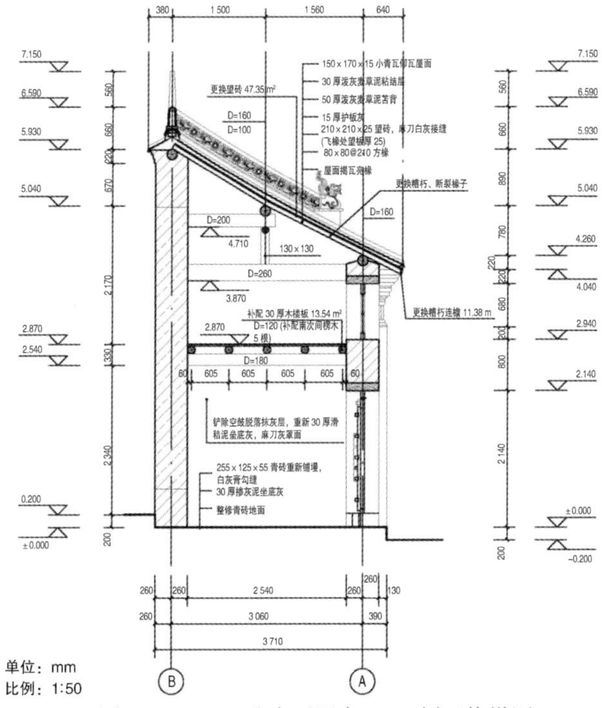

图2.3.35　一进院西厢房1-1剖面修缮图

(24)一进院过厅平面现状勘察图(图2.3.36)。

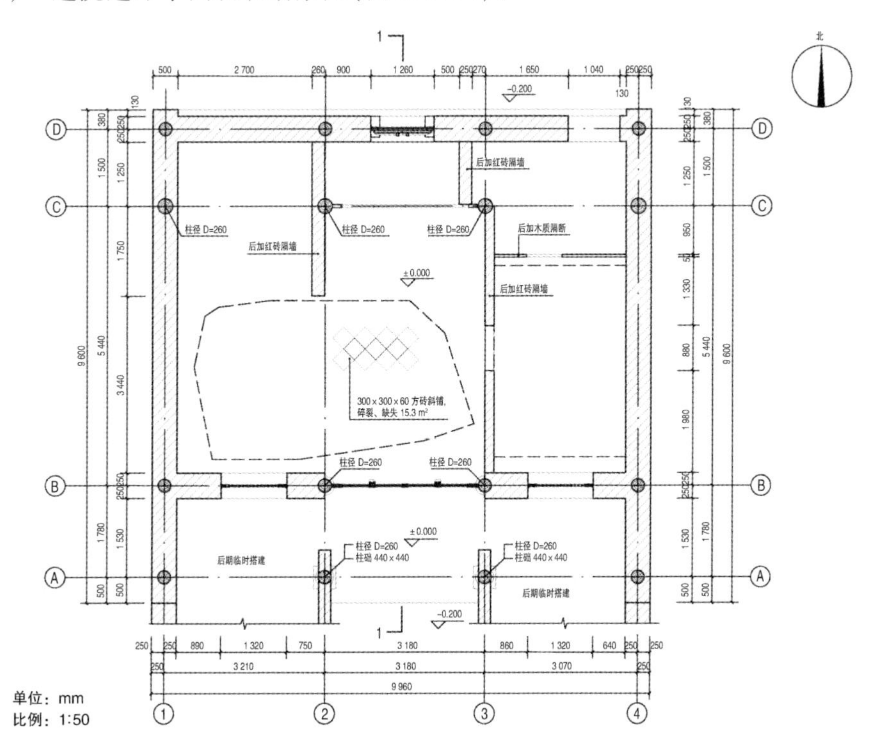

图2.3.36　一进院过厅平面现状勘察图

(25)一进院过厅平面修缮图(图 2.3.37)。

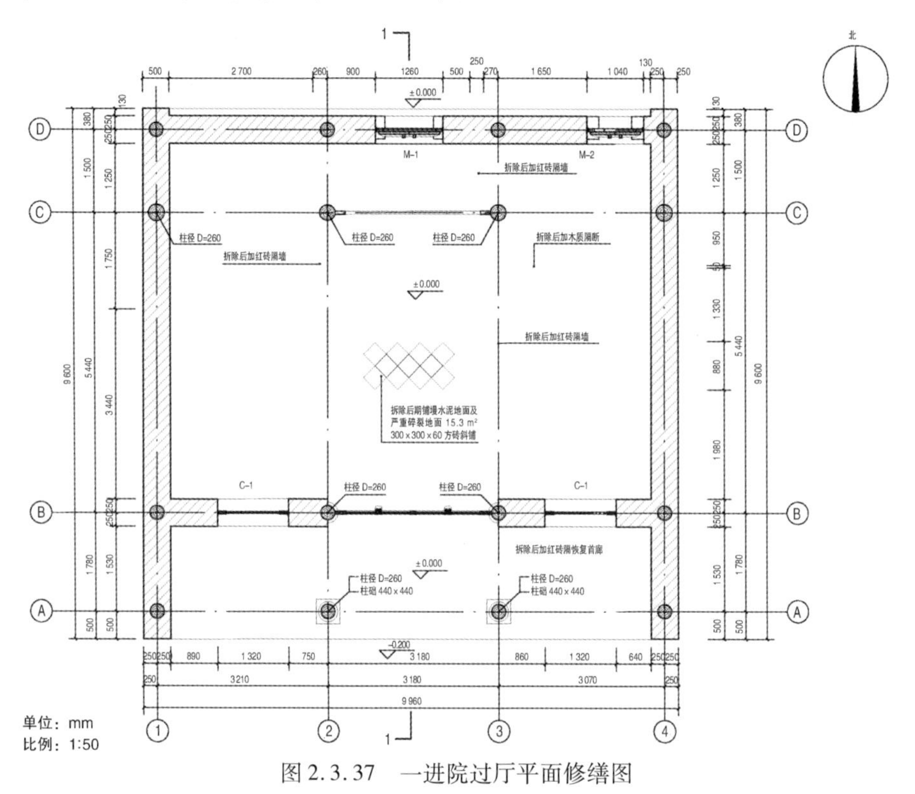

图 2.3.37　一进院过厅平面修缮图

(26)一进院过厅南立面现状勘察图(图 2.3.38)。

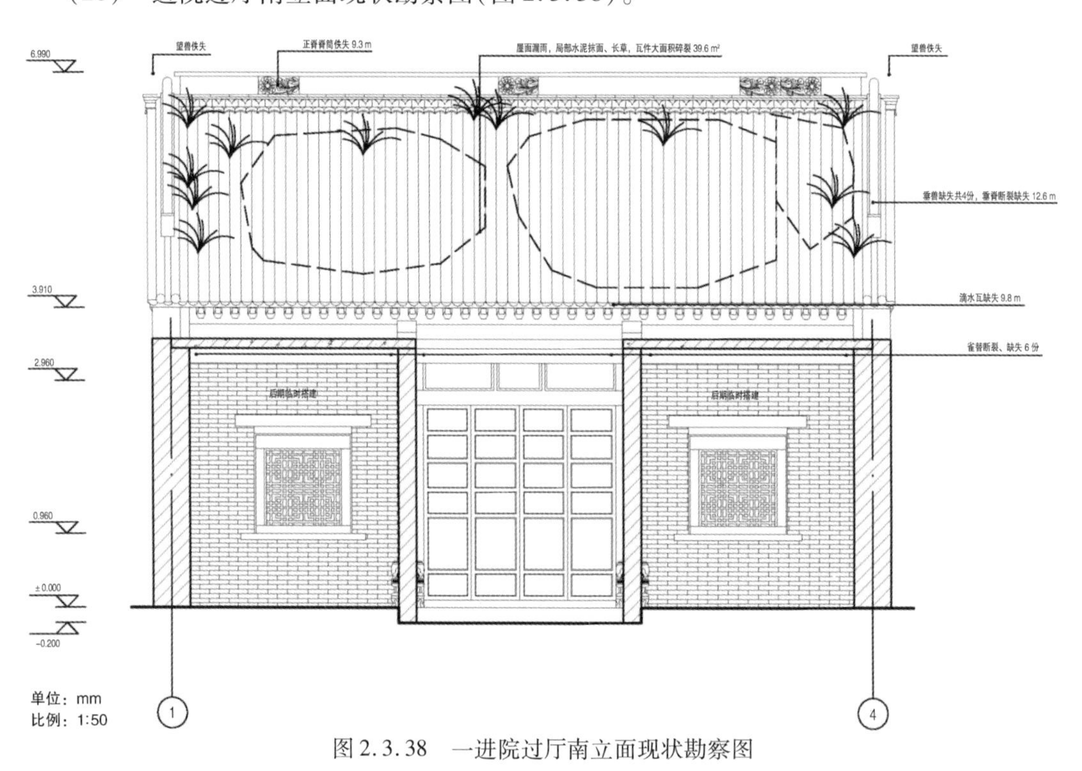

图 2.3.38　一进院过厅南立面现状勘察图

(27)一进院过厅南立面修缮图(图 2.3.39)。

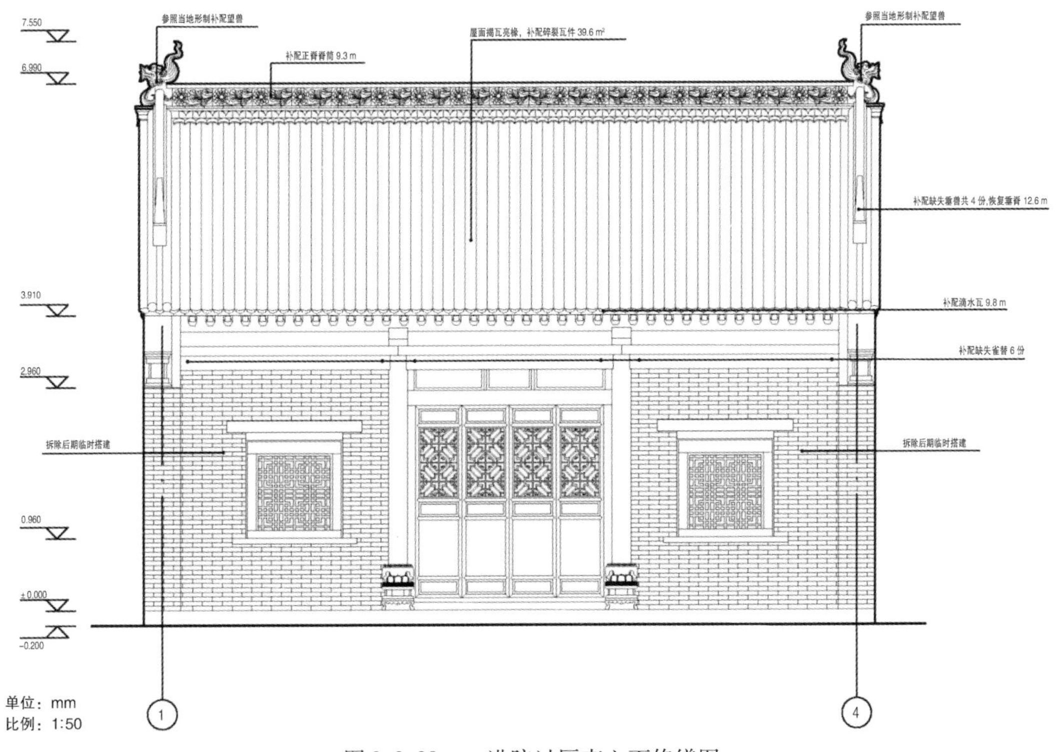

图 2.3.39　一进院过厅南立面修缮图

(28)一进院过厅北立面现状勘察图(图 2.3.40)。

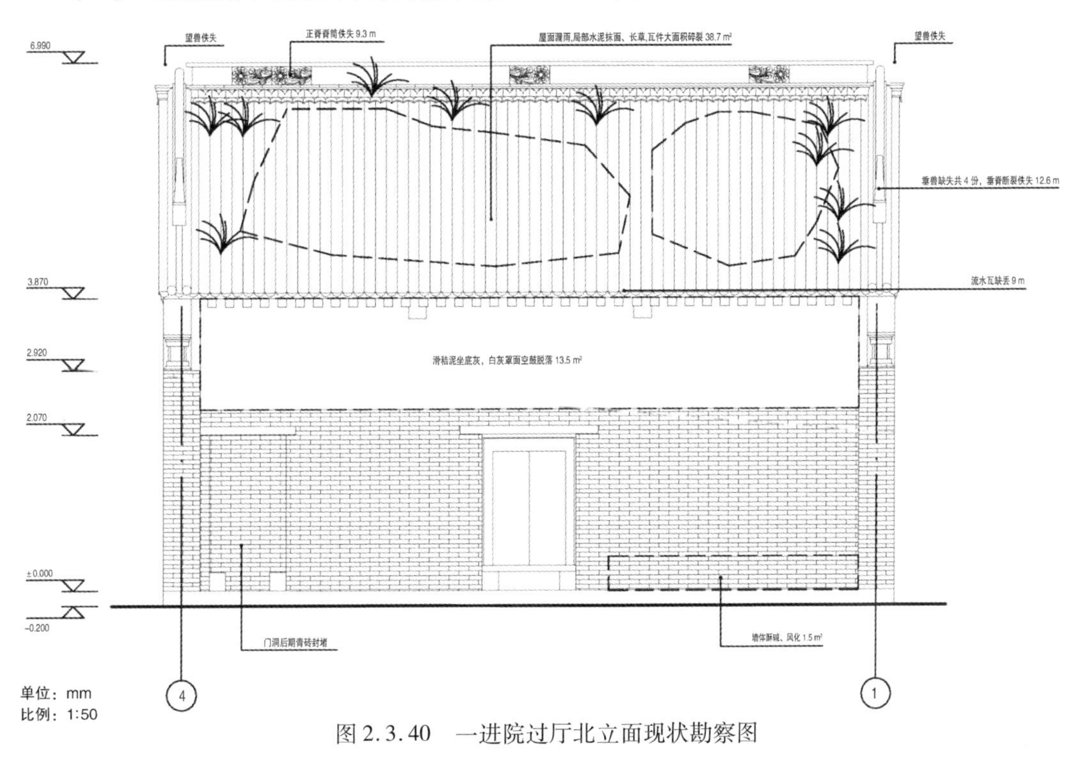

图 2.3.40　一进院过厅北立面现状勘察图

（29）一进院过厅北立面修缮图（图 2.3.41）。

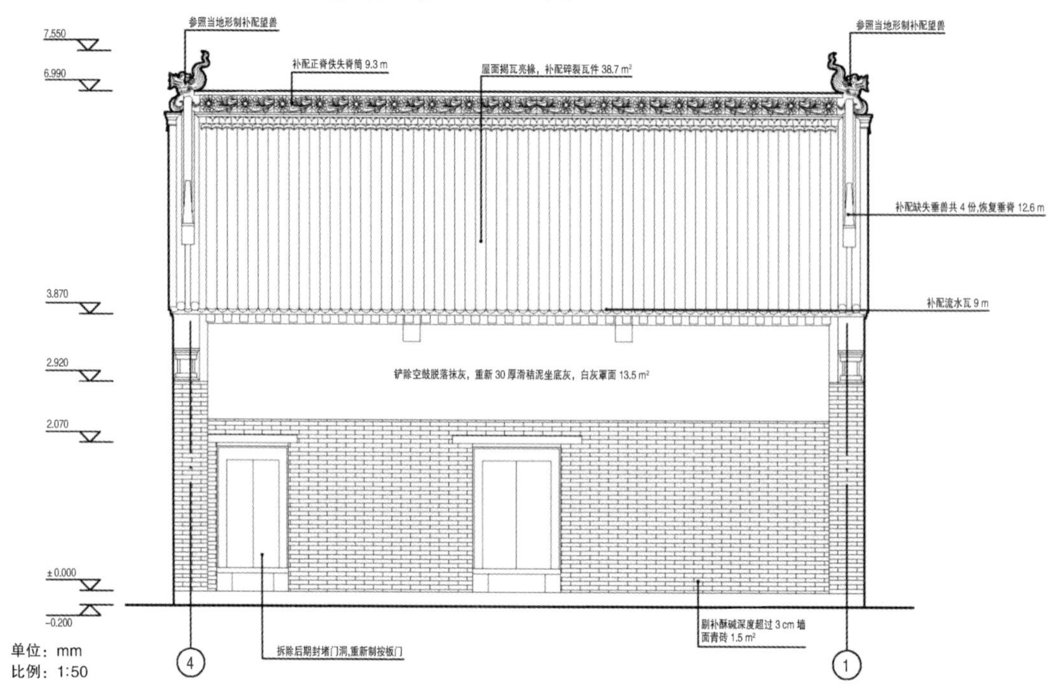

图 2.3.41　一进院过厅北立面修缮图

（30）一进院过厅西立面现状勘察图（图 2.3.42）。

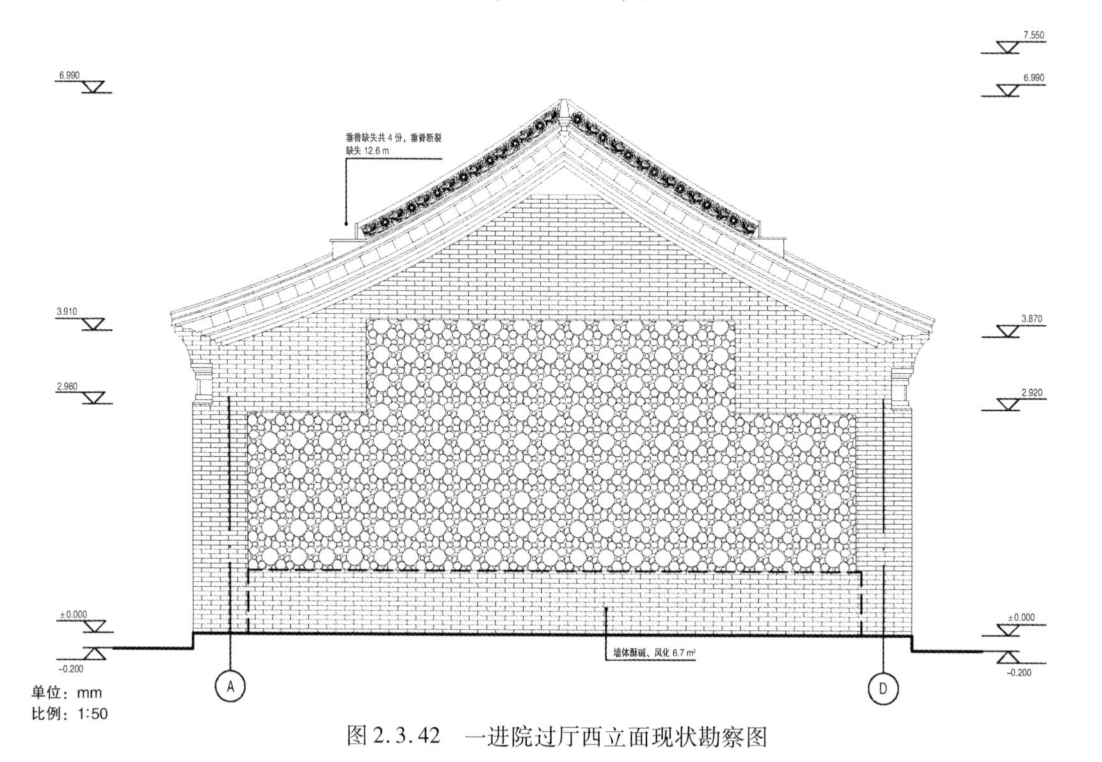

图 2.3.42　一进院过厅西立面现状勘察图

(31)一进院过厅西立面修缮图(图2.3.43)。

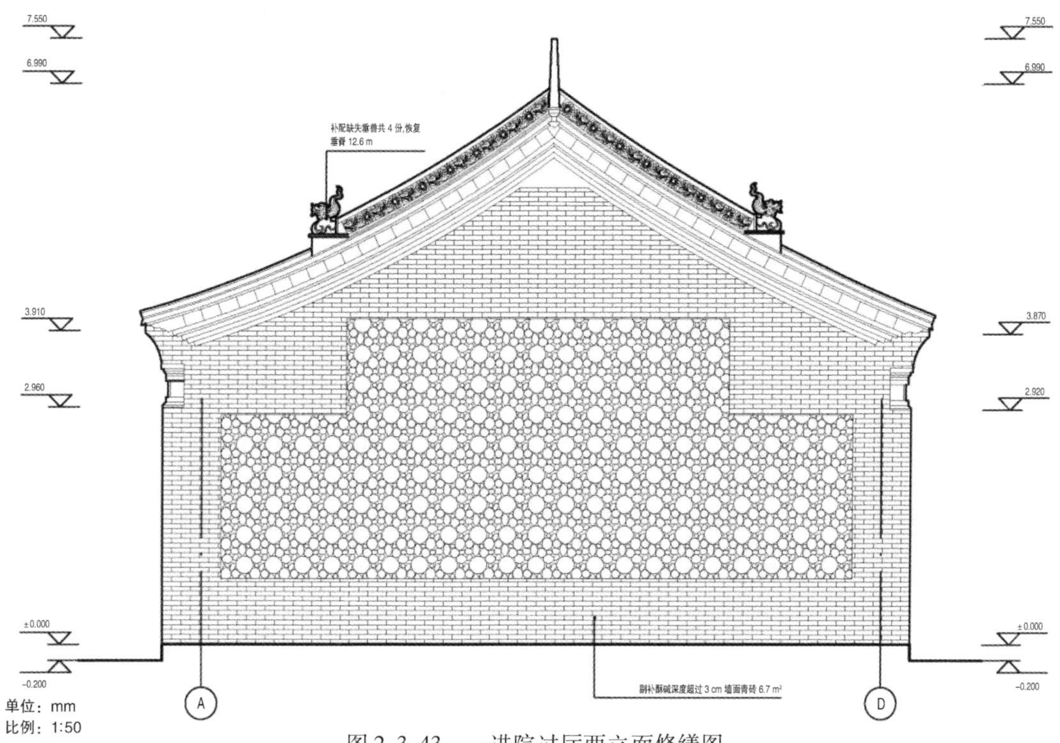

图2.3.43　一进院过厅西立面修缮图

(32)一进院过厅1－1剖面现状勘察图(图2.3.44)。

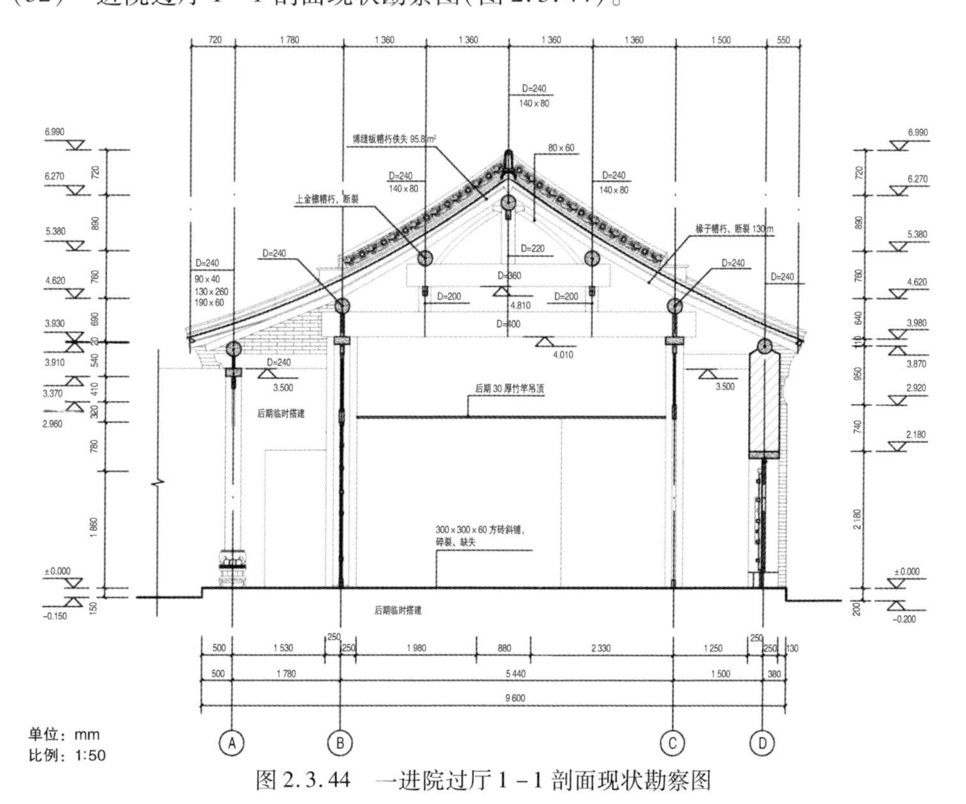

图2.3.44　一进院过厅1－1剖面现状勘察图

（33）一进院过厅 1－1 剖面修缮图（图 2.3.45）。

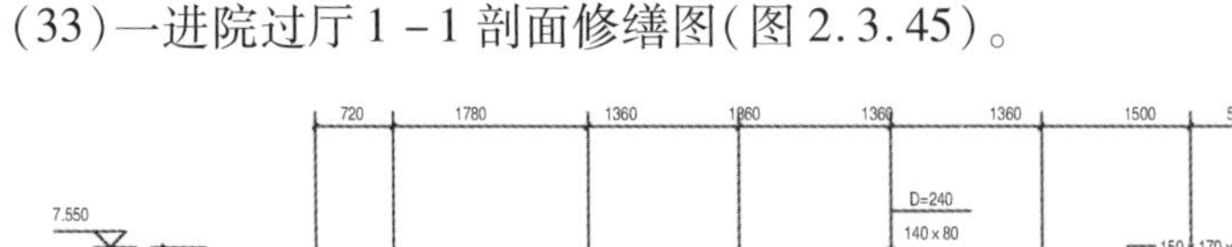

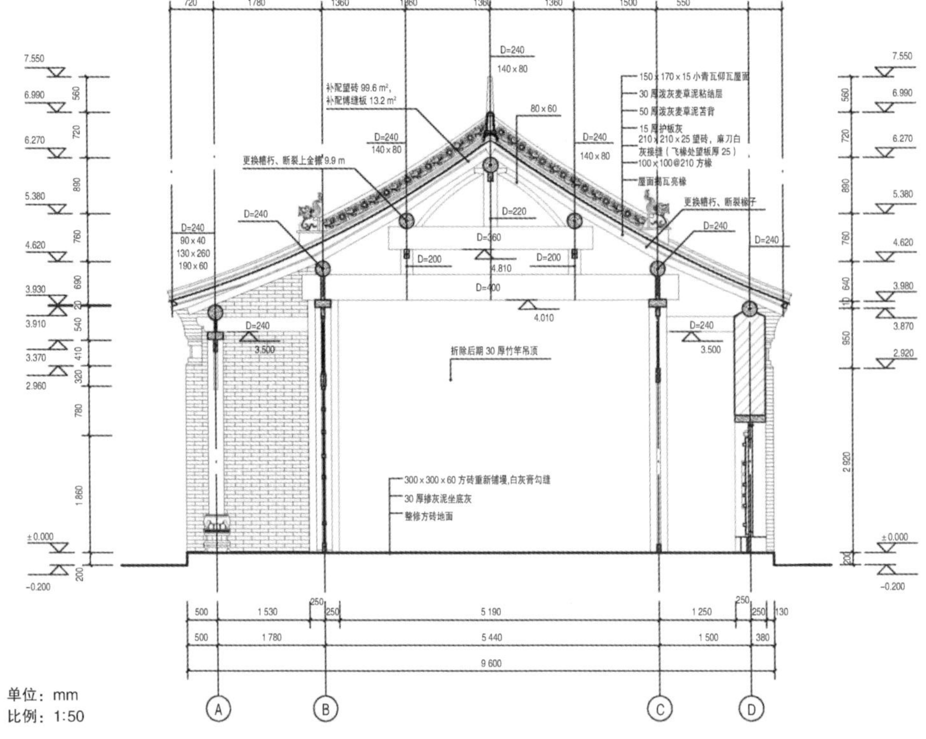

图 2.3.45　一进院过厅 1－1 剖面修缮图

2.4　白马寺清凉台传统勘察与修缮做法

2.4.1　白马寺清凉台现场勘察

2.4.1.1　白马寺概况

1. 区域环境概况

白马寺位于河南省洛阳市老城以东 12 km 处洛龙区的白马寺镇北，背依邙山，面瞰洛河。白马寺所属区域气候属暖温带大陆性季风气候，四季分明；年平均气温 14 ℃，1 月份平均气温 －0.5 ℃，7 月份平均气温 27.4 ℃；年降雨量约为 594 mm；冬春季多西北风，夏秋季多东风和南风；30 年内最大冻土深度 13 cm，平均冻土深度 5 cm。

白马寺所处的场区地层，主要由第四系全新统形成的松散冲积物和第四系全新统冲击形成的湿陷性粉质黏土、粉土及细中砂构成，覆盖层厚度大于 50 m。场地类别为 Ⅲ 类。地震设防为 7 度。

2. 白马寺概况

白马寺始建于东汉永平年间，是古印度佛教传入中原后官方创建的第一座佛教寺院，也是目前国内重要的佛教活动场所和宝贵的历史文化遗存。

白马寺坐北朝南，总体分为常住院和齐云塔院两大区域。寺内现存文物建筑主要为明、清、民国时期所建，主要包括常住院内山门，天王殿，大佛殿，大雄殿，接引殿，钟鼓楼，东、西廊房，两印度高僧墓，清凉台及其台顶建筑毗卢阁、竺法兰殿、摄摩腾殿、清凉台大门；齐云塔院。白马寺鸟瞰图如图2.4.1所示，白马寺山门如图2.4.2所示。

常住院平面呈矩形，南北长239.5 m，东西宽135.6 m，总面积约3.2 km^2。寺内沿中轴线从南向北依次为山门、天王殿、大佛殿、大雄殿、接引殿、清凉台及其台顶建筑；东西两侧为角楼与长廊、卧玉佛殿、玉佛殿、客堂、六祖殿、大寮房、念佛堂等配套建筑。宋代石雕马对峙而立于寺院山门外两侧。

齐云塔院位于常住院东南约300 m处，坐北朝南，平面为矩形，南北长106 m，东西宽83.4 m。院内现存建筑分别是齐云塔、山门、观音堂、五观堂。

图2.4.1　白马寺鸟瞰图

3. 白马寺历史沿革

白马寺距今有近2 000年的历史，历史文脉源远流长。其因政治和宗教地位显赫，随着政权更迭和国家宗教政策变化，屡废屡兴，其创修沿革如下：

据史料及寺内现存碑刻记载，白马寺始建于东汉永平十一年（68年），始建时的地上建筑现已无存，寺院格局不详。

东汉初平元年（190年），董卓火烧洛阳，白马寺第一次被毁。

永嘉五年(311 年),刘曜、刘聪等人兵破洛阳,焚烧宫庙,白马寺再次被毁。

魏明帝曹叡青龙二年(234 年),大起土木,营建宫殿、台观,大修园林。《魏书 · 释老志》载:明帝尚佛,大起浮屠,重建了以白马寺为首的一批佛寺。

图 2.4.2　白马寺山门

北魏年间(386—534 年),孝文帝、宣武帝、孝明帝等皆崇佛,重建白马寺。

北魏太武帝(424—452 年)发动历史上第一次全国范围内的灭佛运动,白马寺遭到毁灭。北魏太和十七年(493 年),孝文帝诏令重建白马寺。

575 年,北周武帝发动中国历史上第二次全国范围内的灭佛运动,白马寺再次毁灭。

隋唐两代,中国佛教进入鼎盛阶段。武后垂拱元年(685 年),武则天修故白马寺,寺院规模空前鼎盛。唐朝末年安史之乱期间,白马寺中的高阁被叛军烧毁,徒剩断碑残刹,今清凉台西侧台底外保存有 4 块唐代柱础为佐证。

宋淳化三年(992 年),宋太宗敕修白马寺,扩建白马寺,建木塔一座。今齐云塔附近仍保存有该木塔遗址。宋钦宗靖康年间(1126—1127 年),白马寺遭金人劫掠焚烧。

据《重修祖庭释源大白马禅寺佛殿记》记载,明洪武二十三年(1390 年),太祖朱元璋敕修白马寺。正德十二年(1517 年),僧人定太等重修白马寺佛殿;明嘉靖三十四、五年间(1555—1556 年),黄锦大规模整修白马寺,大体奠定了寺院今日的规模与布局。

清康熙年间(1662—1722 年),重修白马寺中毗卢阁、大雄殿、山门、配殿。(见《重修释源大白马寺殿宇碑记》。)

清同治元年(1862 年),佛殿(接引殿)被焚烧,光绪九年(1883 年)重建。(见《重修金汝神像并油饰序》。)

宣统二年(1910 年),重修毗卢阁。

据《重修古刹白马寺碑记》记载,中华民国三年(1914 年),重修白马寺。所用工人多来自江南地区,经此次修缮后的建筑普遍保留了江南建筑的特征。

中华民国十六年(1927 年),冯玉祥带军至白马寺损毁寺内部分佛像。

1935 年,寺内住持德浩法师主持大修寺内建筑,重修了山门、围墙,并于寺院东南角、西南角各修阁楼一座。修复天王殿、大佛殿，以青石镶包印度高僧墓，并重塑天王殿内弥勒佛像。将寺西二匹石马移至山门外，左右各一，与今日寺内格局相符。

20世纪50年代，国家先后三次拨专款翻修各佛殿、僧舍、齐云塔等建筑，补修和金妆彩绘诸殿佛像。

1961年，白马寺被公布为第一批全国重点文物保护单位。

1971年，翻修毗卢阁殿顶。

1972年为迎接西哈努克亲王，启动全面修复白马寺工程，前后历时近10年，并从故宫调部分佛像充实各殿堂。

1982年，整修寺内现存砖塔塔基，落架大修天王殿。

1987年，维修加固山门、大佛殿、天王殿。

1990年，落架大修大雄宝殿。

20世纪90年代，重修齐云塔院，并扩建国际佛殿苑和管理区。

2009年，维修加固齐云塔。

4. 价值评估

(1)历史价值。

白马寺是汉明帝为纪念白马驮经和安置两位印度高僧而建，白马寺寺内现存碑刻，相关遗迹、遗物真实地反映了这一历史事实，证实文献记载内容的真实性并补充了文献中的不详之处。

白马寺作为古印度佛教传入中国后由政府创建的第一座佛教寺院，具有显赫的政治地位和宗教地位，创建后全国各地纷纷效仿其院落格局及建筑形制建造寺院，在中国古代建筑史上开创了佛教寺院和佛教建筑的先河。

白马寺的创建标志着佛教在中国的正式传播，创建后寺院开展翻译经文、供佛礼佛、讲经说法、开悟四众、受戒度僧等佛事活动，弘扬佛法，佛学教义自此传播开来，并远及朝鲜半岛、日本、越南等，在佛教传播发展史上地位举足轻重。

白马寺内明代山门建筑成为中国佛教山门建筑的鼻祖，整体呈牌坊式，顶下设三门洞，具有显著的佛教文化因素，此后全国各地佛教寺院均采用这种形式的建筑作为寺院入口。

(2)科学价值。

白马寺坐落于古都洛阳，它背靠邙山，面朝洛河，枕山蹬水，是研究古人建寺选址思想的重要实物。

白马寺内现保存有18尊元代夹纻干漆造像，目前这一工艺已失传，现存的这些实物遗存为研究这一工艺提供了珍贵的实物资料。

(3)艺术价值。

白马寺以南北中轴线为中心，将寺院分为两个对称的部分，中轴线上建筑顺依自然地势渐次升高,与轴线两侧辅助建筑共同构成功能完整、布局合理的佛教寺院建筑群,整个建筑群既富于层次感,同时又结构严谨、主次分明,整体布局和谐优美。

(4)社会价值。

白马寺作为官方创建的佛教寺院,除日常与重要节日与所例行的佛事之外,中华人民共和国成立后还举行了数次对海外佛教界有较大影响的佛事活动,与日本、印度、泰国、缅甸等世界各地佛门弟子、宗教团体的友好交往也日益频繁,是增强国际国内联系的重要纽带。

白马寺作为中国历史最久远的佛教寺院,具有极高的社会知名度和影响力。作为当地的重要文化明片,每年慕名而来的游客络绎不绝,白马寺极大地促进了洛阳旅游业的发展,为当地经济发展做出极大的贡献。

(5)文化价值。

白马寺作为重要的历史文化资源,其丰富的地上地下资源,蕴含着丰富的历史文化内涵,具有重要的历史文化研究价值。白马寺至今仍有诸多未解开的文化密码,需要通过进一步的文物考古勘察和科学研究才有可能逐步揭开其历史的面纱。

2.4.1.2　白马寺清凉台及其台顶建筑文物修缮历史沿革

白马寺清凉台为一方形台体。清凉台台顶建筑包括:毗卢阁、竺法兰殿、摄摩腾殿、清凉台大门。

1. 清凉台台体,现存为汉至明代建筑

本书据史料和寺内现存碑刻记载,清凉台台体周边考古勘探资料显示,以及著名学者徐金星先生在《关于洛阳白马寺的几个问题》中的分析,认定清凉台基址属于汉代,基址上遗存为明代遗存。清凉台西侧台底外保存有 4 块唐代柱础遗存。

明嘉靖三十四年(1555 年)重修。《洛阳市志》第 15 卷《白马寺 · 龙门石窟志》中提及:清凉台东西长 42.80 m,南北宽 32.40 m,高约 6 m,砖石包砌而成,亦称清源台,明嘉靖三十四年(1555 年)重修。

清康熙五十二年(1713 年)重修。清康熙五十二年(1713 年)《重修毗卢阁碑记》载:"新清凉台,新寺之渐也;新白马寺,千七百所之渐也。"

1952 年、1954 年、1957 年重修。《洛阳市志》第 15 卷《白马寺 · 龙门石窟志》中记载了三次修葺的主要内容有:佛殿、僧舍、齐云塔及其他房屋的补修和翻修;诸殿佛像的补修和金装彩绘(大殿除外)。

1972 年翻修。《洛阳市志》第 15 卷《白马寺 · 龙门石窟志》中记载了 1972 翻修了五重大殿,彩绘了天棚、梁架、斗拱,修缮油漆门窗,加固殿柱,塑修佛像,贴金涂彩,砌阶修路。

2. 毗卢阁,现存为明代建筑

明嘉靖三十五年(1556 年)重修。明嘉靖三十五年(1556 年)《重修古刹白马寺记》中记

载:“寺后有台,形高二丈,广阔三倍而有余,此必古之阁基也。上建重檐殿五楹,中塑峨卢佛及贮诸品佛经;左右建配殿各三楹,分塑摩腾、竺法兰二祖,盖重释道源本而俾人知其所自矣。”

《洛阳市志》第 15 卷《白马寺·龙门石窟志》中记录:1971 年以文物部门为主翻修毗卢阁阁顶及墙体;1972 年彩绘了天棚、梁架、斗拱,修缮油漆门窗,塑修佛像,贴金涂彩。

3. 竺法兰殿、摄摩腾殿、清凉台大门,现存为清代建筑

竺法兰殿、摄摩腾殿、清凉台大门(图 2.4.3)于清康熙五十二年(1713 年)、1952 年、1954 年、1957 年重修。

图 2.4.3　白马寺清凉台大门

2.4.1.3　白马寺清凉台及其台顶文物建筑概况

1. 清凉台

本书根据河南省洛阳市著名学者徐金星先生在《关于洛阳白马寺的几个问题》中的分析,认定清凉台基址属于汉代,基址上遗存为明代遗存。清凉台砖壁内部构造及成分待日后相关技术成熟后将会进一步揭晓。清凉台呈覆斗状,台基东西长 43.54 m,南北宽 32.56 m,高约 6 m,台顶东西长 42.80 m,南北宽 31.98 m,城墙外壁收分约为 6%。清凉台位于白马寺中轴线最北端,坐北朝南,平面呈方形。台前有一石阶,宽 3.95 m,高 5.36 m,直达台顶。清凉台占地面积约 1 509.2 m^2。台基西侧保存有 4 个唐代柱础。

清凉台外壁砌体可分为上下两部分,下部为 3 至 5 层的条石基础,上部为条砖砌体。因历代多次维修,上部砌体砖件规格多样,共计 3 种。各种砖件分布范围主要由上至下分为 3 层,其规格分别是 240 mm×115 mm×53 mm,340 mm×170 mm×60 mm,470 mm×240 mm×100 mm。城台墙体的外壁收分为 6%。背里为夯土。台前有台阶,名“接引桥”,高 5.83 m,宽 3.72 m。台阶下方有一石砌券洞,高 3.49 m,宽 2.53 m,深 3.90 m。

2. 清凉台大门及接引桥

清凉台大门及接引桥位于清凉台南侧中部。清凉台大门,面阔一间,进深两椽,单檐悬山顶,干槎瓦屋面,灰陶脊饰,前檐砖石砌筑,中留券形门洞,上部砖雕牌匾“清凉台”,门洞设板门。

3. 毗卢阁

毗卢阁(图2.4.4)位于清凉台台顶中部,现存建筑为明代嘉靖年间重建,坐北朝南,面阔五间,进深四间,重檐歇山顶,筒板瓦屋面,灰陶脊饰。

图2.4.4 毗卢阁立面

(1)台基。

毗卢阁平面呈矩形,台基南北总深14.54 m,东西总宽19.79 m,台基总高度0.7 m,建筑面积287.65 m^2。周檐用条石条砖砌筑台明,上以压沿石扎边(宽42 cm、高18 cm);台心素土夯填,台面与殿内地面为38 cm×38 cm×5 cm的方砖错缝铺墁。

(2)平面柱网。

该殿共立圆形木柱28根,即前后檐柱各4根,角柱4根,前后檐金柱各5根,两山檐柱各3根。

周圈檐柱除前檐4根露明外,其余檐柱皆封闭于墙内,仅签尖以上柱头露明,前檐露明柱柱础石为青石质鼓镜,殿内金柱皆为露明,柱础石为青石质素面鼓镜。

①开间与进深:明间柱顶开间4.26 m;次间柱顶开间3.93 m;稍间柱顶开间2.3 m。明间柱顶进深3.22 m,前后廊部柱顶进深2.3 m。

②檐柱形制:檐柱高4.27 m,柱脚直径47 cm,柱头直径43 cm,收分为柱高的0.46%,柱头侧脚4 cm。

③金柱形制:柱高8.53 m,柱脚直径53 cm,柱头直径45 cm,收分为柱高的0.46%,柱头侧脚8.5 cm。

④础石:前檐柱础盘石方形,上凸素面鼓镜;础盘边长67 cm×67 cm,厚10.5 cm,鼓镜高8.5 cm,直径57 cm。金柱础盘石方形,上凸素面鼓镜;础盘边长81 cm×81 cm,厚20 cm,鼓镜高18 cm,直径69 cm。

⑤平板枋与小额枋:上下层周圈金、檐柱头施平板枋、小额枋四面交圈联构,二者断面呈“丁”字形结构。上层金柱柱头平板枋高18 cm、宽28 cm,小额枋宽10 cm、高27.5 cm;平板枋由角柱柱头中出28 cm,出头垂直去截,小额枋是在柱身另刻半卯嵌设的假出头(现已失);下层檐柱柱头平板枋高18 cm、宽28 cm,小额枋宽13 cm、高37 cm;二者均由角柱柱头

中出 35 cm,出头垂直去截。

(3)斗拱。

上下两层檐下斗拱形制基本相同,共计 68 攒,均为五踩重昂斗拱,斗口 95 mm,出两跳,第一跳 28 cm,第二跳 26 cm,斗拱总高 85 cm。

(4)柱头科。

前檐柱头科为五踩重昂斗拱计心造,出两跳,斗口 95 mm,第一跳 28 cm,第二跳 26 cm,斗拱总高 85 cm。大斗十字开槽双向出正心瓜拱与头下昂十字相交置于坐斗之上,正心瓜拱两端置槽升子支撑上层正心万拱,头昂跳头上置十八斗支撑二昂与外拽瓜拱,二昂跳头上置厢拱,要头外檐与厢拱相交共同支撑撩檐枋并檐桁。昂头后尾里侧做两层翘头叠压呈重拱状,之上要头里侧制成蚕肚形榻头,扶托在五架梁底部。

(5)角科。

角科斗拱(图 2.4.5)两侧正身出挑与柱头科相同,斗口 95 mm,出两跳,第一跳 28 cm,第二跳 26 cm。在 45°方向自大斗内出设角翘两跳和角要头一道,翘前端均制成昂形。角华拱与要头后尾均制成翘头设三才升层层托跳。各跳外拽瓜拱、万拱正侧两面相列与角科十字搭交后,出头制成翘头,立面计要头 3 个,连体厢拱一道,通过三才升扶托搭交檐檩;搭交檐檩背部扶承老角梁,老角梁尾部搭压在抹角梁上,抹角梁两端分别扣压在角部相应的压槽枋上,老角梁前端承仔角梁,仔角梁后端连接隐角梁,形成翼角。

图 2.4.5　毗卢阁角科斗拱

(6)平身科。

平身科与柱头科内外拽跳头上构造相同,为正心、头昂跳头上置二重拱上置拽枋,二昂上置厢拱,内外拽出跳相同,仅要头与柱头不同,内檐要头后尾为与外檐相同的云形要头收尾。

(7)梁架。

下层檐柱柱头施五踩重昂斗拱计心造,前后檐施单步梁,单步梁后尾与金柱柱身插接,前端挑承撩檐檩;山面中柱位置施爬梁,爬梁前端叠承在山柱头斗拱上,后尾叠压于承重梁背,形成下层檐围廊的形制。

上层梁架(图 2.4.6)共设明间两缝,五架梁通搭前后置于前后檐柱头科斗拱之上。梁上立金瓜柱两根,上承三架梁,相邻两缝梁架间施顺身串相互拉结,梁端刻卯安放随檩枋承金檩;三架梁上设脊瓜柱,脊瓜柱头施小额枋、平板枋各一道,起联结梁架与山

图 2.4.6　毗卢阁上层明间梁架

墙的作用，明间脊瓜柱头小额枋底部墨书“□嘉靖三十四年十一月吉日 □礼监掌印总督东厂太监黄锦同掌家内官监太□田□督工管 ……”脊瓜柱柱头施隔架科斗拱上承替木，替木上托脊檩，丁拱两侧设叉手稳固。（注：□代表原来有字，但字已灭失，无从考证。）

翼角设抹角梁，抹角梁两端均叠压于前或后檐和山面檐檩之上，端头垂直去截；抹角梁上承角梁后尾及两山踩步金，金檩、脊檩由梁缝中线向外悬挑，出际、檐檩与踩步金之间铺设椽子形成歇山构架。

（8）屋架举折与出檐。

上层屋架前后檐檩中距为 7.42 m，檐檩上皮至脊檩上皮总举高 2.76 m，总举高与总步架的比例为 1∶2.69。周檐施飞椽，上出檐（由檐檩中线至飞椽平距）120 cm，翼角升起 64 cm，冲出 43 cm，两山出际 74 cm。

（9）屋面。

檩条背部钉设圆椽，直径 12 cm。下层正身椽 110 根，山面正身椽 66 根，翼角椽 96 根；上层正身檐椽 78 根，山面正身椽 28 根，翼角椽 88 根。共计圆椽 360 根，飞椽 378 根。

前、后坡总计正身筒瓦 88 垄，翼角瓦垄 68 垄。正身每垄筒瓦 20 个、板瓦 40 个；山面正身筒瓦 32 垄，翼角瓦垄 60 垄，正身每垄筒瓦 13 个、板瓦 27 个。按其瓦面弧度实长和板瓦搭压方式，可知檐部压四露六，中腰和脊部压五露五。瓦垄中距约 26 cm，檐口勾头、滴水由瓦口木外伸 13 cm，每垄筒瓦由勾头至当勾以 11、9 个筒瓦为间距呈行钉设瓦钉。瓦面总体为灰陶，经过多次维修，瓦件形制多样，共计 3 种，具体瓦件规格有 ϕ120 mm × 215 mm、ϕ100 mm × 225 mm、ϕ140 mm × 290 mm，各占屋面总瓦数的百分比是 20%、30%、50%。

脊筒皆为手工捏花烧制，正脊中央居中安脊刹，其上构件现已缺失。两端龙吻尾部弧形上卷，身内设盘龙一条；脊刹与龙吻之间，用七块连枝牡丹花卉脊筒组配，脊上等距放置 10 个陶质小狮子。垂脊四条，分别由与大吻相触的挂件吞口、10 块素面脊筒、垂兽 1 个拼成。单块脊筒长 38.5 cm，高 24 cm，厚 13 cm。戗脊 4 条，分别由 6 块素面脊筒和戗兽 1 个拼成。单块脊筒长 38.5 cm，高 24 cm，厚 14 cm。垂脊、戗脊上分置一些走兽。

（10）墙体。

毗卢阁周檐砌筑墙体，前檐明间施用落地格子门，次间为隔扇槛窗。稍间、两山及后檐砌墙封闭。墙体外壁为 460 mm × 110 mm × 230 mm 的城砖淌白顺砌，墙高 411 cm，墙面收分 1.8%。周檐四个墙角脚部均设角石一块，并在其上各置长 0.89 m、厚 11 cm 的腰线石一道，之上均砌至小额枋位置。内壁通高白灰罩面，背里土坯砖砌筑，墙高 419 cm，墙面收分 2.4%。前檐外壁、后檐、西山内壁零散分布镶嵌有寺院历代维修碑刻共计 6 块。

前檐明间开门，两次间辟窗，其余墙体，墙体外侧青砖砌筑，四角设角石（规格：650 mm × 110 mm × 950 mm），上侧腰线石一道（尺寸：110 mm × 110 mm），上身青砖砌筑，下碱高 1.205 m，上身高 2.695 m，签尖 1.205 m，墙体收分 3.3%。

（11）装修。

前檐明间设 4 扇六抹隔扇门，心屉样式为一马三箭式，裙板上分别刻有佛教故事题材的

“种蕉学书”“荷经宣教”等图，门扇总高 358 cm，总宽 336 cm；次间设 4 扇四抹隔扇窗，心屉样式为龟背锦式，窗扇总高 237 cm，总宽 328 cm。抹头与门轴交接处钉角叶牢固。

毗卢阁法式特征分析：毗卢阁斗拱为重昂斗拱，斗口宽 95 mm，足材宽 95 mm、高 190 mm，折合清工部《工程做法则例》七等材（宽 96 mm，高 192 mm）。

一层檐部：廊步举架为 1 245/1 975 = 0.63，合六三举。斗拱出踩 540 mm，椽出 540 mm，飞出 710 mm。

二层：檐步举架为 1 045/1 550 = 0.674，合六七举，斗拱出踩 540 mm，椽出 770 mm，飞出 430 mm；脊步举架为 1 380/1 620 = 0.852，合八五举。

二层五架梁长 7 160 mm，高 480 mm，高长比 1∶14.9。前檐檐柱柱径 430 mm 或 470 mm 不等，柱高 4 270 mm，收分约 8‰，侧脚 9‰；前檐金柱柱径不等，柱高 8 530 mm，收分约 9‰，侧脚 9.7‰。

综上所述，毗卢阁构造与清工部《工程做法则例》相较（图 2.4.7），毗卢阁举架大于清工部《工程做法则例》要求，故屋面较为陡峭，构件尺寸也略大于清工部《工程做法则例》取材标准，有典型的中原豫西地区构造特征。

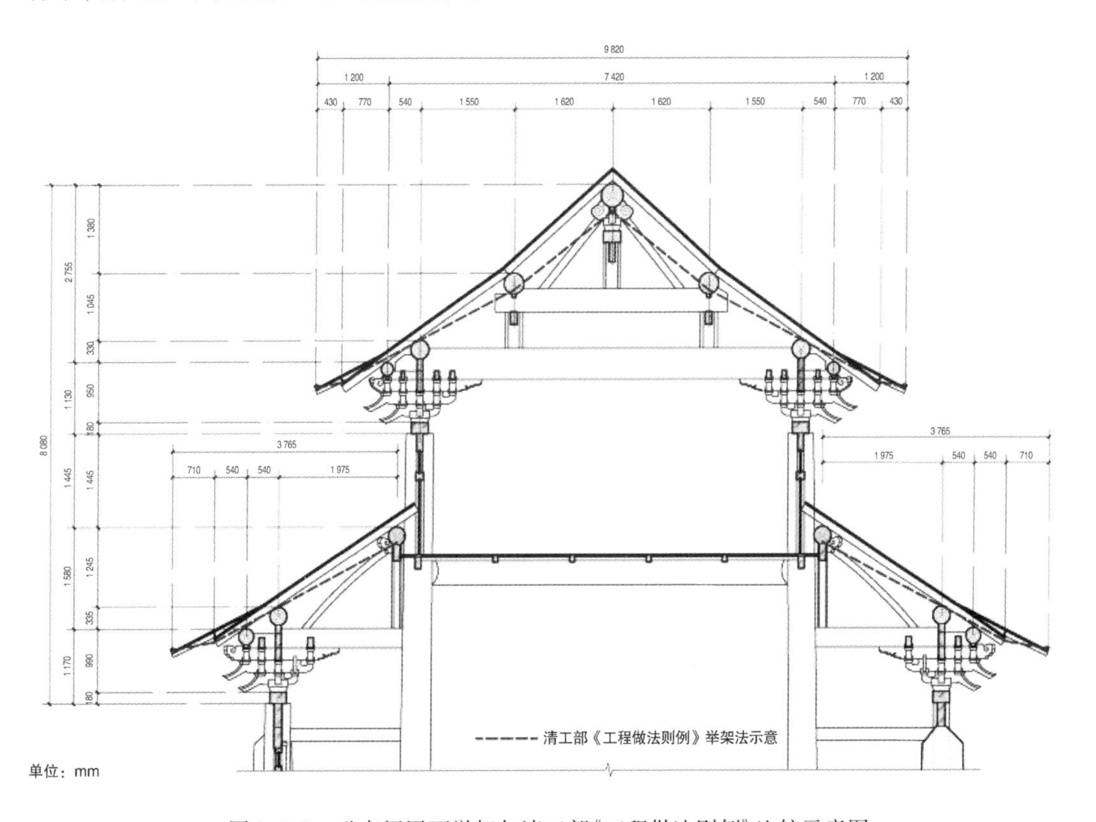

图 2.4.7　毗卢阁屋面举架与清工部《工程做法则例》比较示意图

4. 摄摩腾殿

摄摩腾殿(图 2. 4. 8),坐东朝西,面宽三间,进深六椽,梁架为五架梁对前后单步梁,双坡单檐硬山顶,筒板瓦屋面,灰陶脊饰。

(1)平面。

摄摩腾殿台明高 36 cm,平面呈矩形。面宽三间,通面阔 8. 01 m,通进深 8. 75 m,前檐设阶条石一道,截面尺寸宽 30 cm 高 15 cm,室内为 300 mm × 300 mm × 60 mm 方砖十字错缝铺墁。

(2)柱网。

平面施柱 14 根,前后檐各 4 根,柱身皆木质,断面圆形,柱径 24 cm,柱高 302 cm;金柱共计 6 根 ,柱径 24 cm,柱高 383 cm,柱底用鼓镜式高 15 cm 的柱顶石,柱顶直接支顶前后梁头,柱间用小额枋连构,前檐下设装修,后檐柱及前檐两侧柱子均封砌于墙内。

图 2.4.8　摄摩腾殿

(3)墙体。

东西山墙及后檐墙体均为外墙甃条砖砌筑;内墙土坯砌筑,下砌槛墙,上部抹灰。两山墙前后檐砖砌墀头,顶端随屋面弧度砌出拔檐收顶,墙厚 42 cm,高 632 cm;后檐墙体两端与山墙咬茬相接,上部砌出封护檐收顶,厚 42 cm。

(4)梁架。

梁架为五架梁对前后单步梁,五架梁上设金瓜柱以承三架梁,三架梁中立瓜柱,上承脊檩,脊檩两侧设叉手稳固,各梁架端头承接檩条,上铺椽望。

(5)屋架举折。

屋架前后檐檩中距为 7. 55 m,檐檩上皮至脊檩上皮总举高 2. 5 m,总举高与总步架的比例为 1∶3. 02。其中檐部举高 70 cm,步架 132 cm,合五三举;金部举高 71 cm,步架 123 cm,合五八举;脊部举高 109 cm,步架 125 cm,合八七举。前檐椽飞出挑,上出檐(由檐檩中线至飞椽平距)97 cm,其中椽出 67 cm,飞出 30 cm。

(6)屋顶。

筒板瓦屋面,灰陶脊饰。

(7)装修。

前檐明间设4扇六抹隔扇门;两次间装修样式相同,均为3块心屉窗,槛墙高117 cm。

5. 竺法兰殿

竺法兰殿(图2.4.9),位于清凉台台顶西南侧,清代建筑,坐西朝东。面阔三间,进深六椽,梁架结构五架梁前后对单步梁,通檐用4柱,彻上露明造,单檐硬山顶,筒板瓦屋面,灰陶脊饰。建筑形制与摄摩腾殿相同,此不赘述。

图2.4.9　竺法兰殿

2.4.1.4　白马寺清凉台及其台顶文物建筑残损情况

1. 清凉台

台顶原有建筑及相关遗存均原址保存,历史格局完整性较好;20世纪80年代寺内部分僧侣于台顶东西两侧增建东西上僧院,共计4座建筑16间(建筑面积共计303 m^2),并于台顶北端增建部分临时建筑约273 m^2,破坏了台顶历史格局真实性且加重了台顶荷载。

在自然和人为因素共同作用下,台体保存状况极差,现将其分为台顶、台体及台底三部分进行现状阐述。

(1)台顶保存较差。

20世纪末,寺院僧侣重新铺墁台顶院面,用莲花石板取代原有方砖,现垫层软化,石板高低不平,雨天积水严重。

台顶东侧(东上僧院内)排水坡度不足,且排水管道堵塞,致使院内雨天积水严重,影响文物建筑长久保存。

清凉台自开放以来接待游客量与日俱增,增加台顶荷载。

(2)台体保存状况差。

清凉台台体内部为古代夯土,外部为砖包砌体。台顶上部建筑即由清凉台承载,因此,清凉台台体自身的稳定性严重关乎顶部建筑的安全。为全面、完整、清晰地掌握清凉台保存现状,在细致勘测清凉台外包砌体的现状的基础上,同时采用现代技术手段,邀请勘测机构

（太原市兴华岩土工程勘察质量检测有限公司）对清凉台内部夯土的稳定性进行测验。勘察和分析结果显示，清凉台台体的保存状况为：

①南立面：排水口周边因长时间被雨水冲刷，墙体自下而上 1.6 m 范围内酥碱严重，条砖最大酥碱深度 8 cm，后人用水泥勾抹。

②西立面：墙体多处外鼓，最大外鼓 6 cm；墙体自北向南 3.6 m 处，自下而上开裂一道，裂缝宽 3 cm、长 3.3 m；排水口下墙体受雨水冲刷，条砖酥碱严重；架设管道影响砌体安全。

③北立面：现状墙体整体外鼓 0.1 m，圆木临时支撑；条砖酥碱，酥碱深度达 20 cm；泛潮长青苔；墙体开裂，最大裂缝宽 3 cm。

④东立面：墙体根部条砖酥碱严重；架设管道影响砌体安全。

⑤内部夯土：《清凉台岩土工程勘察报告》显示地质条件基本正常。清凉台北侧壁体中断长 6 m，夯土自台边向里 2 m 范围内土质酥松软化，现已失效，不具备承载、抗压能力。其余土质基本稳定，符合规范要求。

（3）台底保存状况一般。

台基四周为 2000 年新做宽约 10 cm 的水泥散水，散水下部无垫层，与文物风貌不协调且不能起到散水应有的作用。台基四周均有绿化带，距台基不足 80 cm，加重台体潮湿和酥碱现象。

2. 清凉台大门及接引桥

20 世纪 90 年代大门两侧各建游廊 3 间，破坏台顶原格局，且加重台顶荷载。阶条石长期受人为磨损和风化作用，部分条石松动错位。台阶两侧栏杆在材质、规格等方面与原状不符，风貌较差。

南侧券洞东面台壁北侧中段外鼓，券洞券脸石局部松动，下脚条砖酥碱严重。

3. 毗卢阁

毗卢阁 20 世纪 70 年代修缮殿顶后至今未曾大修，且日常保养工作不足，屋面、柱子（图 2.4.10）、梁架、斗拱等均出现不同程度残损。通过现场开挖柱门前对上部结构进行支顶（图 2.4.11）及相关勘察，现从上下层屋面、木基层、檩枋、梁架、斗拱、柱额、墙体、地面等几部分分别阐述其保存现状。

图 2.4.10　柱脚糟朽，木质粉化

图 2.4.11　现场开挖柱门前对上部结构进行支顶

(1)屋面。

受自然风雨冻融影响,毗卢阁屋面下部梁架变形,瓦面变形,瓦垄松动、位移、歪闪、错位,部分瓦件形制不一,瓦垄灰脱落;筒瓦破碎开裂严重,尤以上檐屋面为重;檐口下栽,勾头、滴水碎裂、缺失,下檐屋面东山中部因下部檐柱糟朽下栽严重;脊筒、脊饰破损、缺失。

原因:年久失修,瓦件碎裂,泥背软化,加之下层木构架变形,致使屋面凹凸不平,瓦件歪闪;后人不当维修,致使屋面瓦件样式不一。

(2)梁架。

构件保存状况一般,普遍存在干缩裂缝,飞椽表面糟朽严重,挑檐檩均出现向外滚闪、垂弯的现象;梁架受力不均、变形致使部分构件节点拔榫。

原因:屋面常年渗漏,致使椽望糟朽、开裂严重,梁架表层糟朽、开裂;部分构件沉降,致使上部构件拔榫、移位。

(3)斗拱。

上下层周檐斗拱在长期荷载受力和风雨侵蚀作用下均出现不同程度的前坠尾翘、变形等现象,部分小斗缺失,拱件错位、歪闪、局部折断。

原因:不当维修,风雨侵蚀作用。

(4)柱网。

毗卢阁殿内周圈檐柱、金柱保存较好,柱头标高除东山墙檐部中柱外,其余柱子柱头基本一致。

原因:东山墙檐部中柱柱头下沉23 cm,内倾9 cm。综合毗卢阁当前残损总体状况分析,可能由两种原因导致:①柱脚严重糟朽;②柱基下沉。

根据《河南洛阳白马寺倾斜开裂建筑物岩土工程勘察报告》结果,清凉台除北侧中段部分夯土软化外,其余部分基础稳定,推断毗卢阁东侧柱基周边基地土质正常,无明显软化、下沉现象。因此,毗卢阁东山中部檐柱下沉原因应为柱脚糟朽。

为证实这一推断,勘察过程中对东山墙中柱柱门部位进行了开挖,结果显示:中柱柱根现状糟朽高度达0.8 m,柱脚下端高30 cm,柱子糟朽严重,糟朽深度20 cm,内半侧柱子因糟朽而粉化,力自上向下传递受力面不均匀,导致柱子向内倾斜9 cm、下沉23 cm。

(5)墙体。

因东山墙中柱柱根糟朽下沉,墙体亦向殿内侧倾斜。南侧外壁上部竖向开裂一道,裂缝长2 m、宽2 cm;墙体部分为后人机砖补砌。

(6)地面。

室内现地面为20世纪70年代维修时后人在原地面上以水泥封抹,改变了文物原状且风貌差。

4. 竺法兰殿

局部生有杂草。前坡屋面:瓦面局部渗漏,筒瓦脱节碎裂36块。后坡屋面:32块筒瓦碎裂,筒瓦交接处水泥勾缝,面积约 1.3 m^2。北侧屋面排山沟滴 11 块瓦水泥覆盖。正脊筒重修屋顶时全部更换为素面脊筒,扣脊瓦 23 块,松动、破碎。正吻表面酥碱,接缝处用水泥填抹。前后坡垂脊扣脊瓦 16 块碎裂。兽前咧角盘子残破不全,水泥勾缝。兽后垂脊为后人补配。后檐北侧垂脊兽前咧角盘子缺失;前檐垂兽形制不一,为后人补配。

檐口望板糟朽,护板灰外露;殿内望砖 62 块酥碱。后檐上金檩干缩开裂,裂缝最长 50 cm。明间东缝五架梁梁身数道裂缝,三架梁梁底裂缝一道,裂缝宽 5 mm。前檐抱头梁干缩开裂,裂缝最长 50 cm。明间东缝金瓜柱北侧开裂一道,裂宽 1 cm。

斗拱基本保存较好。斗拱表面涂有红油漆,局部小斗出现松动、移位,拱件出现松动、表面风化、裂缝。

屋内增设现代吊顶。后檐墙根部受潮酥碱。

室内墙体表面全部白色涂料罩面,墙根部刷红油漆。

5. 摄摩腾殿

屋面经多次维修,瓦件形制多样。后坡屋面:筒瓦 62 块脱节碎裂,檐口勾头 21 块缺失、19 块碎裂,捉节夹拢灰脱落用水泥勾抹。

正脊扣脊瓦 23 块,松动、破碎;北侧正吻吞口与正脊交接处与下部水泥抹面。垂脊扣脊瓦 13 块碎裂;扣脊瓦与垂脊筒交接处灰浆脱落。兽前咧角盘子残破不全,水泥勾缝。后檐北侧垂脊兽前咧角盘子缺失;后檐北侧垂兽为后人补配。

椽身 10 根开裂,裂宽 1 cm。大小连檐因屋面不均匀沉降变形,弯曲。望板糟朽、殿内望砖保存基本完好。

屋内局部构架、全部吊顶出现裂缝;后檐上金檩干缩开裂,裂缝最长处 500 cm。殿内木构件表面均存在裂缝,构件表面布有泥痕。前檐南次间檐檩随檩枋南侧缺失 10 cm。明间东缝金瓜柱北侧开裂一道。明间东缝五架梁梁身数道裂缝。明间东缝三架梁梁底开裂,裂缝宽 5 mm。室内墙体表面全部白色涂料罩面,墙根部刷红油漆。

台帮接缝全部石灰砂浆粗糙勾抿,表面粗糙。外檐压沿石灰缝脱落,殿前踏步条石破碎、开裂。室外台明为水泥抹面。室内地面 12.3 m^2 为水泥抹面,其余为现代地砖铺墁。

隔扇门表面脱色,组拼裙板出现干缩裂缝。门槛干缩开裂,地仗开裂,油饰剥落。

2.4.1.5　白马寺清凉台及其台顶建筑勘察结论

1. 木结构和砖石类古代建筑残损等级鉴定标准

清凉台及其台顶文物建筑以承重体系划分,主要包含:以木构架为主要承重体系的古代建筑和以砖石结构为主要承重体系的古代建筑。关于以木构架为主要承重体系的古代建筑的残损等级依据中华人民共和国国家标准《古代建筑木结构维护与加固技术规范》(GB 50165—92)第四章第一节结构可靠性鉴定中第 4.1.4 条古建筑的可靠性鉴定,应按下列规定分为四类：

Ⅰ类建筑承重结构中原有的残损点均已得到正确处理，尚未发现新的残损点或残损征兆。

Ⅱ类建筑承重结构中原先已修补加固的残损点，有个别需要重新处理；新近发现的若干残损迹象需要进一步观察和处理，但不影响建筑物的安全使用。

Ⅲ类建筑承重结构中关键部位的残损点或其组合已影响结构安全和正常使用，有必要采取加固或修理措施，但尚不致立即发生危险。

Ⅳ类建筑承重结构的局部或整体已处于危险状态，随时可能发生意外事故，必须立即采取抢修措施。

目前关于承重体系以砖石结构为主要材料的古代建筑的残损等级尚无正式文件规定。此次设计结合对建筑残损部位的残损情况和险情程度的评估，将砖石结构建筑残损等级分为四个类别，即一类残损建筑、二类残损建筑、三类残损建筑和四类残损建筑。

一类残损建筑是指建筑未出现明显残损，有个别残损需要进行日常维护，但不影响价值表现。

二类残损建筑是指建筑中的个别部位存在残损或残损组合已影响局部结构安全和正常使用，或对文物价值的表现有一定的破坏。

三类残损建筑是指建筑的主要结构部位处于不稳定状态，有可能发生局部倒塌事故，严重影响文物价值的表现。

四类残损建筑是指建筑整体结构系统处于濒危状态，随时可能发生意外事故，或部分已倒塌，其价值表现受到极大破坏。

2. 木结构古建筑残损等级评定(表2.4.1)

表2.4.1　木结构古建筑残损等级评定

编号	建筑名称	建筑时代	建筑残损等级
1	大雄宝殿	清代	Ⅱ类
2	毗卢阁	明代	Ⅱ类
3	竺法兰殿	清代	Ⅰ类
4	摄摩腾殿	清代	Ⅰ类

3. 砖石类古建筑残损等级评定(表2.4.2)

表2.4.2　砖石类古建筑残损等级评定

编号	建筑名称	建筑时代	建筑残损等级
1	清凉台	汉—明	二类
2	清凉台大门及接引桥	清代	一类

4. 建议

(1)加强文物建筑的日常保养维护工作,定期检查屋面、椽望、木构架、斗拱、装修、地面、散水,及时修补破损的屋面,清除影响文物古迹安全的杂草植物,不定期疏通排水,保证雨水及时排出。

(2)科学引导游客的参观行为,杜绝游客对文物的抚触、投币祈福等行为,减少人为因素对文物的破坏。

(3)检查古代建筑周围栽种的树木,若存在树干距建筑物小于 5 m,树冠距建筑物小于 3 m的近年来栽种的树木,将其移种别处;将寺内建筑台基周边不足 2 m 的绿化带迁移于寺内别处,减少毛细渗水对建筑基础及墙体的影响。

(4)合理计算文物环境承载量,严格控制高峰期游客量,减轻文物环境压力。

(5)建议聘请具有相应资质的单位重新规划设计寺内水暖电等管线的布局,殿内电线根据强弱电分别装管,殿外线路统一入地敷设。电线应采用铜芯线,并敷设在金属管内,金属管应有可靠的接地。

(6)为完善对寺内相关遗址、遗迹的展示利用,使用单位可为该遗址遗迹制作展示说明牌,重点介绍其历史信息,丰富游客对白马寺的记忆。

2.4.1.6　白马寺清凉台及台顶建筑现状照片

1. 清凉台台顶增建建筑现状照片(图 2.4.12 ~ 图 2.4.23)

图 2.4.12　东上僧院正房及院落

图 2.4.13　东上僧院厢房

图 2.4.14　东上僧院门廊及院落

图 2.4.15　东上僧院内建筑

图 2.4.16　西上僧院正房及院落

图 2.4.17　西上僧院厢房

图2.4.18　西上僧院门廊及院落

图2.4.19　西上僧院正房屋面

图2.4.20　毗卢阁后檐墙增建建筑

图2.4.21　毗卢阁后增建过门

图2.4.22　毗卢阁前后增砌围墙

图2.4.23　增建建筑室内

2. 清凉台台体现状照片(图2.4.24～图2.4.35)

图2.4.24　台体南立面中部排水口下方酥碱严重

图2.4.25　台体西立面中部排水口下方酥碱严重

图2.4.26　台体西立面排水口断裂、残缺

图2.4.27　台体西立面砖酥碱严重

图2.4.28　台体西立面自下而上开裂

图2.4.29　台体北立面西侧自下而上开裂

图 2.4.30　台体北立面东侧自下而上开裂

图 2.4.31　台体北立面中部酥碱、砖脱落、外鼓

图 2.4.32　台体东立面后人架设的排水管周边酥碱

图 2.4.33　台体水泥散水

图 2.4.34　1907 年后台顶不当增建，雨水排水不畅

图 2.4.35　台顶的水泥地面破损

3. 清凉台大门及接引桥现状照片(图 2.4.36 ~ 图 2.4.47)

图 2.4.36　接引桥台阶东南侧立面

图 2.4.37　接引桥台阶西立面

图 2.4.38　大门南侧正立面

图 2.4.39　大门北侧墙体下部泛潮

图 2.4.40　两侧后建游廊

图 2.4.41　大门悬山屋面

图 2.4.42　大门梁架

图 2.4.43　接引桥阶条石开裂位移①

图 2.4.44　接引桥阶条石开裂位移②

图 2.4.45　接引桥阶条石开裂、水泥抹面

图 2.4.46　接引桥下地坪人为降低、排水不畅

图 2.4.47　接引桥下墙体泛潮、局部酥碱

4. 毗卢阁现状照片(图 2.4.48 ~ 图 2.4.80)

图 2.4.48　毗卢阁南立面

图 2.4.49　毗卢阁北立面;后建过门,隔东、西僧院

图 2.4.50　毗卢阁东立面,东山墙墙内中柱下沉严重

图 2.4.51　毗卢阁西立面青砖

图 2.4.52　毗卢阁二层梁架

图 2.4.53　毗卢阁一层檐部梁架

图 2.4.54　毗卢阁屋面凹凸不平，檐口下栽

图 2.4.55　毗卢阁二层屋面瓦件松动、碎裂

图 2.4.56　毗卢阁一层屋面瓦用水泥“捉节夹垄”

图 2.4.57　毗卢阁围脊规格不一

图 2.4.58　二层斗拱及椽望，构件移位、佚失

图 2.4.59　一层椽望局部糟朽

图 2.4.60　二层梁架局部开裂、糟朽

图 2.4.61　二层抹角梁开裂、变形、糟朽严重

图 2.4.62　二层翼角后尾构件移位、开裂、糟朽

图 2.4.63　二层梁架檩条开裂

图 2.4.64　二层梁架拔榫、开裂

图 2.4.65　二层梁架开裂、糟朽

图 2.4.66　一层翼角构件位移、后加立柱支顶

图 2.4.67　一层楼板红漆罩面

图 2.4.68　二层檐部斗拱

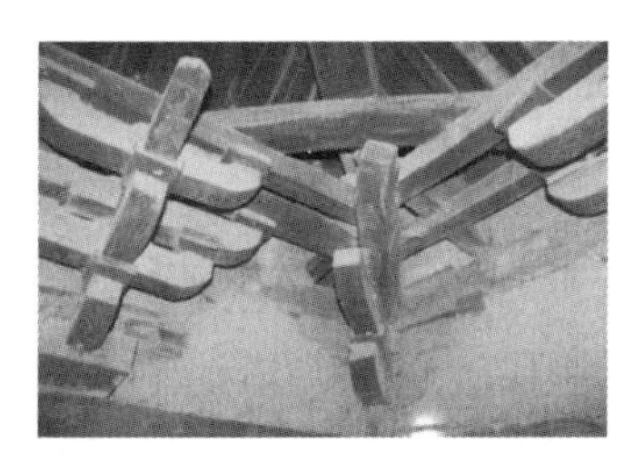

图 2.4.69　二层角科斗拱位移变形

图 2.4.70　二层平身科斗拱变形、散斗佚失

图 2.4.71　东山墙一层墙内柱、平板枋沉降、变形

图 2.4.72　一层翼角起翘的嫩戗,为南方风格

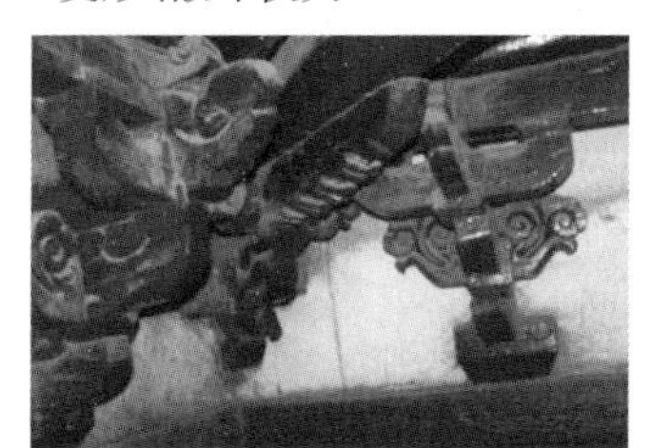

图 2.4.73　一层内檐角科斗拱变形、位移

图 2.4.74　东山墙墙内柱沉降,构件变形、位移

图 2.4.75　一层前檐金柱及双步梁

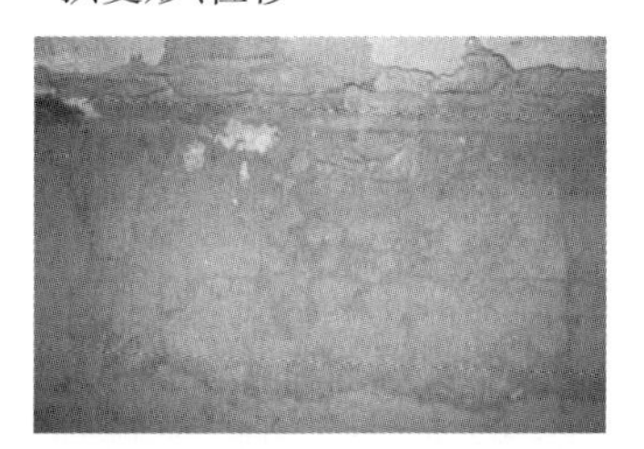

图 2.4.76　一层现存早期地坪墁砖

图 2.4.77　一层地坪后期细墁地砖

图 2.4.78　南立面台明水泥抹面,台阶不当修缮

图 2.4.79　西立面墙体下肩局部水泥抹面、勾缝

图 2.4.80　东立面墙体局部开裂、墙内柱沉降

5. 竺法兰殿现状照片(图 2.4.81 ~ 图 2.4.89)

图 2.4.81　东立面

图 2.4.82　南立面硬山墙体

图 2.4.83　北立面与西僧院

图 2.4.84　屋面瓦件规格不一、凹凸不平

图 2.4.85　梁架局部开裂

图 2.4.86　椽子开裂，望砖酥碱

图 2.4.87　屋檐木构件糟朽

图 2.4.88　台明水泥抹面

图 2.4.89　门窗、廊柱油漆起甲、风化

6. 摄摩腾殿现状照片(图 2.4.90 ~ 图 2.4.98)

图 2.4.90　西立面

图 2.4.91　南立面硬山墙体上部

图 2.4.92　北立面与东僧院

图 2.4.93　东侧屋面瓦件碎裂，勾头、滴水佚失

图 2.4.94　前檐斗拱松动、位移

图 2.4.95　台明水泥抹面

图 2.4.96　后檐单步梁梁头糟朽

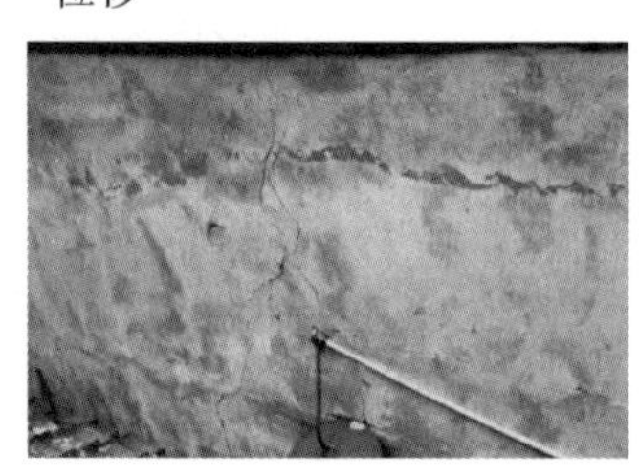

图 2.4.97　后檐墙体水泥抹面

图 2.4.98　室内地坪为现代地砖

2.4.2　白马寺清凉台及其台顶建筑修缮做法

2.4.2.1　修缮目标

采取合理的技术措施和管理措施，科学加固、修缮、保护各残损建筑，实现建筑结构整体安全稳定，排除因自然侵蚀、管理缺失等导致的各种不安全因素；去除现存建筑中不属于文物古迹的无价值部分，恢复古建筑一定历史时期的原貌，真实、完整地保存并延续清凉台及其台顶各历史建筑的信息及价值，是本次工程的修缮目标。

2.4.2.2　修缮依据

(1)《中华人民共和国文物保护法》(2017年11月修订)。

(2)《中华人民共和国文物保护法实施条例》(2017年10月)。

(3)《中国文物古迹保护准则》(2015)。

(4)《河南省〈文物保护法〉实施办法(试行)》。

(5)《文物保护工程管理办法》(2003)。

(6)《古代建筑木结构维护与加固技术规范》(GB 50165—92)。

(7)《白马寺文物建筑保护工程勘察报告(第一期)》。

(8)国家现行相关文物建筑修缮保护规范。

(9)历史文献等文字记载资料及走访调查所得资料。

(10)现状遗物的原做法、原材料、原工艺、原形制等的考察记录及相关研究成果。

2.4.2.3　修缮原则及思路

白马寺古代建筑保护应首先依据《中华人民共和国文物保护法》《中国文物古迹保护准则》等法律、准则，严格遵守“保护为主、抢救第一、合理利用、加强管理”的文物工作方针，坚持“不改变文物原状”和“最小干预”的原则。同时，在现状勘察及价值评估的基础上，制定有针对性的、确有必要的保护措施，最大限度地保留历史信息，维护文物建筑的真实性和完整性。形成全局观念，全面认知清凉台及台顶建筑文物建筑的重要性和修缮的复杂性。清凉台及其台顶建筑蕴含了丰富的历史信息，清凉台台体内部为历史夯土，上部为历史建筑，建筑形制特殊，文化蕴含丰富。修缮过程中，应审慎、妥善对待。

对于不同建筑、各建筑中的不同部分，应详细鉴别、科学论证，确定各建筑、各部位、各构件的价值，由此确定原状内容。

全面分析清凉台及其台顶建筑病害产生原因，消除清凉台所存影响结构稳定的安全隐患，避免遗存进一步毁损。对所承载的文物建筑进行保护，将后期违规增建拆除，恢复原有风貌，维护清凉台与毗卢阁等文物建筑的价值关联。

对各建筑、建筑中的不同部分，按照其不同的价值采取不同的措施。对具有文物价值的各建筑，以保护、修葺、补强为主，优先采用传统材料、传统工艺，尽量不使用现代材料；对新时期后加于建筑的部分，要区别对待：用现代材料建成的且直接、间接影响文物建筑安全的部分，应予以拆除；对文物建筑本体或台下夯土层未造成影响，建筑观感与文物相协调，并能满足僧人生活需要的，只对其不合理部位进行相应整饬。

新增添的构件应置于隐蔽部位，更换的构件应有年代标识。增添或更换构件事物材料，应使用文物建筑的原材料，或相同、相近的材料，要使用传统工艺和技法，为后人的研究、修缮，提供更多更准确的历史信息，并且在维修过程中，坚持维修工程的可逆性、可再处理性。在整个维修过程中严禁使用水泥和未经室内实验和现场试验证明可靠、安全、有效及可再实施性的化学材料或工艺，避免形成新的安全隐患。

对残损严重的构造层进行拆除时，一定要边拆除、边研究、边制定修缮措施，杜绝野蛮施工。

不同地区有不同的建筑风格和传统工艺及营造手法，在修缮过程中要善加识别，要尊重传统，保持地方风格。对于建筑风格的多样性、传统工艺的地域性和营造手法的独特性，在修缮中应特别注重其保留与继承。

2.4.2.4　工程性质、主要工程内容及修缮依据和修缮措施

1. 工程性质

依据《中国文物古迹保护准则》和《古代建筑木结构维护与加固技术规范》等相关文物保护法律、法规、规范的有关规定，结合清凉台及其台顶建筑的具体残损状况，确定清凉台、毗卢阁、大雄殿的工程性质为重点修复；清凉台大门及接引桥、竺法兰殿和摄摩腾殿的工程性质为日常维护。

2. 主要工程内容

（1）大雄殿：重点修复。

修缮内容：补配瓦件、脊兽，重新揭瓦屋顶；检修、加固各类残损和缺失的椽子、连檐、瓦口、望板。拨正归位滚闪的檩条，并进行加固。检修、加固梁枋节点构件。逐攒检修斗拱。拆除现机砖墙体，重新砌筑；剔补酥碱残缺的砖体。逐件检修、加固前檐各类隔扇。重墁殿内地面。台明周圈增设散水。

（2）清凉台：重点修复。

修缮内容：加强北立面鼓凸部位的支护；拆除台顶后建建筑，并恢复台顶四周原花栏墙；结合台顶排水、防水工程，重新铺墁台顶地面，补配缺失及不能继用的排水槽。逐一检修四面台体，剔补酥碱砖；择砌墙体裂缝，剔除墙面水泥，重新用白灰勾抿墙体裂缝；补夯鼓凸严重部位的内部夯土；拆除墙体四周不当添加物；将清凉台台基四周绿化带移除并重做散水。

(3)清凉台大门及接引桥:日常维护。

清凉台大门:拆除大门两侧游廊,重新砌筑砖质花栏墙。根据设计标高抬升地面,外圈加砌压檐石。剔补酥碱的条砖,并重新勾抹砖体灰缝。重新补配糟朽、垂弯的椽飞,并重新制安连檐、瓦口、望板、望砖。根据原博风形制重新制安两侧山面博风。重新揭瓦屋顶,形制保持现状,依据设计大样图纸和现存实物的规格补配缺失的垂兽、瓦件。修整开裂的板门。

接引桥台阶:替换、拨正歪闪破碎的阶条石。择砌券洞开裂部分。剔补酥碱砖。

(4)毗卢阁:重点修复(局部)。

修缮内容:补配屋顶缺失的脊部构件及瓦件,重瓦瓦顶。制安、重修木基层。检修、加固梁枋节点构件。对上下层周檐斗拱进行超平并扶正归位,对已经折断、变形、缺失、改制和残缺严重的拱枋和斗子进行补配、制安。补配现垂弯严重的平板枋和小额枋。拆砌前后檐及山墙增砌的墙体,择砌外鼓、开裂及坍塌的墙体。墩接糟朽下沉的东山墙内柱,并逐一开柱门检查墙内柱保存现状。整修加固前檐垂带踏跺及周圈台明,将外闪错位条石归位。重墁殿内地面。

(5)竺法兰殿:日常维护。

修缮内容:查补屋面,补配缺失的瓦件、脊饰。检修、加固梁枋节点构件,嵌补糟朽开裂檩条。检修斗拱。拆除机砖墙体,重新砌筑。检修加固前檐各类隔扇装修。重墁地面。重设散水。

(6)摄摩腾殿:日常维护。

修缮内容:查补屋面,补配缺失的瓦件、脊饰。检修、加固梁枋节点构件,嵌补糟朽开裂的檩条。检修斗拱。拆除原墙体外立面所包机砖。检修前檐各类隔扇装修。重墁地面。重设散水。

3. 修缮依据和修缮措施

(1)清凉台。

清凉台形制特殊,一方面,台体内部为历史夯土层,具有相当高的历史价值和科学价值;另一方面,台体又是上部建筑的承载基础,台体是否安全,直接影响其上部建筑的结构稳定。因此,对清凉台的修缮,在坚持审慎、慎重的前提下,应坚持“最小干预原则”,尽量不对其内部的原始夯土造成干扰,同时,还应以科学合理的措施,排除台体结构安全隐患,为清凉台本体及上部建筑的保存提供良好条件。

当前,根据勘察报告以及《河南洛阳白马寺倾斜开裂建筑物岩土工程勘察报告》,可以初步得出如下结论:清凉台除北侧中段夯土为 20 世纪 90 年代重新回填的土,存在结构隐患,并影响到外侧台壁之外,其余部分结构稳定。因此,本次方案设计以当前掌握的情况为依据对清凉台进行修缮设计。

另外,由于当前的勘察技术及勘察范围所限,清凉台内部情况尚无法确定。对此,在修缮过程中,将另组成设计工作小组,全程参与到清凉台的维修与保护过程当中,采取边拆除、边研究、边设计的路线,对于修缮过程中出现的新情况、新问题,及时记录、整理、保存,并据此调整原设计方案,必要时还将邀请相关专家进行研究讨论,坚决杜绝一次性设计和野蛮施工,确实保障清凉台能够得到科学、正确的维护与修缮。

①清凉台台顶。

根据民国老照片得知,原清凉台顶仅有毗卢阁、摄摩腾殿、竺法兰殿三座大殿,台顶四周用砖砌花栏墙围护。现南侧游廊、东西上僧院内增建库房、北侧厕所等均为20世纪70年代使用现代材料增建。考虑到白马寺现已有其他非文物建筑能够承担该功能,且这些建筑确实破坏了清凉台原有建筑格局,增加了台顶荷载,对于清凉台下内部夯土层造成了直接或间接的影响,因此本次工程中应将其一并拆除。此外,为恢复民国时期清凉台原形制格局,恢复花栏墙。

清凉台台顶残损类型主要有:清凉台台顶原始铺装地面已不存,现为后人改制的石板和水泥地面,同时,清凉台排水不畅,地面局部开裂渗漏,已对台体背里夯土及台壁造成了破坏。

在拆除台顶建筑前,应加强对鼓凸严重部位的支护工作,在现有支护圆木的基础上增加3~5根圆木支护,确保台顶的拆建活动不会对台体造成破坏。

合理组织排水,重墁地面,并补配清凉台缺失的排水槽,保障台顶排水顺畅。

四周花栏墙设计依据:清凉台大门两侧的游廊为后期增加,游廊的存在,一定程度上影响了清凉台台顶原有的排水体系,并增加了台顶荷载,不利于清凉台台体及其台顶各建筑的安全保存,因此应与台顶的其他新建建筑同期拆除。同时,根据勘察期间获取的清凉台民国照片,发现原清凉台周圈砌筑有形制统一的砖质花栏墙,因此在拆除游廊后,予以恢复。

②清凉台台顶防水及墁砖工程做法。

铲除后人铺墁石板方砖;在清凉台原夯土基础上,铺设三七灰土一步,厚15 cm,并夯实。

a. 柔性防水层。垫层表面涂刷乳液渗透型防水剂,使防水乳液渗透到灰土表面,降低基底的透水能力。其上铺设碳纤维网一层,网的搭接宽度为10 cm。

灰土地面与花栏墙交接处,使用柔性防水涂料,上返10~15 cm,防水涂层与墙砖粘接平整。施工7天后验收。

验收合格后,纯白灰坐底15 mm,方砖(砖规38 mm×38 mm ×6 mm)错缝铺墁,并进行勾抿,打点勾缝,铺墁时注意泛水。

b. 面层砖抗渗处理。面层砖铺设完毕后,整体涂刷两遍憎水型砖石保护剂。

③清凉台台顶排水系统设计。

台顶排水方式仍沿用原排水方式——明排,利用泛水($i=1\%$)将台顶雨水集中在台体边缘区域,通过特制地漏流入排水槽内,最后将雨水落至台底散水上。

④清凉台四面台壁下部酥碱条砖修缮做法。

清凉台四面台壁酥碱普遍存在,本次修缮设计需对其进行剔补加固处理。具体做法如下:

a. 先把要剔除部位边沿的每块残破条砖用切割机从灰缝处切开,并在已酥碱的条砖立面上切割2～3道，便于条砖剔除，然后用长柄凿和斧子先在每块残砖的四周开凿，用力应适度，不得破坏周边未残损的砖块。将边沿酥碱部分凿掉后，再用长柄凿把中部的残砖逐块凿除，剔除的深度标准是见到好砖为止，凿去的面积应是单个整砖的整倍数。

b. 把凿去部位内部杂物清除干净，用水洇湿，然后按原墙体砖的规格重新砍制，用砍磨好的条砖照原样用原做法重新补砌好，背里用灰背实，灰缝用白灰勾抿，把灰缝压实扫严，并顺色做旧。

⑤清凉台四面台壁裂缝修缮做法。

清凉台四面台壁开裂数道，裂缝长1～3 m不等，本次修缮设计需对其进行加固处理。具体做法如下：

a. 用长柄凿和斧子先在裂缝处开凿，用力要适度，不能破坏周边好砖，将开裂部分凿掉后，再用长柄凿把中部的残砖逐块凿除。

b. 把凿去部位内部杂物清除干净，用水洇湿，然后按原墙体砖的规格重新砍制，用砍磨好的条砖照原样用原做法重新补砌好，背里用灰背实，灰缝用白灰勾抿，把灰缝压实扫严，并顺色做旧。

⑥清凉台北立面外壁中段失稳壁体的加固修缮做法。

依据现场勘测结论及检测报告可知，清凉台北侧壁体中段长8 m，夯土自台边向里2 m范围内土质酥松软化，现已失效，不具备承载、抗压能力。2 m范围外土质基本稳定，符合承重要求，并且其单平米承受荷载能力远大于毗卢阁建筑对内部夯土施加的单平米荷载，故毗卢阁基础稳定，清凉台北侧壁体空鼓并未对其基础造成影响。此次修缮对清凉台北侧中段长8 m范围内失稳壁体进行择砌，并更换失稳壁体内失效夯土。具体措施如下：

a. 结合施工计划安排，在维修前期，清凉台6 m范围内设施工围挡，禁止对外开放。

b. 在清凉台北立面的残损段约10 m范围内支搭保护架。为保证受力需求，保护架应为双排脚手架，在紧贴墙体外壁处，铺设5 cm厚木板，木板外侧设木龙骨两道，与脚手架连接。

c. 拆除清凉台上部违建，毗卢阁也进行相应卸载，包括屋面泥背、瓦件、脊兽等，都应全部落架并妥善保存。

d. 由上而下按设计图纸划定范围进行拆卸，按照图纸范围同步清理背里酥松失效的夯土，且随拆随支，加以保护，并同步检测两侧墙体。

e. 墙体拆除后，重新做墙体基础部分。

f. 补配石材重新砌筑墙基石部分，补配石材应与原石材一致。

g. 新砌外包砖，尽量选用旧砖，砖件规格为470 mm×240 mm×100 mm、340 mm×70 mm×60 mm两种，砌筑方式为三顺一丁，墙体砌筑5皮砖高后，进行夯土。砖墙与夯土间灌浆处理，灰浆选用桃花浆，待浆液干透后再拆除上部，以此类推。墙体砌筑完成后外表进行打点勾缝，勾缝粗细均匀，线条顺畅。

h. 为保证新砌夯土与墙体的充分拉结，每5皮砖高度向内砌拉结砖3层，补夯土与原土之间设荆条。

i. 补夯的内部夯土部分,应遵照如下设计程序:原夯土挖成阶梯状,阶梯宽度约0.3 m,高度约0.2 m;层层夯实,每次夯0.1~0.2 m,人工操作;每夯两三层时,晾晒2~3日,必要时每天早晚洒水1~2遍;夯土料应在现场进行湿搅拌,保证人工搅拌3~4遍。

注:新砌外包砖砌体与补夯内部夯土应同时进行。

⑦清凉台台底散水做法。

清凉台四面台体因周圈台脚无散水,雨雪积水不能及时外排,导致台基常年潮湿,台基和台壁损坏严重。为寻找原始散水形制,勘察期间对白马寺中轴线建筑台明下脚均进行了相应的勘察挖掘,并未找到原始散水痕迹。故此次设计中采用洛阳地区同时期建筑地面的散水铺装方式作为参考。勘察设计中,工作人员专门对白马寺周边明清寺庙和其余古代建筑(关林庙、潞陕会馆、山陕会馆等)殿内散水铺装进行了调查。具体做法如下:

a. 清除台基四周宽900 mm范围内绿化带及地面覆土至设计标高后原土夯实。

b. 灰土夯实(两步)厚300 mm;灰土拌和前需过筛,灰土垫层中的白灰选用水泼灰,黄土选用生土;夯实后的灰土干容度需达到1.55~1.57 g/cm^3。

c. 掺灰泥坐底厚25 mm,为了保证散水地面排水通畅、灰浆不冻、地面整洁,需用水泼灰浆坐底。

d. 用380 mm×380 mm× 60 mm的方砖按设计图纸要求分趟铺墁;墁地时间尽量调整在农历秋分之前,这是防止墁地方砖间灰缝中的白灰因受冻而酥裂的措施。

e. 青灰勾抿,局部砖药打点。砖药配比:七成白灰,三成砖面,少许青灰加水调匀。

注:散水外口不得低于室外地坪,里楞应与土衬金边同高。

(2)毗卢阁。

①毗卢阁屋面挑顶重瓦。

依据:毗卢阁屋面整体瓦面凹陷不平,瓦垄大多歪闪,瓦件规格杂乱,勾头、滴水大多缺失,檐口下栽严重,此次挑顶重瓦。屋面修缮依据为毗卢阁现存的屋面形制,现存的钉帽、勾头、滴水等瓦件形制及脊筒、扣脊瓦等脊件形制。

在进行大修前,首先对现建筑受力弱的东山墙中柱部位进行临时支护,确保建筑结构满足当前的保护工作对建筑的扰动。

临时支护工作完成后即可开始揭除瓦面,揭除过程中,对拆卸的瓦件、脊兽分类存放,不能继续使用的瓦件另行馆藏保护,对可继续使用的瓦件、脊兽进行剔灰、保护,并按其形制和残损瓦件数量重新配瓦件,新配瓦件必须为与原制相同的手工瓦。

具体做法如下:

a. 苫背工程。

木基层补配整修后进行苫背。按照毗卢阁现屋面做法苫背泥分为护板灰、麦秸泥背两道。

护板灰：在过筛后的水泼灰内掺入麻刀抹压在望板上，平均厚10 mm左右，每批次由上向下抹压，宽度不大于65 cm。凡是瓦口木、博风板、连檐的内侧全为纯白灰膏抹制。

麦秸泥背：材料配比为白灰100∶生土100（重量比），每100 kg白灰掺入麦秸8～9 kg。先将生土洒水泡湿，然后将生土与白灰拌和均匀，再分层摊入麦秸，之后反复和匀，再上架使用。抹泥时在瓦面中段和脊部的泥背层使用木棒槌拍打，出浆后用木抹子压实平整，同时在脊部用麻丝由前而后披在脊上，麻入泥中，目的是更利于脊部泥层牢固。泥背完成后须进行“凉背”。因毗卢阁屋面做法不同于北方地区建筑一般做法，没有青灰背这一构造层，故毗卢阁屋面做法泥背构造层较一般建筑泥背厚。

b. 瓦瓦工程。

号垄：按拆除前的形制、结构方式、尺度确定两山出际部分的垂脊中线，保证垂脊的扣脊瓦位于正吻的腮帮一侧，确定垂脊下的正身瓦垄中线，之后在这两点之间平分正身瓦距。

钉脊、兽桩：脊兽桩分别是大吻桩、垂兽桩、戗兽桩、脊筒桩，全用宽5 cm、高2 cm的铁桩（下端打成尖形），长度根据构件的尺度不一长短不同。原来的脊筒桩能继续使用的原位使用，不足者按原制进行补配，根据原结构方式在吻下保持原铁桩做法。

瓦瓦：瓦瓦前，挂设檐口线2道（勾头上皮、滴水底皮）、中线1道、腰线（2～5道）、正脊升起线1道，同时拴挂瓦刀线和吊鱼，并用平尺板以3～4垄为单位随时复查其平整度，逐垄垂吊检查直顺度和囊度，确保瓦作符合规范。

檐口线：檐部滴水瓦唇下棱的水平线，各垄滴水前端的高低、出檐以此为准；檐部叠压于底瓦上的勾头上棱线，各垄勾头顶面的高低、出檐以此线为标准。

中线：屋面正中的标准线。

腰线：顺檐口方向，连接于两山博风板对应的腰段之间，分别挂设腰线2～5道，使每垄筒瓦上棱形成的弧度与博风板的弧度基本一致。

正脊升起线：预先在正脊两端钉设铁钎，然后拉线形成中部下弯的弧线，之后确定升起（杜绝出现死折，一旦发现及时调整）。瓦瓦时每垄筒瓦尾部上皮与线相切。

瓦刀线：依博风板弧度栓挂的瓦刀线（即屋面囊度线，瓦瓦时兼垄中线），依线瓦瓦使屋面囊度均匀。

瓦瓦中，每垄先瓦板瓦，将筒瓦中线移至板瓦瓦肋，同时用电缆线（俗称水线）或麻绳，拴“吊鱼”后，拉出随屋顶弧度的囊度线，每垄筒瓦上皮依线安放。保证弧度均匀，杜绝死弯。檐口板瓦略稀，可作压五露五，再上为压六露四，再上为压七露三，具体根据弧度排列，不能出现“倒吃水”。

各板瓦下掺灰泥坐底，胶锤捣实，不得放空心瓦。筒瓦下的灰浆改掺灰泥为白灰膏，先压抹成型后灰膏抹压的同时可掺入适当的瓦片以提高灰膏的可塑性，之后再用青灰满挂筒瓦下，由上向下扣设归安。扣好后，再用平尺板检查平整度、垂吊瓦中线是否偏移，然后用胶锤击实筒瓦。依次向上瓦瓦。

瓦瓦后，在檐口逐垄垂吊检查瓦垄是否直顺，平尺板检查相邻 5 ~ 6 垄筒瓦上沿是否平整，不妥之处及时调整。

捉节夹垄：这项工作随瓦面进度设专人勾抿，先清除垄间残泥、残灰，然后将筒瓦与板瓦之间切出一个略向内凹的槽，然后用自制小抹子用力将青灰（掺麻刀）挤压进去，外侧瓦肋齐整并勾抿，不得抹成斜坡状。

清垄擦瓦：待捉节夹垄灰干到七八成时，这时可对屋面进行清扫，将瓦垄之灰浆等杂物清扫干净后，用抹布把筒瓦上的灰迹擦掉。

c. 脊兽安装。

各脊安装前需在地面进行预摆，符合其走向、方位及相关尺度。先安两端正吻及正中脊刹，然后在其之间，栓线铺灰砌筑正脊筒。垂脊先安垂兽，之后依次安装垂脊筒。

大吻背部处于脊檩端部，不应向外延长，再求得坐脊瓦水平跨距；同时保证垂脊顶部砌至大吻吞口的腮部，杜绝安至口中；戗脊尾部处于垂兽后尾。各脊兽中的铁桩规格、钉贯方式等保持原制。

②毗卢阁木基层修缮做法。

依据：毗卢阁椽子与望板相接处糟朽、望板上部糟朽，檐椽椽头风化、开裂等；博风板为木板拼接而成，拼接处开裂，木料风化、棱角磨损严重，收缩不一；连檐、瓦口多有断裂、两端起翘、变形等。此次修缮需根据现保存尚好的原檐椽和飞椽、连檐、瓦口的材质、规格等，补配残缺的同类构件；根据前坡花架椽和脑椽的规格重配垂弯、糟朽和近年改制的椽子，并制安前檐望板和殿内残破的望砖。

具体做法如下：

a. 望板。

检修望板，按照前檐现存望板形制及铺钉方式更换糟朽严重、不能续用的望板，可继续使用的进行防腐处理后整修归安；望板横向铺钉，厚度在 2.5 cm 左右；殿内现存保存较好的望砖清理后继续使用，对残破的望砖按现存形制进行重新制安。

b. 椽飞。

逐根检修椽子，对椽头糟朽、劈裂严重的檐椽截除椽子头部后，以长改短，长度能满足花架椽或脑椽使用的，可调位继用；必须添加新椽时，要用纹理顺直的木料照样复制。按习惯，圆椽一般不要用枋材制作，因为枋材到边皮部分，很容易发生扭曲、扭斜，影响质量，所以最好采用圆料制作。

椽材含水率不得大于 20%，不得有虫蛀、腐朽和死节。制作时要放八卦线，裹圆楞，椽身表面应直顺、表面无疵病。

c. 博风板。

将残存的博风拆下后，逐块检修木料糟朽、风化情况及榫卯糟朽、拔榫情况，将修补后可续用的木板拼接、粘牢，风化严重不能续用者按原样进行复制，用新料重新制作后安装。

d. 连檐、瓦口。

按照拆除后的连檐、瓦口形制重新制安周檐连檐、瓦口构件。

e. 悬鱼、惹草。

缺失悬鱼、惹草铁活根据现状遗存形制和设计图纸由铁匠和木匠重新制作；对发生扭曲、变形的悬鱼、惹草在重新安装时校正即可。

③毗卢阁檩枋构件修缮做法。

依据：毗卢阁檩条、檩枋的现状着重表现为中段垂弯、糟朽、劈裂、侧翻、缺失、榫头朽断及人为改换。此次修缮需拨正归位滚闪的檩条，并用扒锔拉结加固。其设计依据为毗卢阁现状及现存檩条形制。

现状加固开裂的檩条，其方法为嵌补裂缝并束铁箍加固和补接榫卯。按前檐现存正心檐檩形制，补配上层后檐缺失和东南角糟朽严重的正心檐檩；对下层脊檩两山与前后檐断裂的搭交檩条进行更换。按原随檩枋规格用硬木更换现已改制的前檐金步两次间与明间脊部随檩枋。具体做法如下：

a. 檩子滚动的加固檩条归位后，在檩条侧面与梁背之间钉设扒锔拉结钉牢，使其不易滚动。也可以利用椽子作为加固构件，对檩条背部搭设的所有檩条全部用 15 mm × 15 mm 的手工方钉前后两坡全部钉牢，使檩条的节点稳定不致移位。

另外，当下层周檐廊部檩条发生滚动现象时，常常带动椽尾及承椽枋也向外扭闪，可在椽尾的承椽枋上附加一根枋木压住椽尾，即附加压椽木法，将此枋木用铁箍螺栓与承椽枋连接，使压椽木与承椽枋连为一体，夹住椽尾。

b. 檩子加固。

檩子上皮糟朽深度不超过直径 1/5 的即可认为是可用构件。砍净糟朽部分后，用相同树种的木料按原尺寸式样补配钉牢。

遇有折断情况裂纹贯穿上下时，通常需更换。如仅底部有折断裂纹，高度不超过直径的 1/4 时，可以加钉 1 ~ 2 道铁箍或用环氧树脂灌缝。

弯垂度超过构件长度的 1/100 的应更换新料，在此限度以内可在檩上皮钉椽处加钉木条垫平。木质完整时可试做翻转安装（即以檩底改做檩上皮）。

④毗卢阁梁架构件修缮做法。

依据：毗卢阁梁架保存完整，明间两缝梁架整体分别向西倾斜 2 cm、3 cm。部分梁架构件出现拔榫、弯曲、腐朽、开裂等残损现象。此次修缮需首先扶正归位倾闪的梁架。先期加固通裂的五架梁、踩步金及瓜柱，其方法为嵌补裂缝并束铁箍加固。对其余开裂或微朽的梁架构件等，依然采用楦缝、镶补、加施铁箍的方法。其设计依据为毗卢阁现状及现存的梁架形制。

具体做法如下：

a. 拆除。

首先进行拆除。将需要全部解体或局部解体的梁架全部编号后拆除，妥善保存；部分需要拆安归位的梁架由上至下全部拆除至加工棚内进行检修,待所有构件整修完毕后,原位归安。要先在地面进行预安装,再进行吊装。

b. 梁架拨正。

屋面拆除后,挑开椽飞,卸下望板,用杉篙、扎绑绳,绑好迎门戗(顺梁身方向,和梁身呈180°角的支撑斜柱)和搿门戗(在墙身中部,和梁身呈90°角的支撑斜柱),打好撞板(如果房屋歪闪严重,绑戗工作应在拆挑屋面之前做好,以免发生危险)。首先应将梁架木构件活动松开,逐一检查,再把梁架的各构件调整完成后,扶正梁架。

c. 构件加固。

干缩裂缝的处理:嵌补加固,即用木条和耐水性胶粘剂,将缝隙嵌补、黏结严实,再用铁箍加固。

拔榫的处理:榫头完整,因柱倾斜而脱榫时,可先将柱拨正,再用铁件拉结榫卯;梁枋完整,榫头腐朽、糟朽时,先将破损部分剔除干净,在梁枋端部开卯口,经防腐处理后,用新制的硬木榫头嵌入卯口内,并应在嵌接长度内用铁箍加固。

开裂的处理:用自制的长柄木工凿将梁身裂缝两侧及底面各类朽木分层剔至好木,再行修整,令截面呈内窄外宽的样式。依修整、剔朽后的形状和裂缝的总长修整嵌补的木条,预嵌无误后,在23 ℃至27 ℃的常温下,将配制好的环氧树脂粘接胶注入槽内(注入量以卯槽容积的1/3为宜),随即镶入木条。待粘接胶凝固后,用木刨随梁身外表做二次修整,令所补木条与梁身弧度、直顺度等保持一致。用生铁打制铁箍,在每根五架梁的梁头、梁尾与梁身中段各用铁箍一道,铁箍宽度根据构件截面而定,约占构件直径或截面高度的1/5。手工打制的铁箍断面为肋式,接头为倒刺钉式,不可使用另剔构件嵌设铁箍的方法加固。

梁头腐朽的处理:先将梁头四周的糟朽部分砍去,然后刨光,用木板依梁头原有断面尺寸包镶,用胶粘牢后,用钉钉牢(钉帽要嵌入板内),然后盘截梁头刨光,镶补梁头面板。

⑤毗卢阁东山墙墙内中柱下沉修缮做法。

依据:白马寺毗卢阁地勘报告及现场勘察结果显示,毗卢阁中柱柱根现状糟朽高度达0.8 m,柱脚下端高30 cm柱子糟朽严重,糟朽深度20 cm,内半侧柱子因糟朽而粉化,力自上向下传递受力面不均匀,导致柱子向内倾斜9 cm、下沉23 cm。根据中柱糟朽状况,得知现柱脚糟朽高度0.8 m,糟朽高度不超过1/3柱高,故此次设计应对柱脚糟朽处进行墩接处理。具体依据为毗卢阁现状及现存山墙内中柱形制。

具体做法为:

a. 毗卢阁屋顶卸荷,搭设脚手架支护并抬升上部梁架,在东山墙中柱部位墙体内壁开挖柱门,按设计图标高尺寸抄平檐柱柱头标高,墩接墙内柱脚糟朽的木柱。

b. 墩接所接的两节木柱各自刻去柱径的1/2,搭接长度至少应留40 cm。两截柱均要锯刻规矩、干净,使合抱的两面严实吻合。另需在墩接处上下各做一处暗榫相插,防止墩接的柱子滑动移位。墩接新柱脚料可用旧圆料截成,直径随柱,刻去一半后另一半作为榫子接抱为一体。

c. 墩接完毕后,做防腐处理(用桐油作为防腐隔潮剂,并添加5%的五氯酚钠或菊酯)。

d. 外用铁箍两道加固,铁箍规格为宽8~10 cm×厚0.3~0.5 cm。

e. 将中柱归位,并按中线垂直吊正后,用布瓦将柱包裹。

f. 用千斤顶将扶柱与戗杆等慢慢收回撤掉,将柱门处墙体补砌完整。

⑥毗卢阁斗拱修缮做法。

依据:毗卢阁斗拱损坏类型包括整攒下垂变形、构件被压弯或折断、坐斗劈裂变形、升耳缺失或升斗残缺、昂嘴断裂。此次修缮需在原位支戗上层上架大木构架后,对上下层周檐斗拱进行超平并扶正归位,对已经折断、变形、缺失、改制和残缺严重的拱枋和斗子进行补配、制安。具体依据为毗卢阁现状及现存的上下层周檐斗拱形制。

具体做法如下:

a. 整攒拆卸并制作。

先将上部梁架全部支顶牢固后拆卸斗拱。应先在原位捆绑牢固,整攒轻卸,标出部位,堆放整齐。斗拱的维修,应严格掌握尺度、形象和法式特征。添配昂嘴构件时,应拓出原形象,制成样板,经核对后,方可制作。此类修缮主要用于前檐斗拱的整修。

b. 斗拱构件的整修。

斗:劈裂为两半,断纹能对齐的,可继续使用;断纹不能对齐的或严重糟朽的要更换;升耳断落的,按原尺寸式样补配,粘牢钉固;斗平被压扁超过0.3 cm的可在斗口内用硬木薄板补齐,要求补板的木纹与原构件木纹一致,不超过0.3 cm的不修补。

拱:劈裂未断的可灌浆粘牢并在顶部剔槽加设宽8 cm、厚5 mm的铁板辅助受力,铁板长随拱长;左右扭曲不超过0.3 cm的可以继续使用,超过的进行更换;榫头断裂,但无糟朽现象的,可灌浆补牢,糟朽严重的可锯掉后接榫,用干燥的硬杂木依照原有榫头式样、尺寸制作,长度应超出旧有长度,两端与拱头粘牢,并用螺栓加固。

昂:昂嘴断裂的,将裂缝粘接与拱相平;若脱落,照原样用干燥硬杂木补配,与旧构件相接或榫接。

正心枋、外拽枋、挑檐枋等:劈裂纹的可用螺栓加固、灌缝补牢,部分糟朽者剔除糟朽部分,用木料补齐。整个糟朽超过断面2/5以上的或使断面折断的应更换。

c. 斗拱构件的更换。

更换构件的木料应用相同树种的干燥木料或接近树种的木料,依照样板进行复制。先做好更换构件的外形,榫卯部分暂时不做,留待安装时随更换构件所处部位的情况临时开卯,以保证搭交严密。重点修复的建筑物的斗拱在修缮时,对其细部处理应特别慎重,因为它们的时代特征明显,有时细微的变化都会反映时代的不同。因此,在制作此类构件时,不仅外轮廓需要严格按照标准样板,而且细部纹样也要进行描绘。

注:为防止斗拱构件的位移,在修缮斗拱时,应将小斗与拱间的暗销补齐,暗销的榫卯应

严实；对斗拱的残损构件，凡能用胶粘剂黏结而不影响受力者，均不得更换。

⑦毗卢阁木构件防腐做法。

古代建筑木构件现场防腐处理是在保持文物建筑原状、不拆卸的状况下进行的。针对建筑构件的类型、形状、位置等情况，对寺内建筑构件的防腐措施是采取一定方式对糟朽构件及其重点部位进行处理。

处理药剂为 mFB－1（硼酸盐类），其特性为水溶性、防腐、防蠹虫、阻燃。

选择适用的工艺如喷淋、涂刷和吊瓶注射等，使防腐药剂进入木构件中，并尽可能深入其内部且均匀渗透于木构件。

喷淋工艺：为减少药剂的损失应随时调节雾滴大小和喷淋速度，将药剂均匀地喷淋在构件表面，使木构件表面充分湿润，每次处理完后要用塑料薄膜包裹严密后静置 4～5 天，使药剂分子在木构件中充分扩散，待木材稍干后进行第二次喷淋。针对新换构件或含水率高的木构件可重复多次喷淋，以达到预期效果。

对毗卢阁东山墙内柱柱根糟朽处墩接后，对于保留部位仍需进行防腐处理，在墩接部位上方 30～50 cm 处，向中心钻一个呈 45°向下倾斜的洞，直径 5～7 mm，深需达木柱中心。取好洞之后，将滴液管插入洞中，直到洞底部，并在洞口处将滴液管固定。在吊瓶内装入适量的 mFB－1 防腐剂悬挂于洞口上方，调整滴液速度，确保滴液不从洞口溢出即可。

⑧毗卢阁墙体酥碱条砖修缮做法。

依据：毗卢阁周檐墙体因常年雨水反溅，现四面墙体高 0.5 m 范围内条砖酥碱，最大酥碱深度 2 cm。本次修缮设计需对其进行剔补加固处理。具体依据为毗卢阁现状、勘测结论及现存周檐墙体形制。具体做法如下：

先把要剔除部位边沿的每块残破条砖用切割机从灰缝处切开，并在已酥碱的条砖立面上切割 2～3 道，便于条砖剔除，然后用长柄凿和斧子先在每块残砖的四周开凿（用力要适度，不能破坏周边好砖），将边沿酥碱部分凿掉后，再用长柄凿把中部的残砖逐块凿除，剔除的深度标准是见到好砖为止，凿去的面积应是单个整砖的整倍数。

把凿去部位内部杂物清除干净，用水洇湿，然后按原墙体砖的规格重新砍制，用砍磨好的条砖照原样用原做法重新补砌好，背里用灰背实，灰缝用白灰浆勾抿，把灰缝压实扫严，并顺色做旧。

⑨毗卢阁墙体砌筑设计修缮做法。

依据：周檐墙体保存完整，东山墙中段墙体向殿内倾斜，倾斜最大值 10 cm，南段外壁上部竖向开裂一道，裂缝长 2 m、宽 2 cm；前檐两次间槛墙及前檐两稍间、两山墙和后檐墙体上部高 0.5 m 范围为后人用机砖补砌。本次修缮拟拆除现前檐两次间槛墙和前檐两稍间、两山墙及后檐墙体上部机砖墙体后，按墙体下部现存小城砖规格及砌筑方式重新补砌拆除部分。

对毗卢阁所有墙内柱开柱门，排除其柱根糟朽病变情况。

⑩毗卢阁墙体内壁抹灰工程修缮做法。

依据:毗卢阁殿内周圈檐墙内壁原抹灰现已不存,现内壁墙面为 20 世纪 70 年代维修时,匠人用水泥补抹并外罩白灰,墙体表面现大面积泛潮。此次修缮需铲除墙体内壁今人不当干预的水泥抹面后重新抹制。具体做法如下:

a. 用腻子刀手工剔除墙面上的水泥层至剔除干净,剔除内部各类酥松土坯砖,清除墙面的各类浮尘、碎屑。

b. 为使抹灰层与砌体得到有效衔接,首先应分批次充分洇湿墙面,保证抹灰层与背里砌体有效衔接。

c. 采用传统方法在砖缝之间钉设竹签(直径 5 ~ 6 mm,长 13 ~ 15 cm,端部开槽用以缠麻),竹签分布为梅花布点状,相邻签距以 50 cm 为宜;之后在竹签外端缠披长约 1 m 的麻揪。

d. 用砂子灰(中砂: 白灰 =6: 4)石旋底;抹灰时需随抹随将麻揪均匀地呈扇形辐射状翻披至砂子灰底的上面。利用白灰、中砂拌和的泥浆打底较麦秸泥更易与背里壁面相衔接,但不可掺入水泥,使其具备可再处理性。

⑪毗卢阁前檐装修修缮做法。

依据:毗卢阁前檐装修整体保存完整,现状局部棂条糟朽、残缺。此次修缮需对糟朽、残缺的棂条进行补配,补配时应根据旧棂条的样式或残存卯口规格,依样配制。

单根做好后,进行试装,完全合适时,再与旧棂条拼合粘牢。新旧棂条接口应抹斜,背后要加钉薄铁片拉固。

⑫毗卢阁地面、散水恢复修缮做法。

依据:经勘察发现,毗卢阁殿内东北角尚保存有原地面铺装,面积约 4 m^2,做法为 380 mm × 380 mm × 60 mm 方砖十字缝铺墁。可将此作为毗卢阁室内地面铺装恢复依据。同时,增设散水。

地面具体措施如下:

a. 清除现水泥地面及渣土后原土夯实。

b. 灰土夯实(一步)厚 150 mm;灰土拌和前需过筛,灰土垫层中的白灰选用水泼灰,黄土选用生土;夯实后的灰土干容度需达到 1.55 ~ 1.57 g/cm^3。

c. 掺灰泥坐底厚 25 mm,为了保证院面排水通畅、灰浆不冻、地面整洁,需用水泼灰浆坐底。

d. 用 380 mm × 380 mm × 60 mm 的方砖按设计图纸要求进行铺墁;墁地时间尽量调整在农历秋分之前,可以防止墁地方砖间灰缝中的白灰因受冻而酥裂。

e. 青灰勾抿,局部砖药打点。砖药配比:七成白灰,三成砖面,少许青灰加水调匀。

散水具体措施如下:

a. 清除台明四周宽 900 mm 范围内水泥至设计标高后原土夯实。

b. 灰土夯实厚 150 mm；灰土拌和前需过筛，灰土垫层中的白灰选用水泼灰，黄土选用生土；夯实后的灰土干容度需达到 1.55 ~ 1.57 g/cm^3。

c. 掺灰泥坐底厚 25 mm，为保证散水地面排水通畅、灰浆不冻、地面整洁，需用水泼灰浆坐底。

d. 用 380 mm × 380 mm × 60 mm 的方砖按设计图纸要求分趟铺墁；墁地时间尽量调整在农历秋分之前，以防止墁地方砖间灰缝中的白灰因受冻而酥裂。

e. 青灰勾抿，局部砖药打点。砖药配比：七成白灰，三成砖面，少许青灰加水调匀。

⑬毗卢阁油饰工程做法。

依据：对毗卢阁新配构件及表面油饰起甲严重的装修构件均依传统做法进行油饰做旧处理。具体做法如下：

a. 配制材料：以油满、血料和砖灰配置，其配比依腻子的用途确定。

b. 处理木构件的基层：斩砍见木—撕缝—下竹钉—汁浆。

c. 做一麻五灰：捉缝灰—扫荡灰—使麻—压麻灰—中灰—细灰—磨细钻生。

d. 刷油三道：浆灰—细腻子—垫光头道油—二道油（本色）—三道油（朱色）—罩清油（光油）。

外檐装修槛框做一麻五灰地仗，隔扇芯屉只做单披灰（三道灰），刷油三道。

⑭毗卢阁拱眼壁画及殿内塑像保护修缮做法。

a. 拱眼壁画的保护。

拱眼壁画主要存在于拱眼壁上，在此次保护中主要以“原状保护”为主，壁画表面油污、污渍、开裂等的处理需编制专项方案进行。

注：壁画的维修保护，因文物建筑壁画的现存状况不尽相同而需要采取不同的技术措施。在工程项目实施前，应制定详细的施工组织设计及实施措施，根据具体情况区别对待。壁画的修复则须编制专项设计方案方可恢复。

b. 塑像的保护。

工程开工前搭设原位保护架，就地支搭架板，搭设保护板、篷布、油毡，达到防潮、防御、防碰撞的目的。修缮工程结束后，原位保护架的拆除同样要引起安全方面的足够重视。

（3）竺法兰殿、摄摩腾殿。

①屋面瓦顶查补修缮做法。

对摄摩腾殿、竺法兰殿采取查补屋面的措施，具体做法及瓦件、脊饰的补配以摄摩腾殿、竺法兰殿现状及现存的瓦件、脊饰为设计依据。

a. 前后坡瓦顶上部因筒瓦脱节而发生漏雨的情况应采用筒瓦捉节的方法进行处理：先将脱节的部分清理干净并用水洇湿；用同样规格、材质的瓦件更换破碎的瓦件；用小麻刀灰将缝塞严勾平；最后将瓦垄刷月白灰一道。

b. 两山瓦顶因底瓦碎裂发生渗漏的情况应采用抽换底瓦的方法进行处理：先将上部底

瓦和两边筒瓦撬松;取出坏瓦并将瓦底泥铲掉;用同样规格、材质的瓦件更换破碎的瓦件,铺灰按原样瓦好;对被撬动的筒瓦进行夹陇。

②木构架裂缝修缮做法。

用自制的长柄木工凿将梁身裂缝两侧及底面各类朽木分层剔至好木,再行修整,令截面呈内窄外宽的样式。依修整、剔朽后的形状和裂缝的总长修整嵌补的木条,预嵌无误后,在23 ℃至27 ℃的常温下,将配制好的环氧树脂粘接胶注入槽内(注入量以卯槽容积的1/3为宜)。随即镶入木条。待粘接胶凝固后,用木刨随梁身外表做二次修整,令所补木条与梁身弧度、直顺度等保持一致。用生铁打制铁箍,在每根五架梁的梁头、梁尾与梁身中段各用铁箍一道,铁箍宽度根据构件截面而定,约占构件直径或截面高度的1/5。手工打制的铁箍断面为肋式,接头为倒刺钉式,不可使用另剔构件嵌设铁箍的方法加固。

③地面、散水修缮做法。

摄摩腾殿现状地面12.3 m^2 为水泥抹面,其余为现代地砖铺墁,竺法兰殿现状地面为现代地砖铺墁。两配殿的地面铺装形式均破坏了建筑原有的真实性,因此应予以恢复。当前,两配殿原有的铺装方式已全部不存,因此需重新设计。考虑两配殿建筑与轴线建筑(毗卢阁地面铺墁青砖为380 mm×380 mm×60 mm)之间的等级区别,两侧附属建筑铺装方式设计为十字错缝铺墁,砖规为300 mm×300 mm×60 mm,按带刀缝方式铺装(灰缝4～6 mm)。此次设计首先需铲除现殿内外今人不当干预所抹的水泥地面,重做灰土垫层后,用规格为300 mm×300 mm×60 mm的方砖重墁地面。具体做法如下:

a. 清除现水泥地面及渣土后原土夯实。

b. 灰土夯实一步厚150 mm(散水两步厚300 mm);灰土拌和前需过筛,灰土垫层中的白灰选用水泼灰,黄土选用生土;夯实后的灰土干容度需达到1.55～1.57 g/cm^3。

c. 掺灰泥坐底厚25 mm,为了保证院面排水通畅、灰浆不冻、地面整洁,需用水泼灰浆坐底。

d. 用300 mm×300 mm×60 mm的方砖按设计图纸要求进行铺墁。

e. 青灰勾抿,局部砖药打点。砖药配比:七成白灰,三成砖面,少许青灰加水调匀。

2.4.2.5　施工材料要求

(1)添配的砖瓦,规格照图(图纸上砖瓦尺寸是择其符合殿宇时代特征和依原制绘制的)。制作时用无砂粒黏土澄浆细泥拌和制坯,规格准确、火候适度,成品敲击响亮清脆、色泽合度、砍磨后无蜂窝砂眼,耐压力100 kN。

(2)加固补配用铁活,铁件铁钉等均采用现场度量、手工打制,不得采用市场机制圆钉及其他替代品,这样做主要是为了保持原件的工艺及特点等。殿顶添配的勾头、滴水、脊饰、吻兽、脊筒等,形体、风格、规格、色泽、手法等必须与原制相符。甘子土过箩澄浆,拌和周到,烧造时火候要足。于旧物上补接新片,应先行橡皮泥顺楂制模后,再行捏制成型,过火制成,保证新旧件的接缝良好。在安装时于各脊筒内钉设脊桩后,灌注木炭和灰浆,搭拼处用扒钉连固。

另外，白灰过淋，黄土过筛，砖瓦需白灰浆浸泡，麦草、麻刀不朽等常规要求都是应该注意的。

（3）新补配的木构件所用木材含水率技术要求范围在 20% ~25%。新配木装修构件所用木材含水率技术要求范围在 12% ~15%。所有使用木材要有含水率测试检验书；任何用材不允许带有腐朽，而且绝对禁止使用；望板、椽飞用落叶松，不能有断层、裂缝，不能用木表皮。

（4）所有的材料必须有合格证、检验证。

2.4.2.6　施工顺序

本次工程中涉及修缮的建筑包括清凉台及其台顶建筑，存在多处交叉施工，为保证科学施工，清凉台及其台顶建筑保护修缮顺序如下：

（1）台顶卸荷，拆除台顶后人搭建建筑，并清运台顶所有建筑垃圾至指定地点。

（2）加强对清凉台北侧台体鼓凸严重部位的临时支护工作。

（3）支顶毗卢阁殿顶，修缮东山墙糟朽中柱及毗卢阁其他病害。

（4）修缮清凉台台体裂缝、酥碱等本体存在的各类病害的同时，修缮清凉台其他建筑，包括清凉台大门及台阶、竺法兰殿、摄摩腾殿。

（5）结合台顶防水、排水工程，重新铺墁台顶，并砌筑花栏墙。

（6）重做清凉台散水。

2.4.2.7　工程注意事项

（1）由于当前勘察中难以对建筑的部分隐蔽部位勘察全面、到位，因此，主管部门、设计方、施工方应在修缮保护工程实施中，随时注意补查，发现问题，以便及时补充、调整或变更设计。

（2）在维修过程中，如有新的残损现象，应根据实际情况，做好详细记录，并在专业技术人员的指导下，遵照文物维修的原则处理。

（3）施工前要重新核实现场和工作内容，提前备料，在有充分准备的条件下再开始施工，以便尽量缩短工期。缩短工程实施周期，减少景区正常的对外开放影响。

（4）在施工过程的每一阶段，都要做详细记录，包括文字、图纸和照片，留取完备的工程技术档案资料。所有新配构件（包括局部拼补构件）要有详细的记录档案并注有年代标识，木构件用墨书题记，瓦件烧制时要打年代戳记，用以反映本次维修的痕迹，增加可识别性。

（5）修缮施工过程中，根据施工对象（文物建筑）的先后顺序，区分施工区与游览区，保证文物景区的正常开放和游客的人身安全。

（6）寺内现存可移动的石质、金属类文物（如石刻、铜钟等）保存较好，在施工中需对其搭设保护架进行保护，防止施工对其造成不必要的干扰、破坏。

（7）对更换原有构件，应持慎重的态度，凡能修补加固的应设法最大限度保留原件。凡维修中换下的原物、原件不得擅自处理，应统一由文物主管部门安置。

2.4.3　白马寺清凉台及其台顶建筑现状测绘图与修缮图对比

1. 白马寺总平面图(图2.4.99)

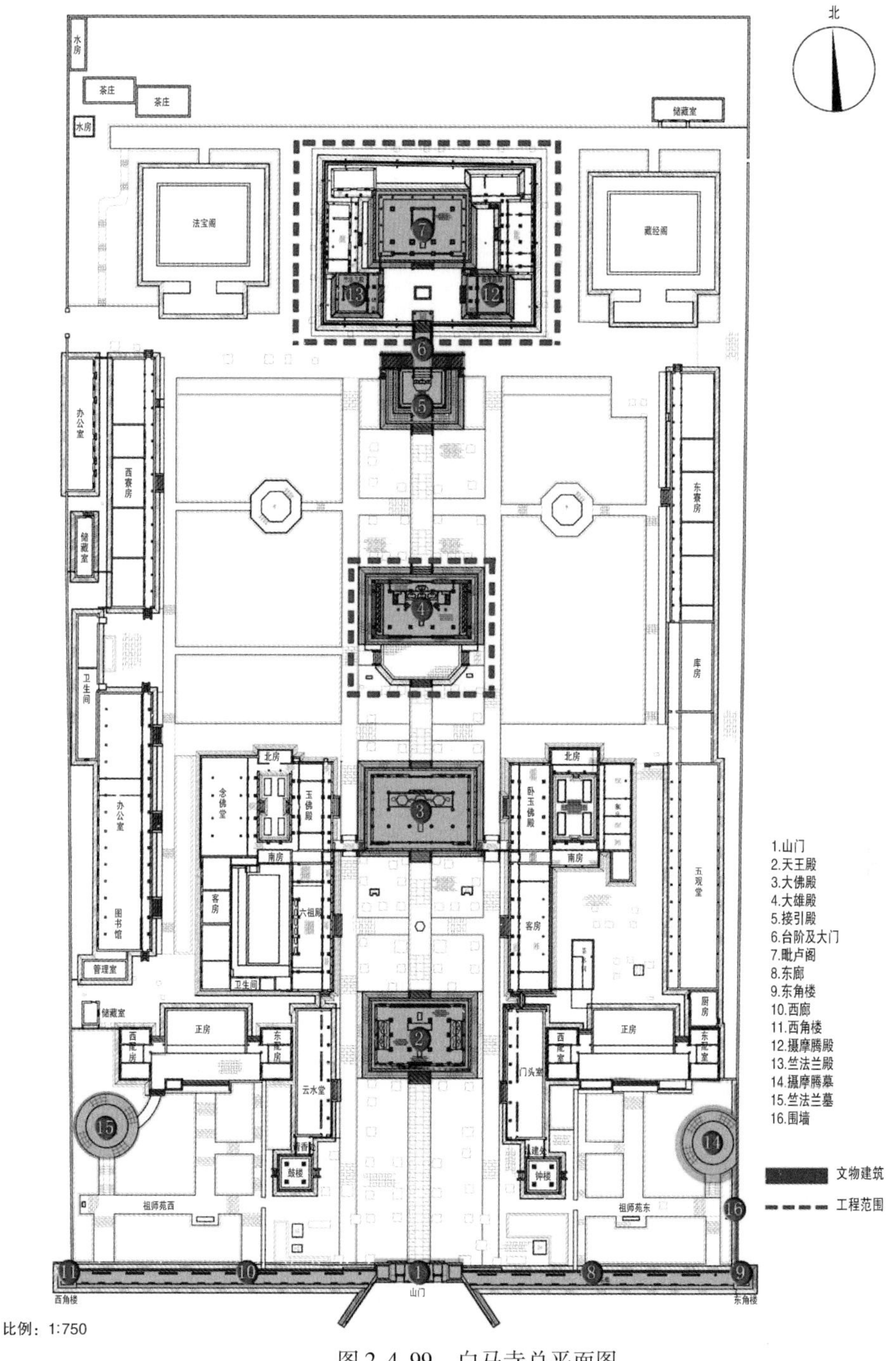

图2.4.99　白马寺总平面图

2. 清凉台实测图与修缮图

(1)清凉台实测总平面图(图 2.4.100)。

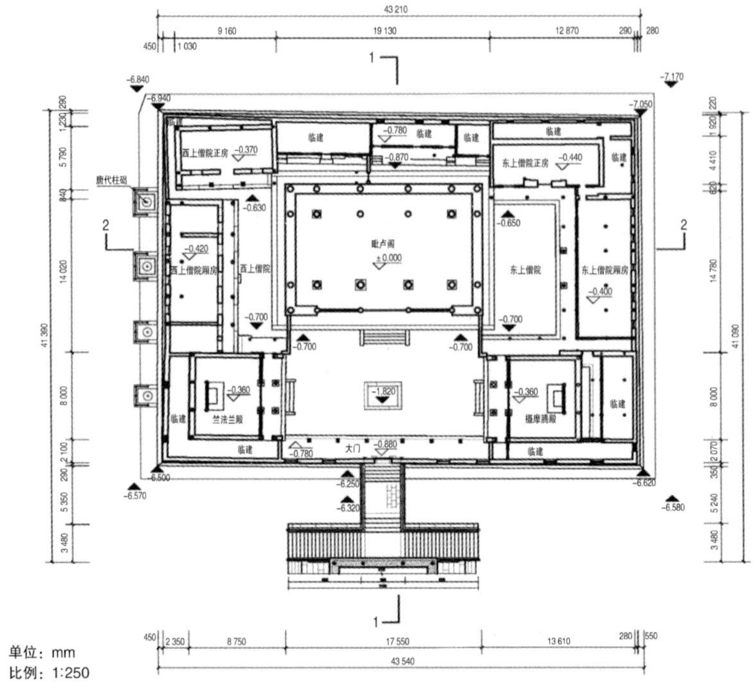

图 2.4.100　清凉台实测总平面图

(2)清凉台修缮总平面图(图 2.4.101)。

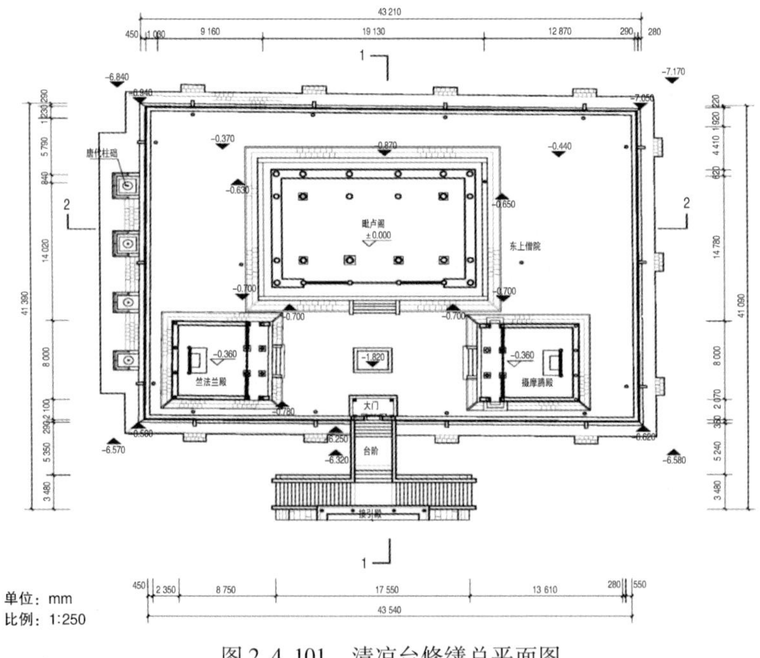

图 2.4.101　清凉台修缮总平面图

(3)清凉台南立面实测图(图 2.4.102)。

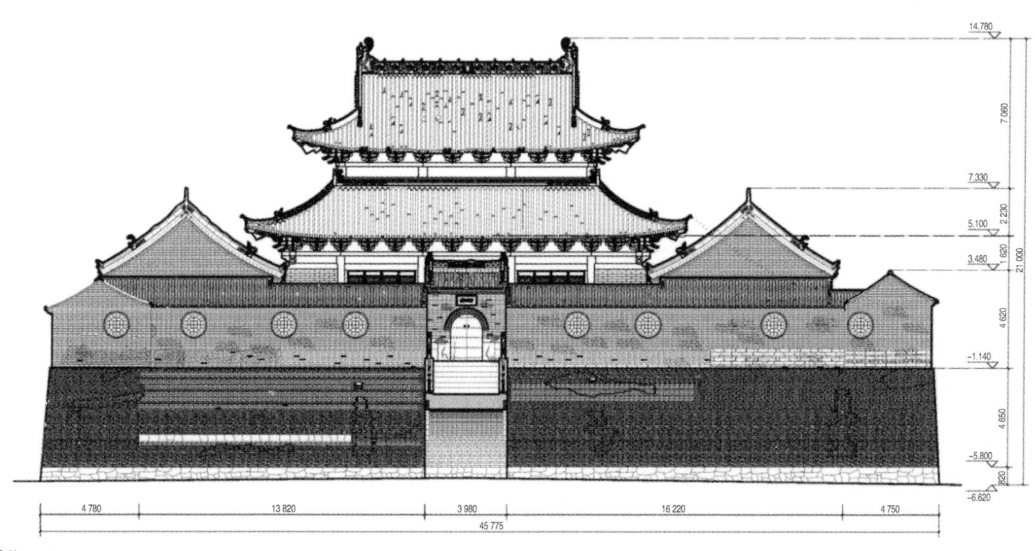

图 2.4.102　清凉台南立面实测图

(4)清凉台南立面修缮图(图 2.4.103)。

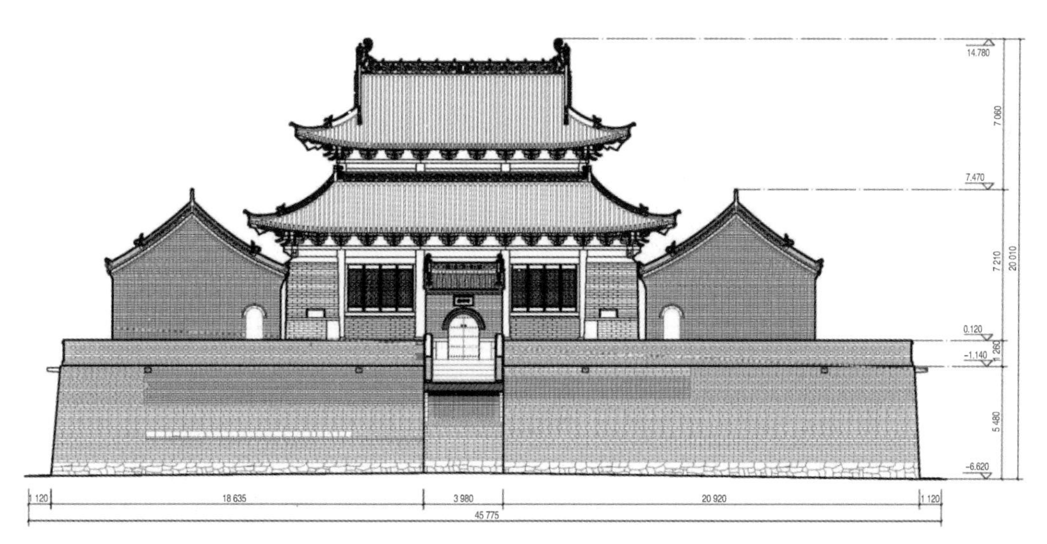

图 2.4.103　清凉台南立面修缮图

(5)清凉台西立面实测图(图 2.4.104)。

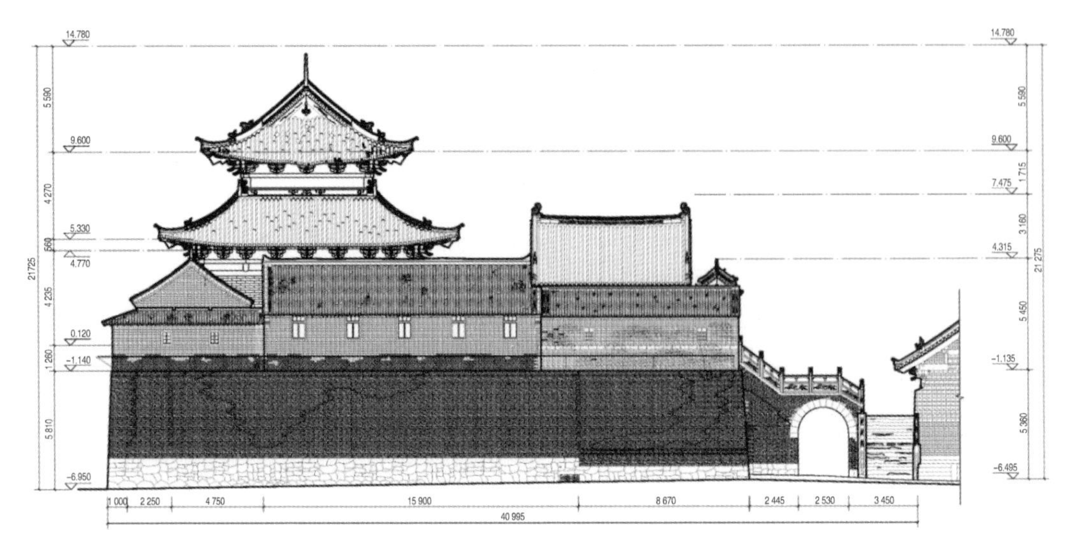

单位：mm
比例：1:100

图 2.4.104　清凉台西立面实测图

(6)清凉台西立面修缮图(图 2.4.105)。

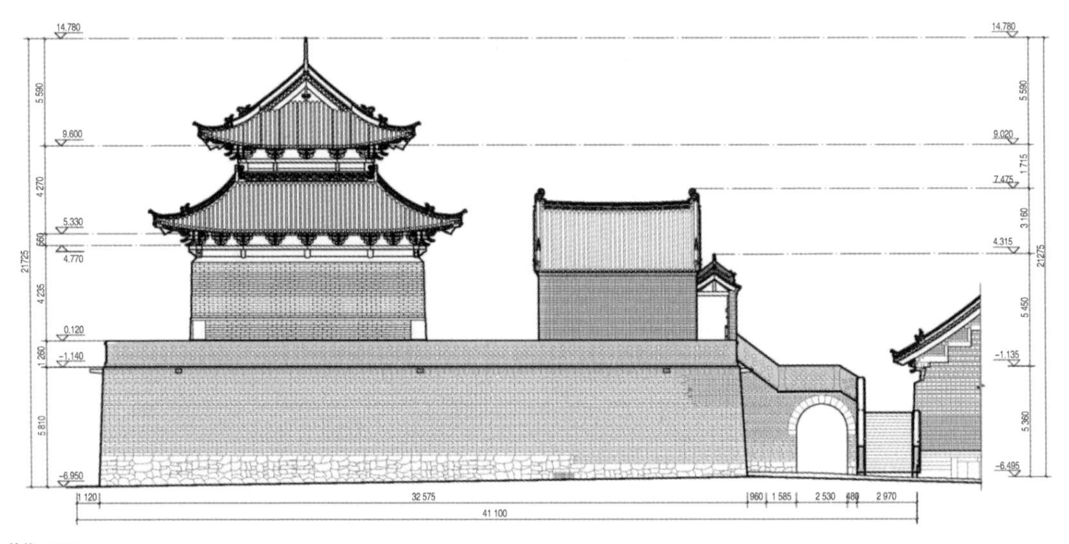

单位：mm
比例：1:100

图 2.4.105　清凉台西立面修缮图

(7)清凉台北立面实测图(图 2.4.106)。

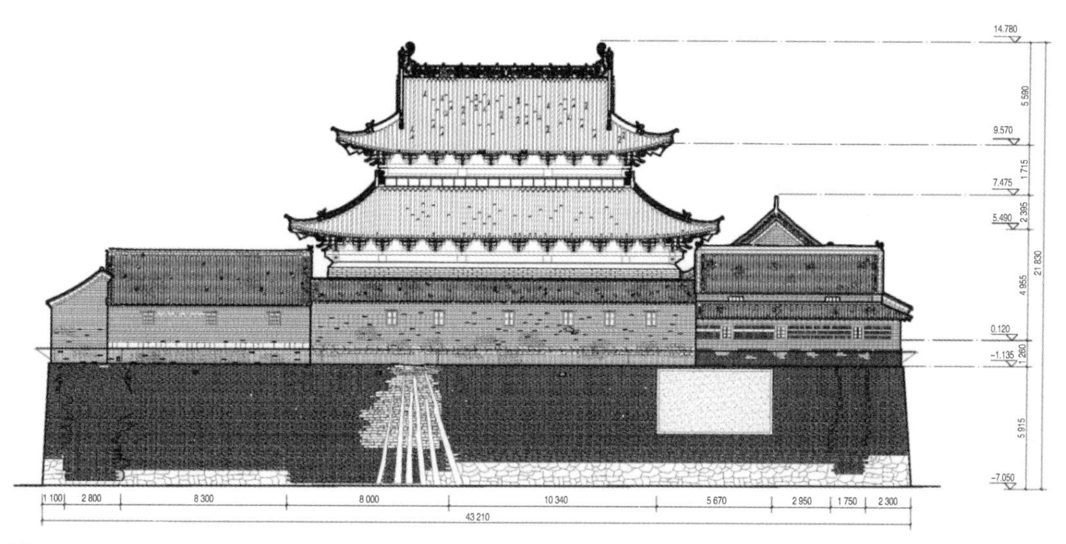

单位：mm
比例：1:100

图 2.4.106　清凉台北立面实测图

(8)清凉台北立面修缮图(图 2.4.107)。

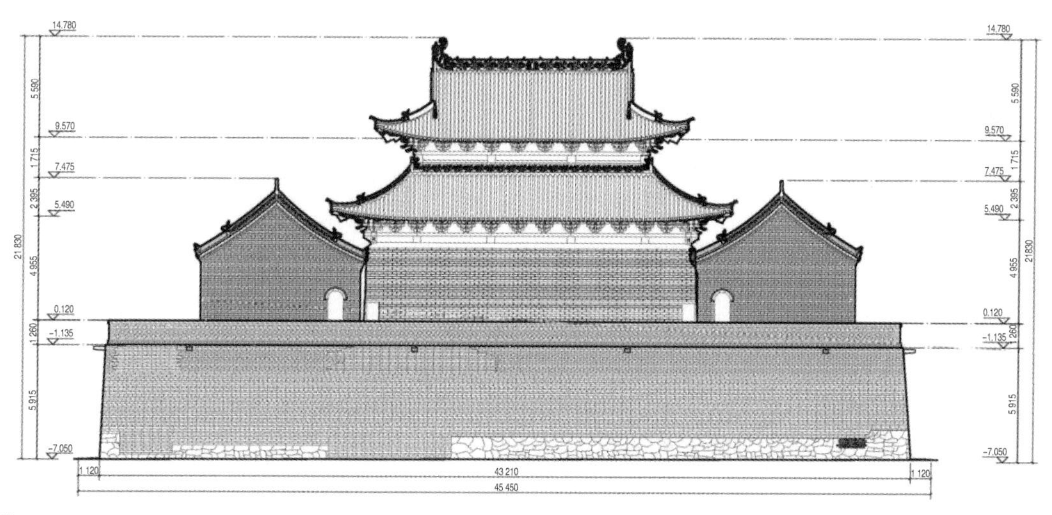

单位：mm
比例：1:100

图 2.4.107　清凉台北立面修缮图

(9)清凉台东立面实测图(图 2.4.108)。

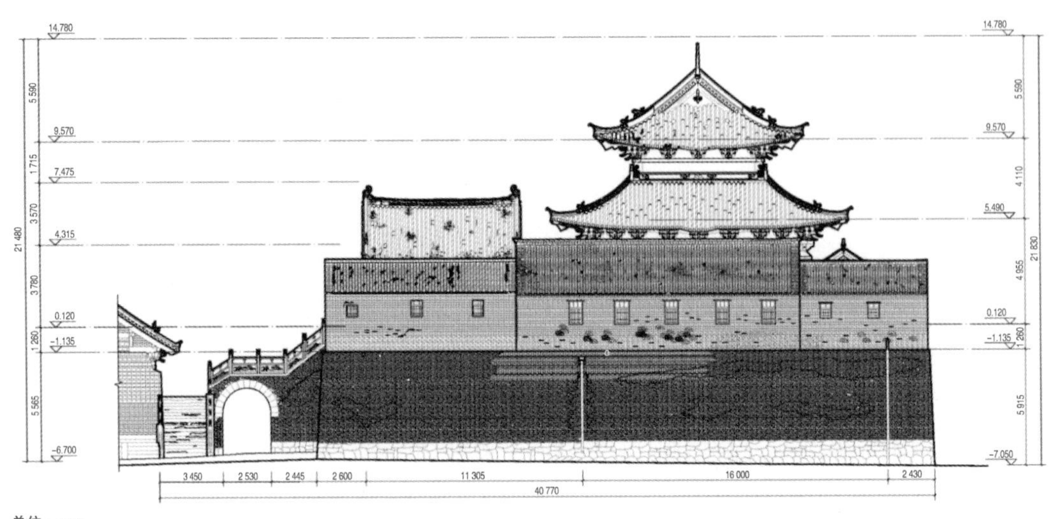

单位：mm
比例：1:100

图 2.4.108　清凉台东立面实测图

(10)清凉台东立面修缮图(图 2.4.109)。

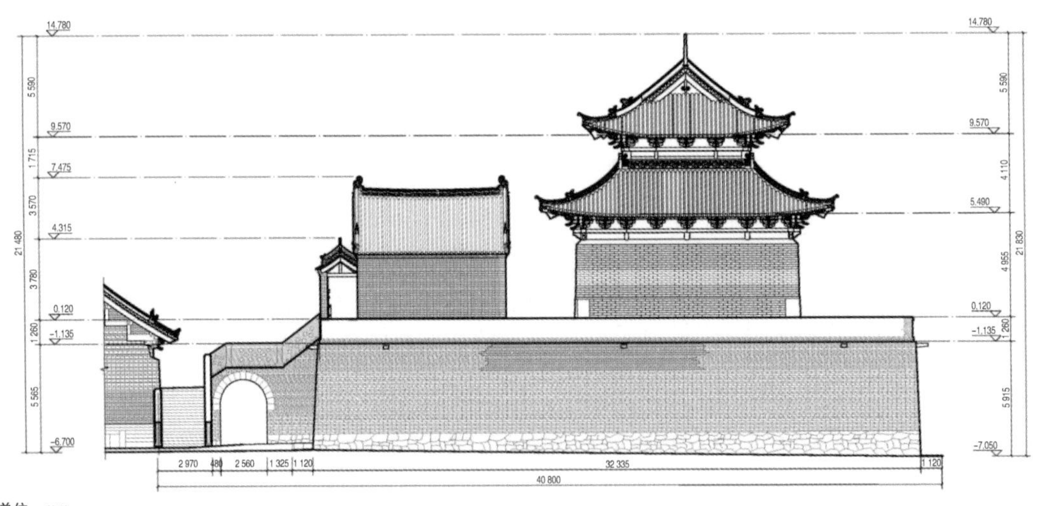

单位：mm
比例：1:100

图 2.4.109　清凉台东立面修缮图

(11)清凉台横剖面实测图(图 2.4.110)。

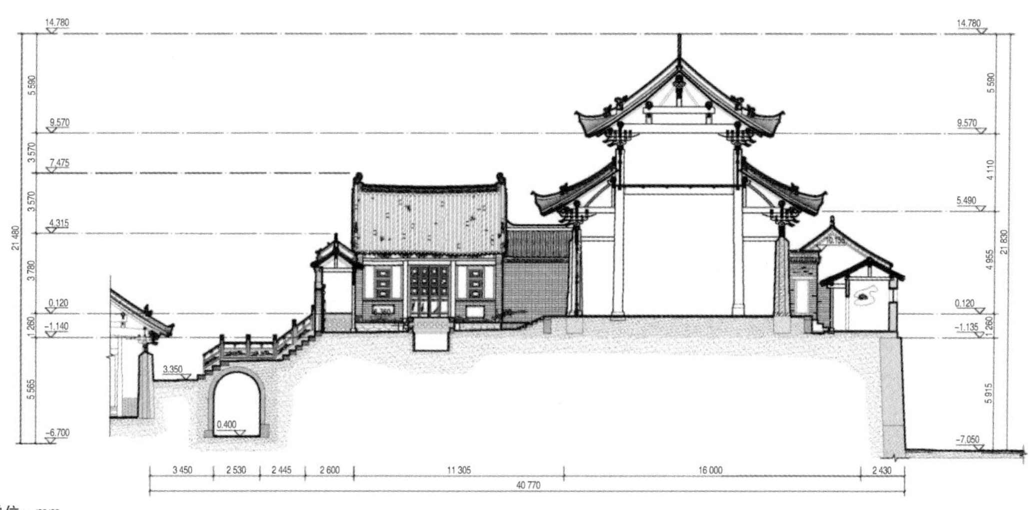

单位：mm
比例：1:100

图 2.4.110　清凉台横剖面实测图

(12)清凉台横剖面修缮图(图 2.4.111)。

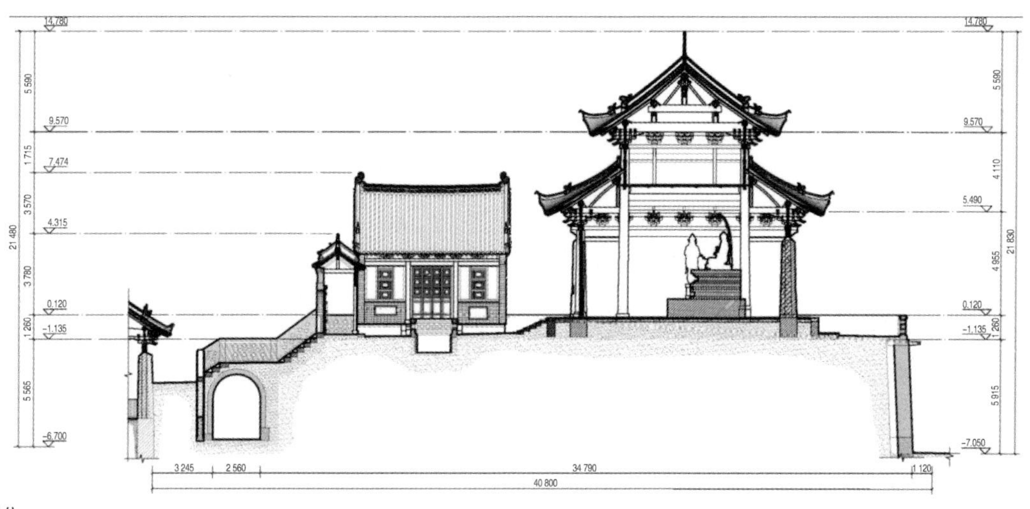

单位：mm
比例：1:100

图 2.4.111　清凉台横剖面修缮图

3. 清凉台大门及台阶实测图与修缮图

（1）清凉台大门及台阶实测图（图 2.4.112）。

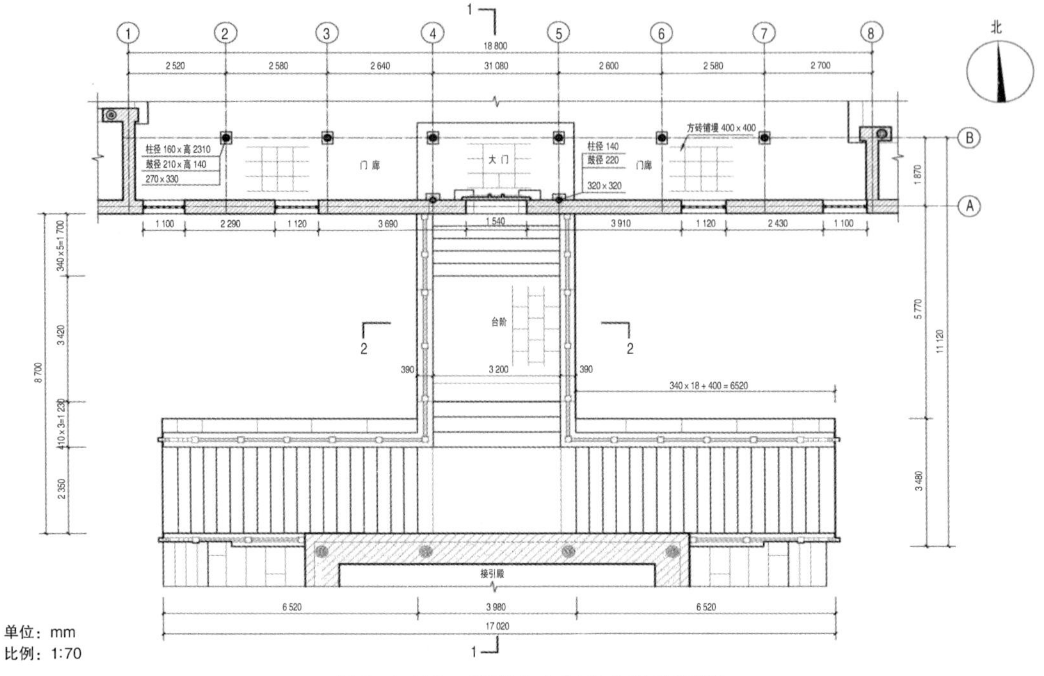

图 2.4.112　清凉台大门及台阶实测图

（2）清凉台大门及台阶修缮图（图 2.4.113）。

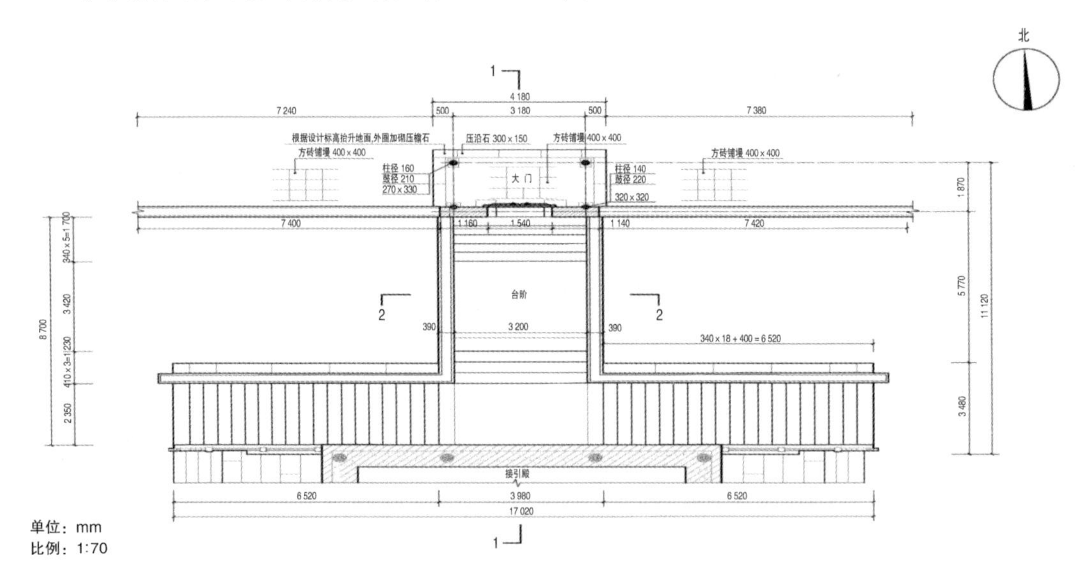

图 2.4.113　清凉台大门及台阶修缮图

(3)清凉台大门及台阶南立面实测图(图2.4.114)。

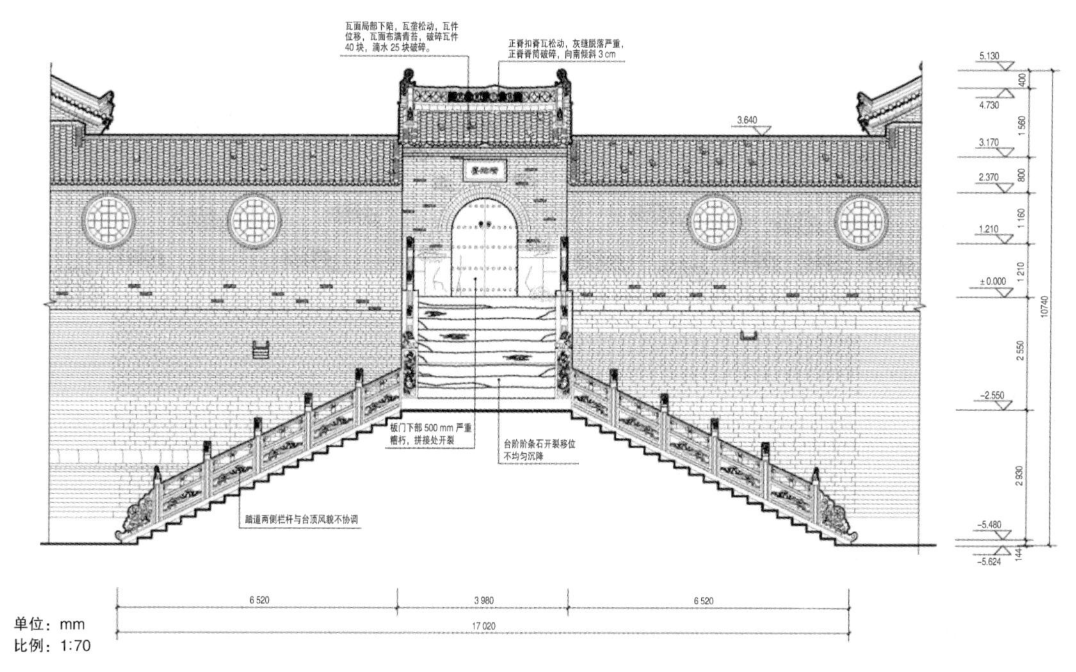

图2.4.114　清凉台大门及台阶南立面实测图

(4)清凉台大门及台阶南立面修缮图(图2.4.115)。

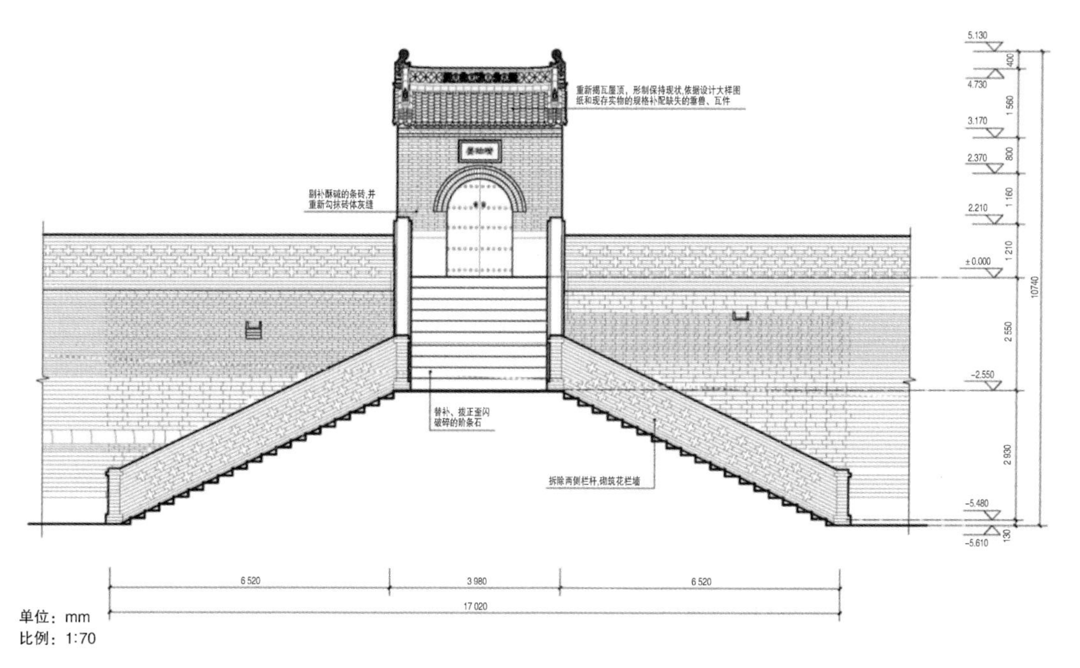

图2.4.115　清凉台大门及台阶南立面修缮图

(5)清凉台大门及台阶北立面实测图(图 2.4.116)。

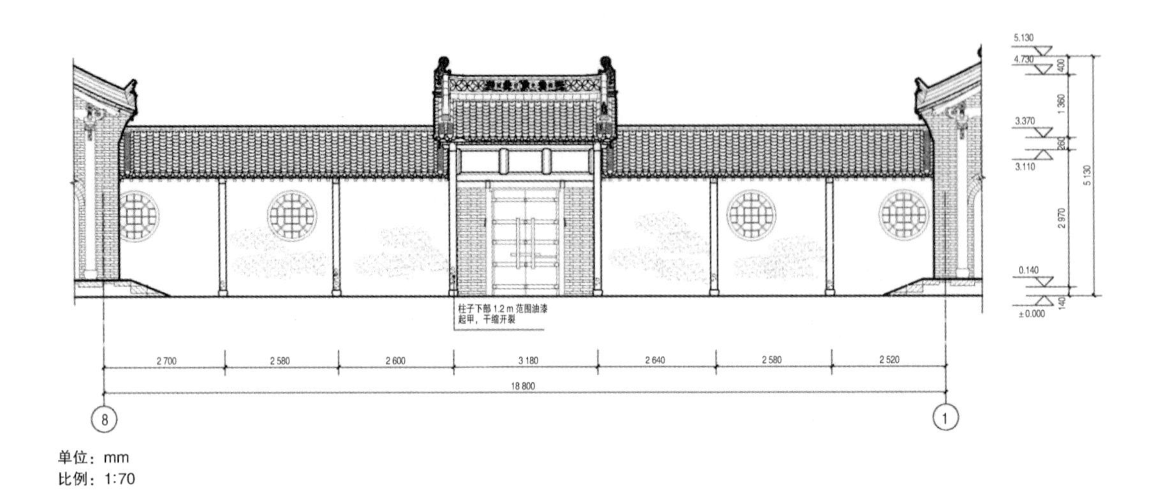

图 2.4.116　清凉台大门及台阶北立面实测图

(6)清凉台大门及台阶北立面修缮图(图 2.4.117)。

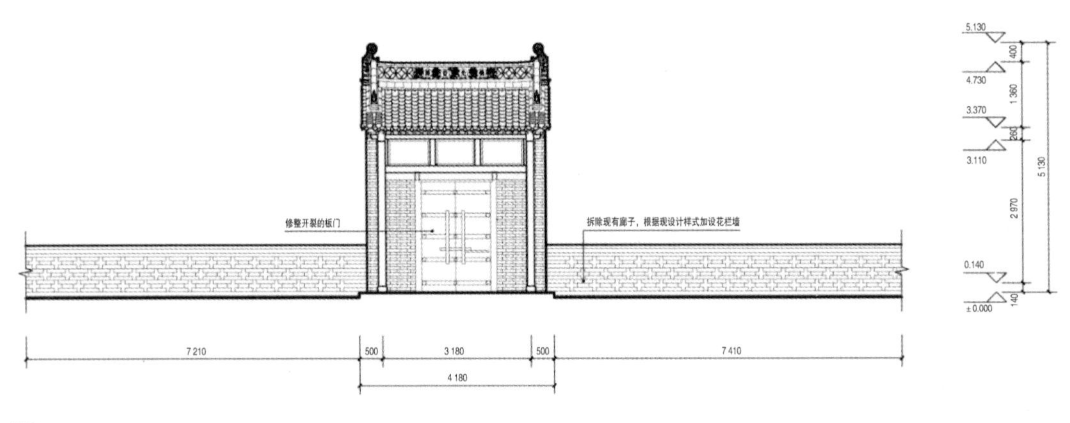

图 2.4.117　清凉台大门及台阶北立面修缮图

(7)清凉台大门及台阶侧立面实测图(图 2.4.118)。

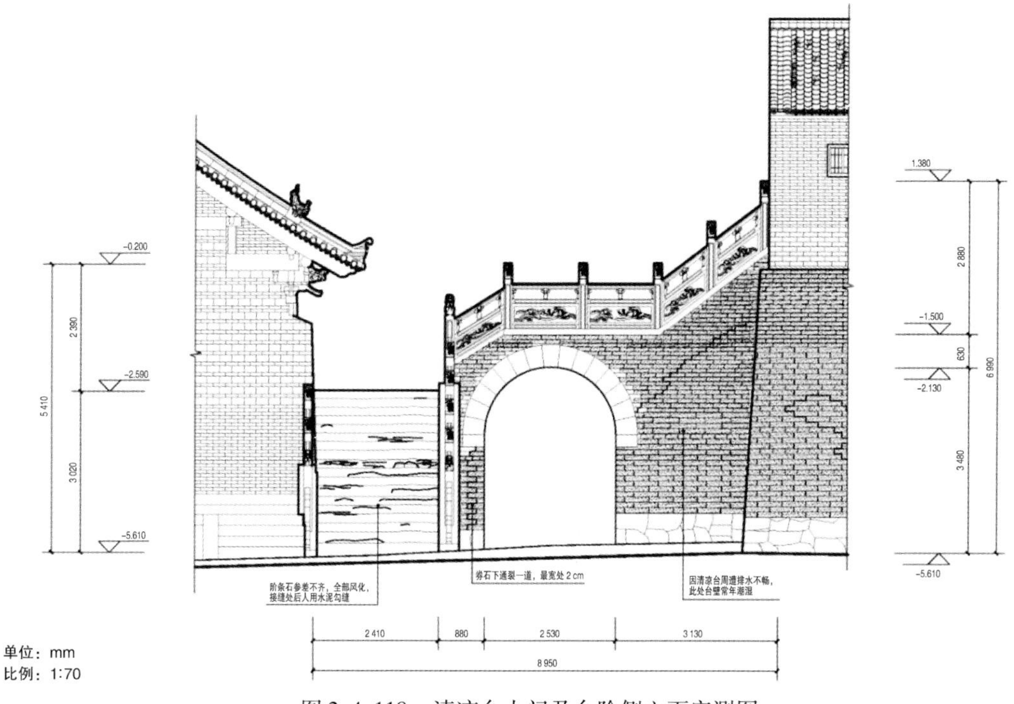

图 2.4.118　清凉台大门及台阶侧立面实测图

(8)清凉台大门及台阶侧立面修缮图(图 2.4.119)。

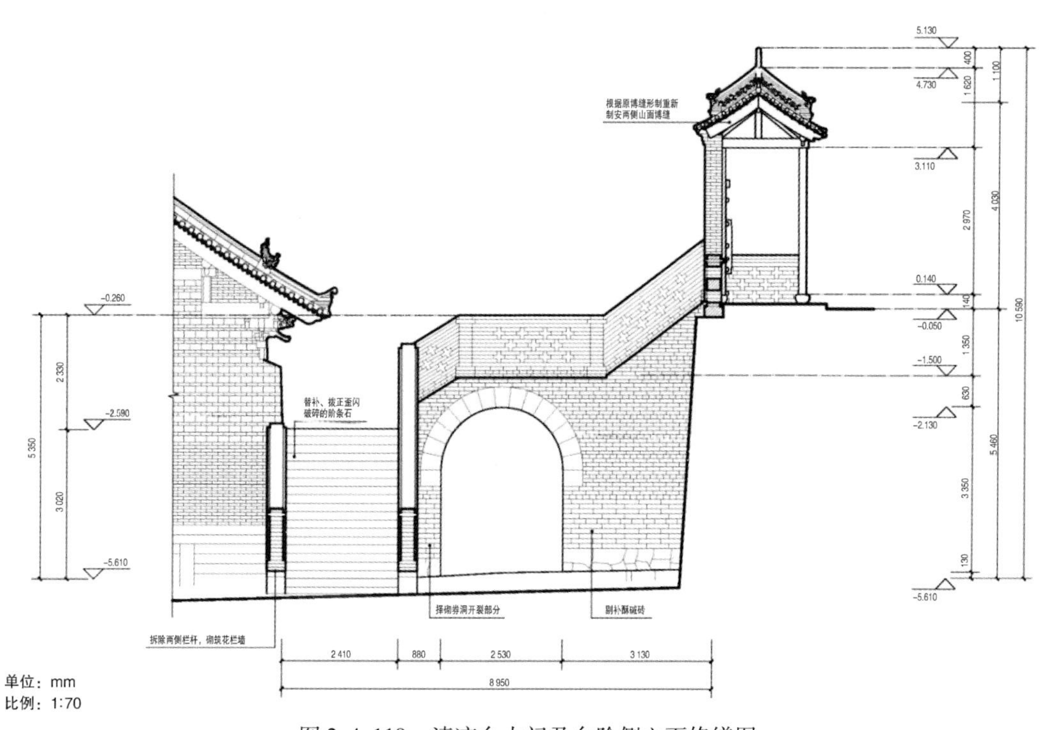

图 2.4.119　清凉台大门及台阶侧立面修缮图

(9)清凉台大门及台阶横剖面实测图(图 2.4.120)。

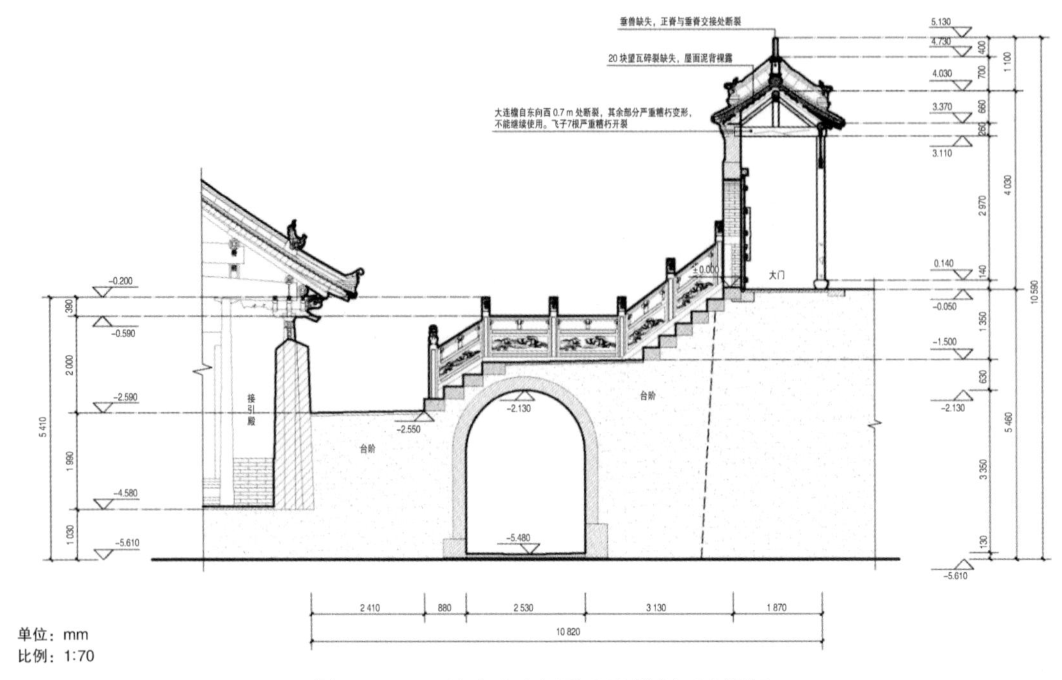

图 2.4.120　清凉台大门及台阶横剖面实测图

(10)清凉台大门及台阶横剖面修缮图(图 2.4.121)。

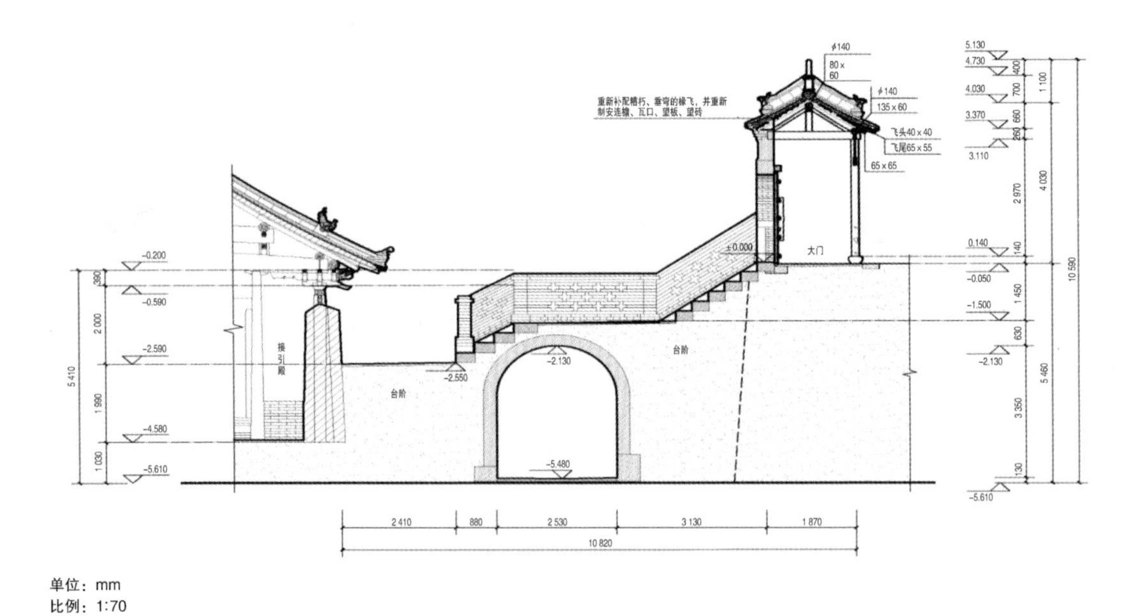

图 2.4.121　清凉台大门及台阶横剖面修缮图

(11)清凉台台阶纵剖面实测图(图 2.4.122)。

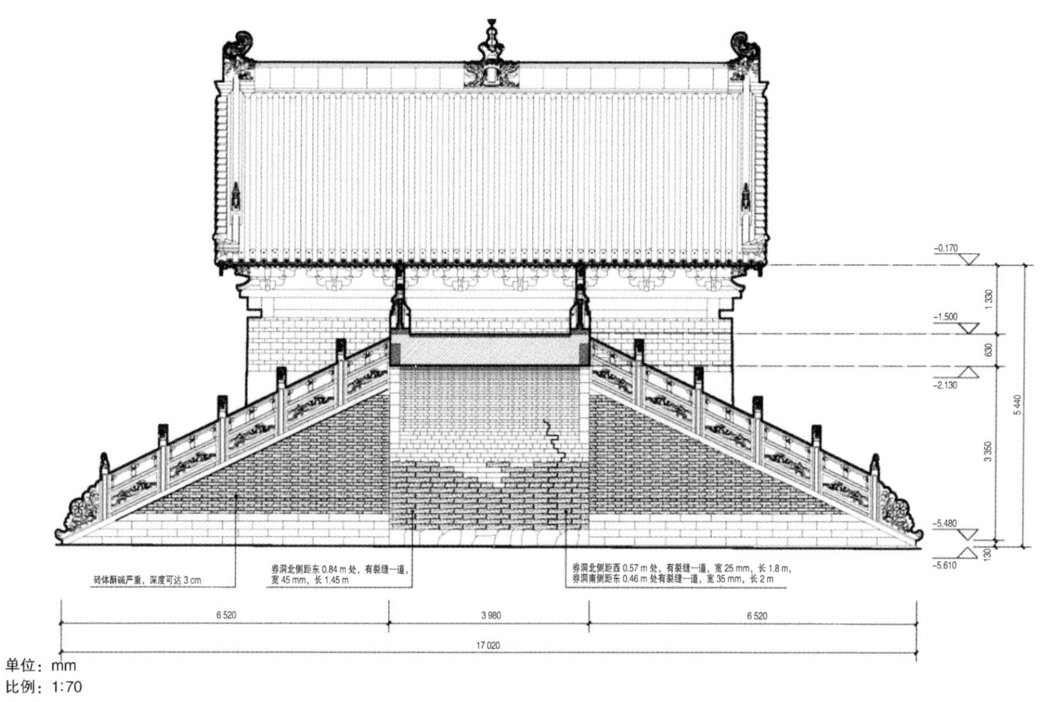

图 2.4.122　清凉台台阶纵剖面实测图

(12)清凉台台阶纵剖面修缮图(图 2.4.123)。

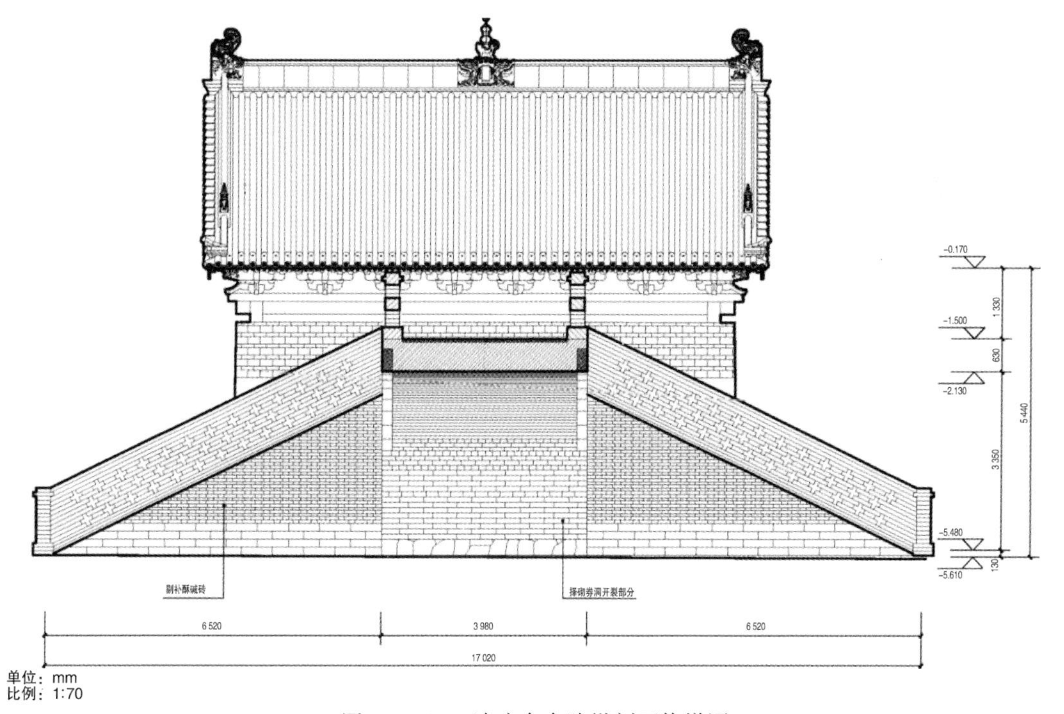

图 2.4.123　清凉台台阶纵剖面修缮图

（13）清凉台及台阶装修大样图（图2.4.124）。

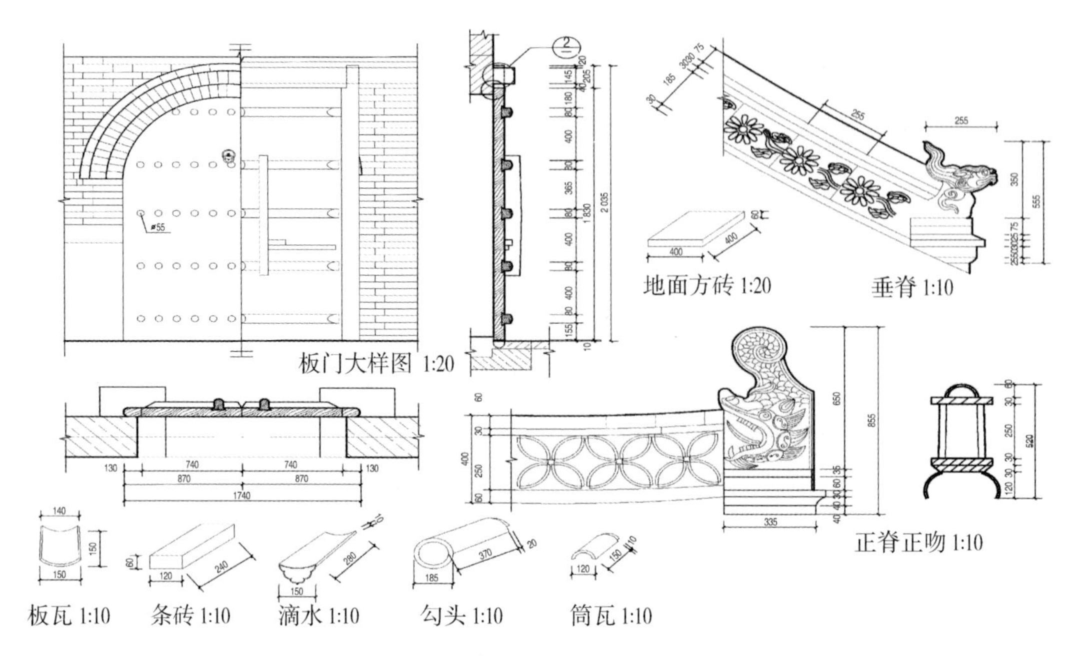

图2.4.124　清凉台及台阶装修大样图

4. 清凉台上毗卢阁实测图与修缮图

（1）毗卢阁平面实测图（图2.4.125）。

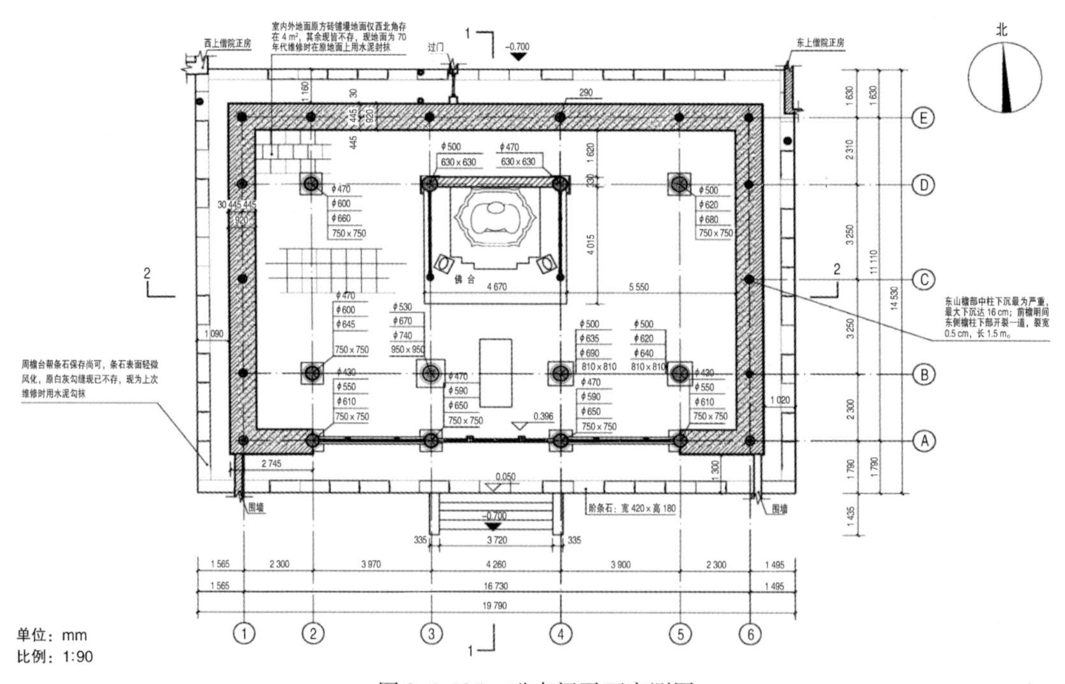

图2.4.125　毗卢阁平面实测图

(2)毗卢阁平面修缮图(图 2.4.126)。

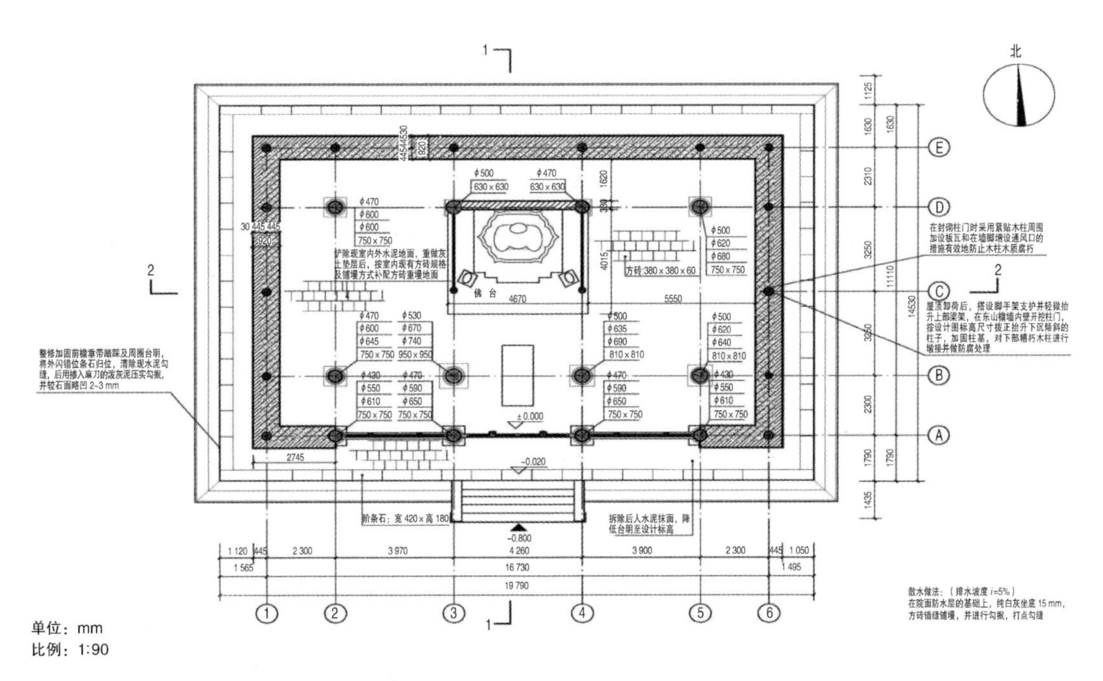

单位：mm
比例：1:90

图 2.4.126　毗卢阁平面修缮图

(3)毗卢阁南立面实测图(图 2.4.127)。

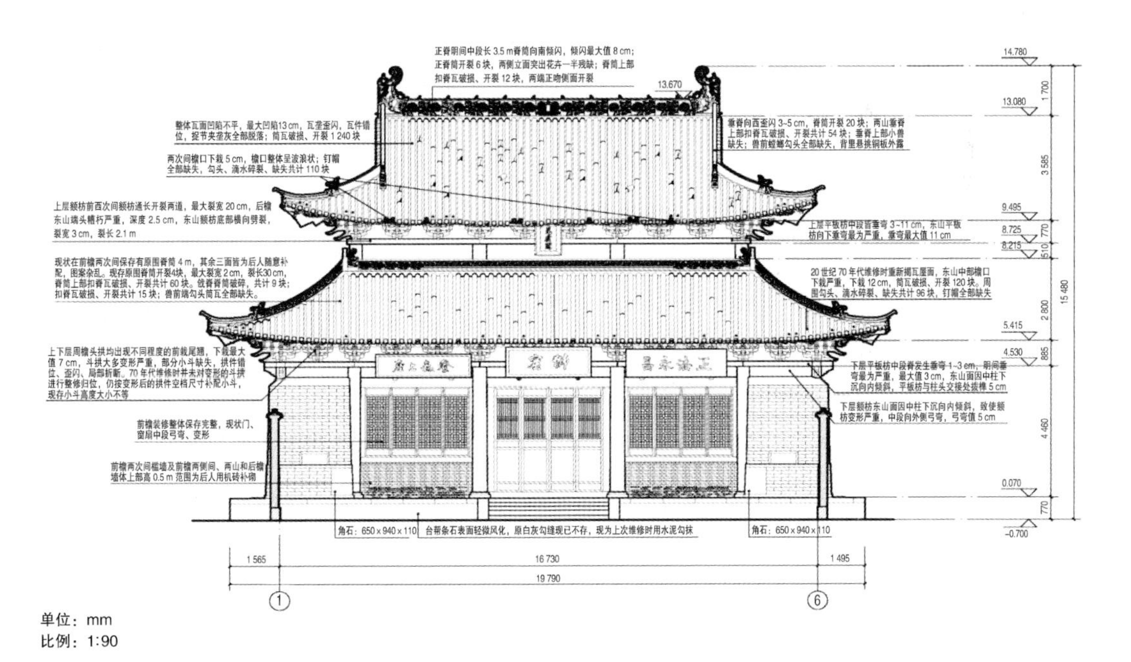

单位：mm
比例：1:90

图 2.4.127　毗卢阁南立面实测图

（4）毗卢阁南立面修缮图（图 2.4.128）。

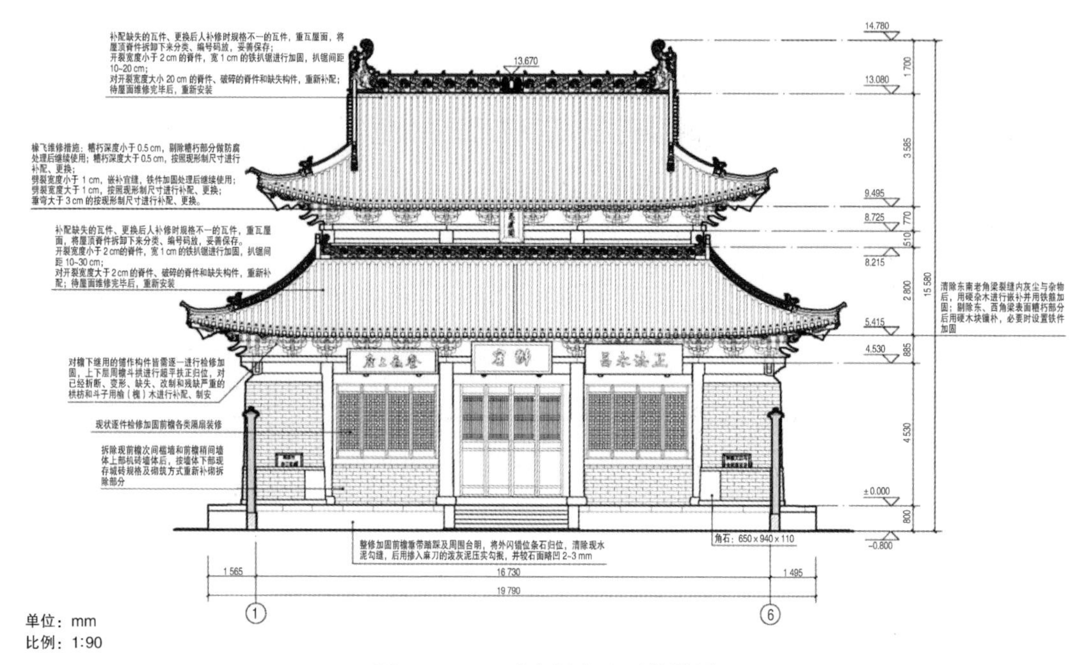

图 2.4.128　毗卢阁南立面修缮图

（5）毗卢阁北立面实测图（图 2.4.129）。

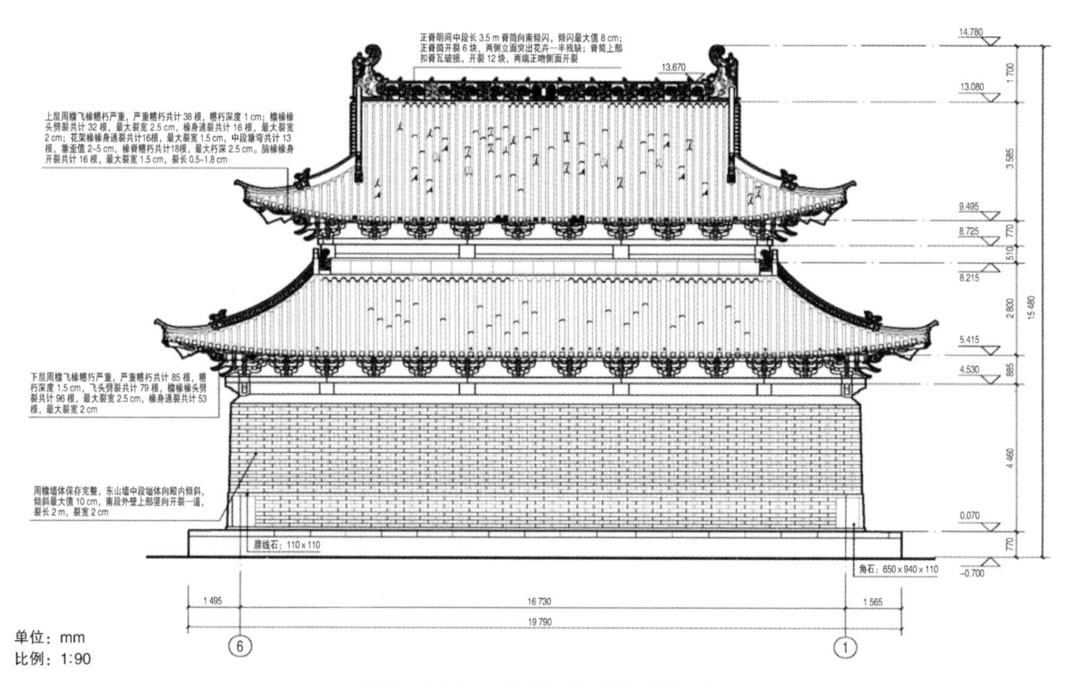

图 2.4.129　毗卢阁北立面实测图

(6)毗卢阁北立面修缮图(图 2.4.130)。

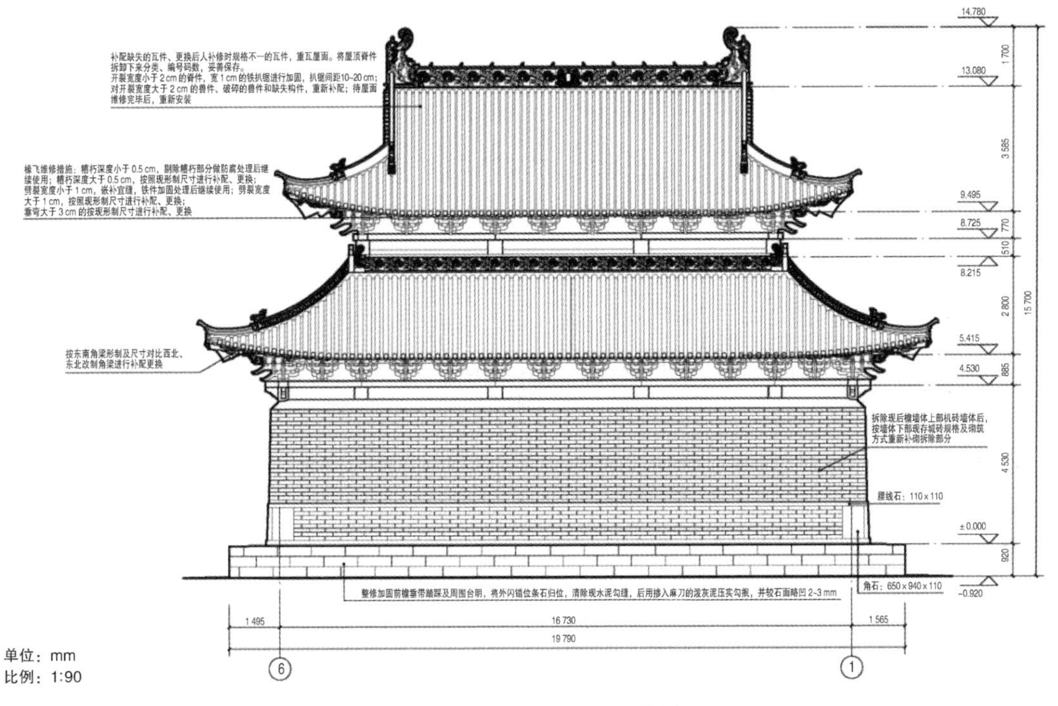

图 2.4.130　毗卢阁北立面修缮图

(7)毗卢阁东立面实测图(图 2.4.131)。

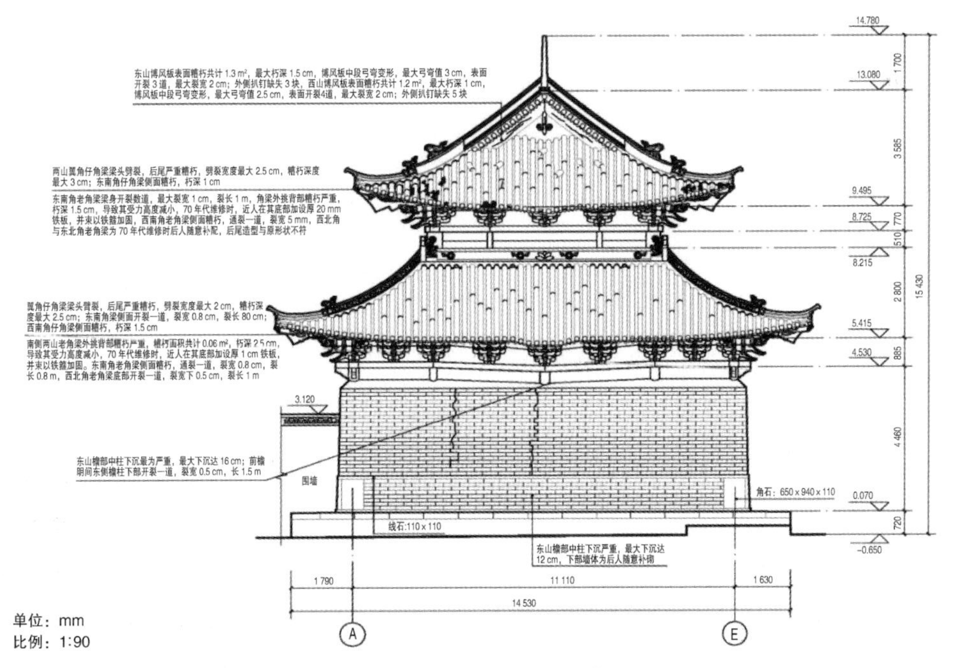

图 2.4.131　毗卢阁东立面实测图

(8)毗卢阁东立面修缮图(图 2.4.132)。

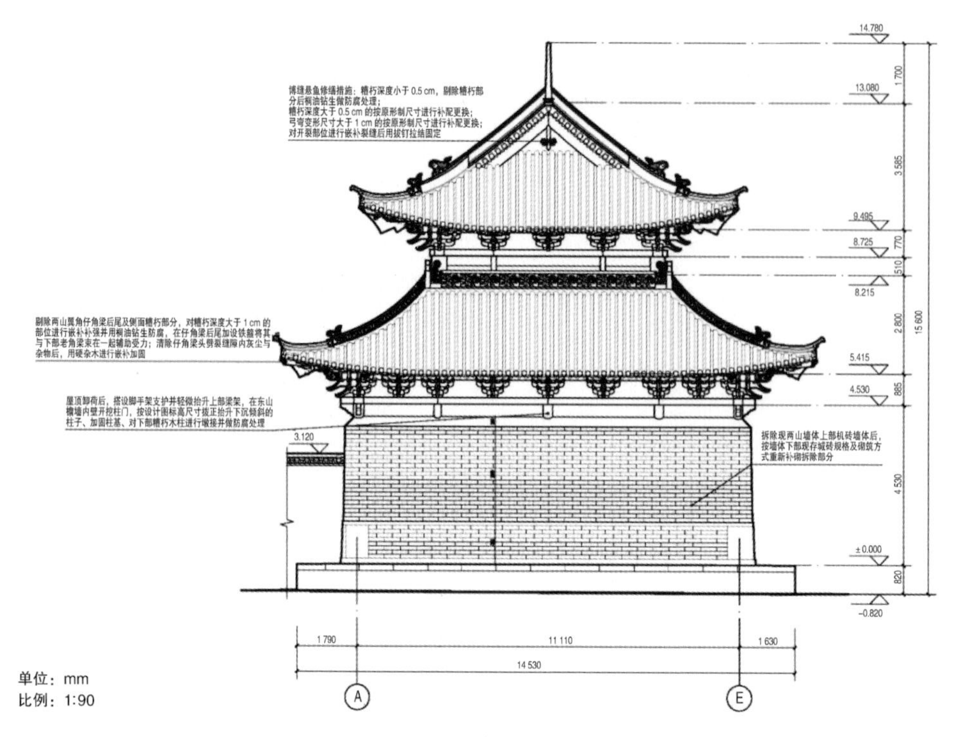

图 2.4.132　毗卢阁东立面修缮图

(9)毗卢阁横剖面实测图(图 2.4.133)。

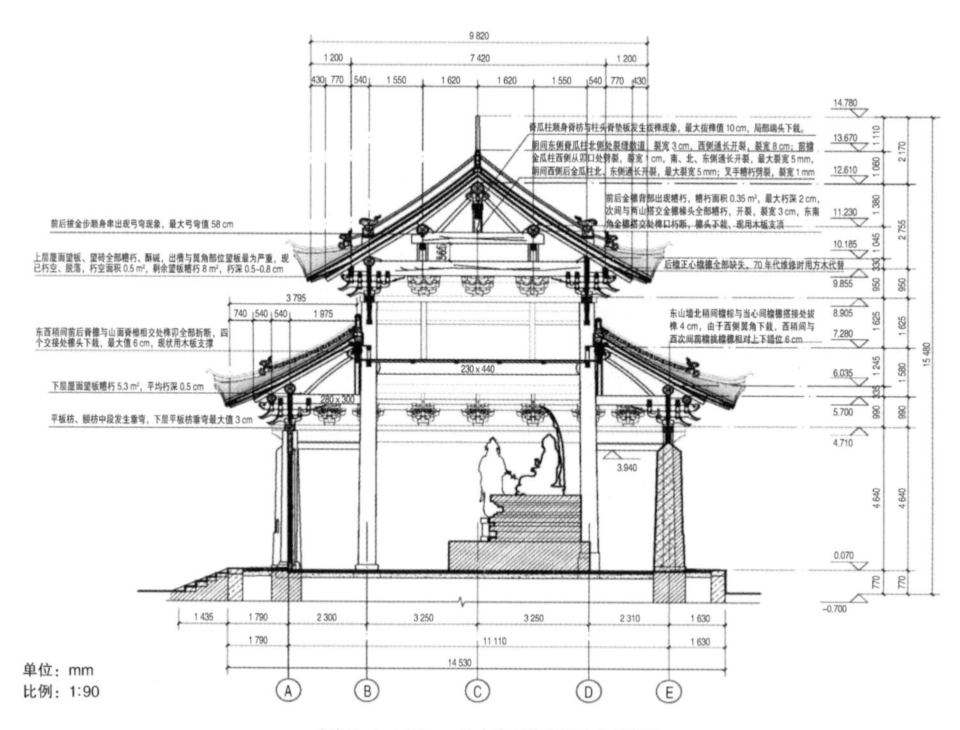

图 2.4.133　毗卢阁横剖面实测图

(10)毗卢阁横剖面修缮图(图 2.4.134)。

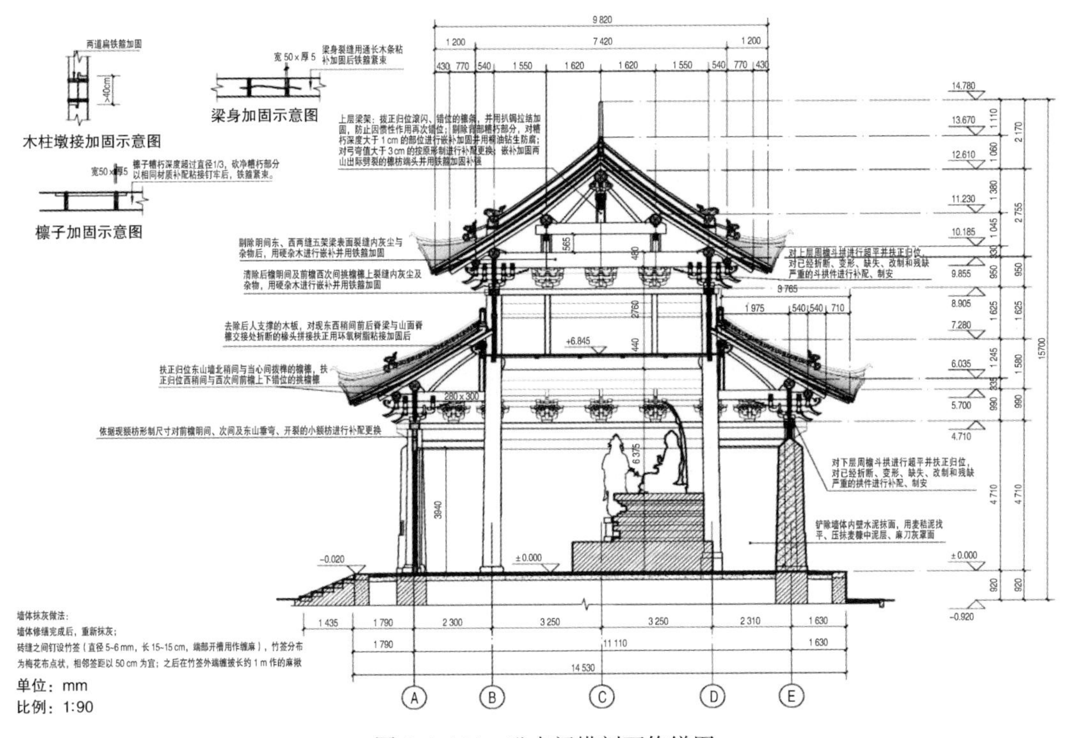

图 2.4.134　毗卢阁横剖面修缮图

(11)毗卢阁纵剖面实测图(图 2.4.135)。

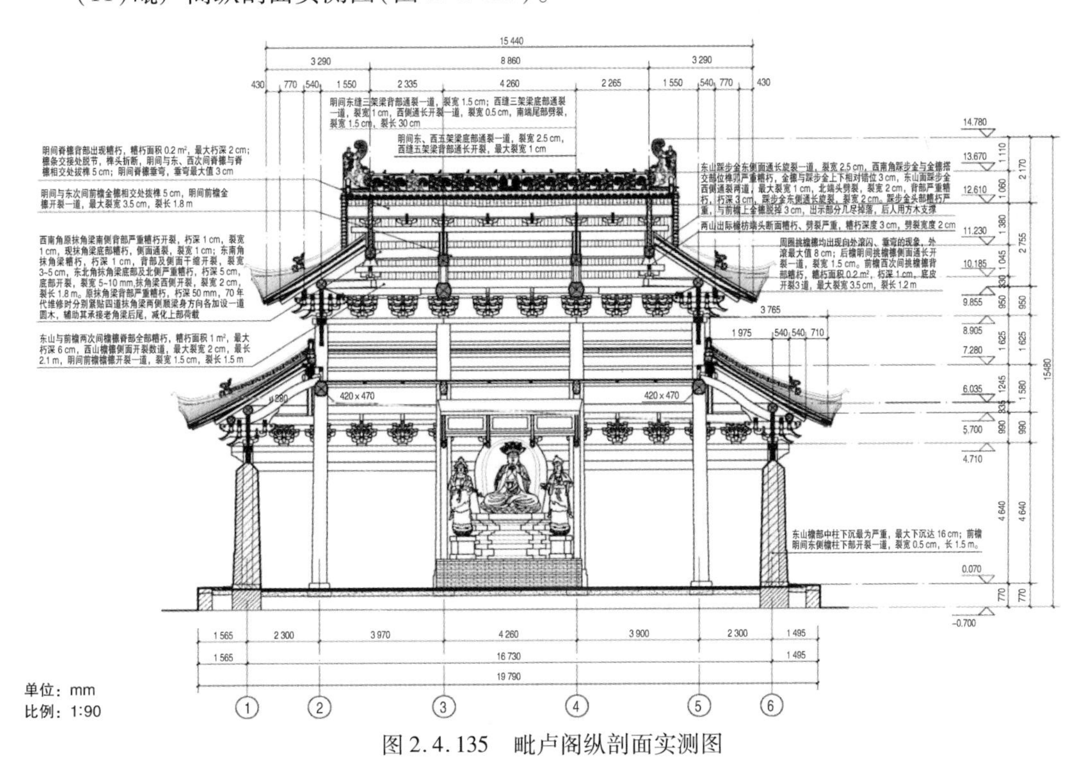

图 2.4.135　毗卢阁纵剖面实测图

(12)毗卢阁纵剖面修缮图(图 2.4.136)。

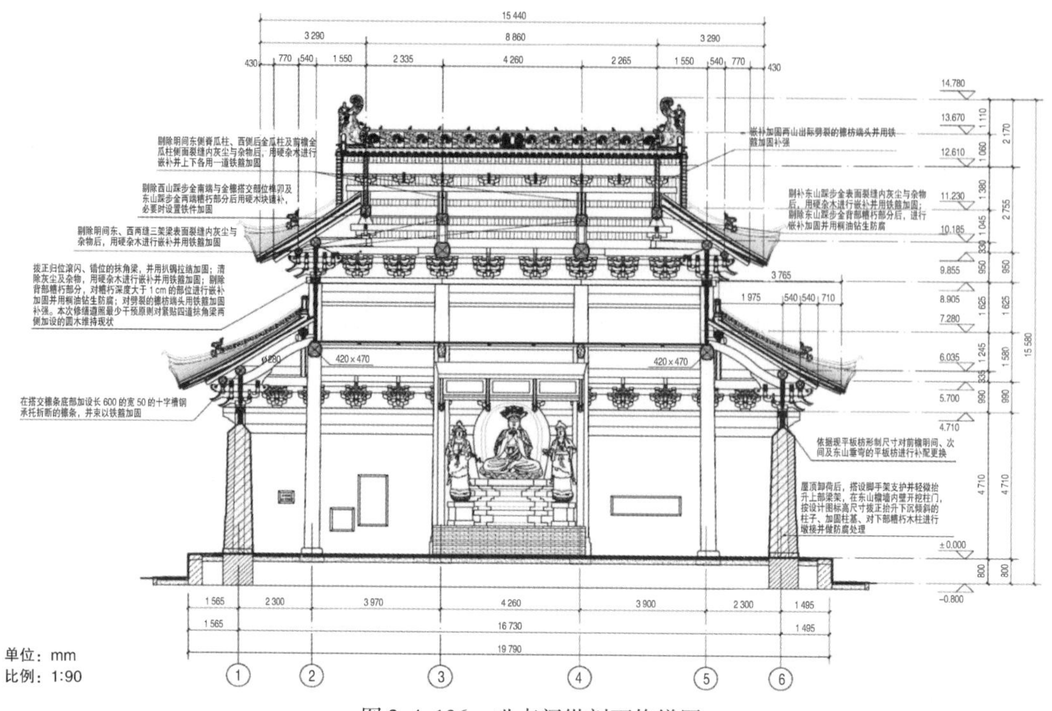

图 2.4.136 毗卢阁纵剖面修缮图

(13)毗卢阁一层仰视图(图 2.4.137)。

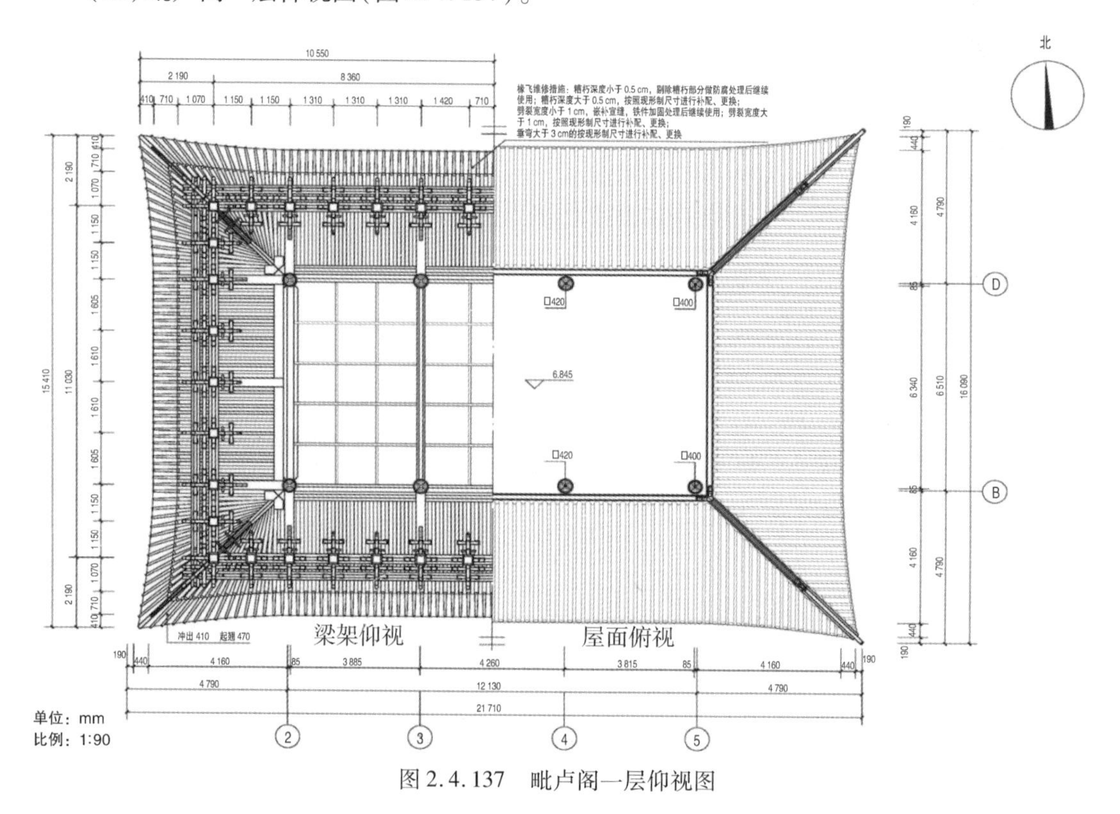

图 2.4.137 毗卢阁一层仰视图

(14)毗卢阁二层仰视图(图 2.4.138)。

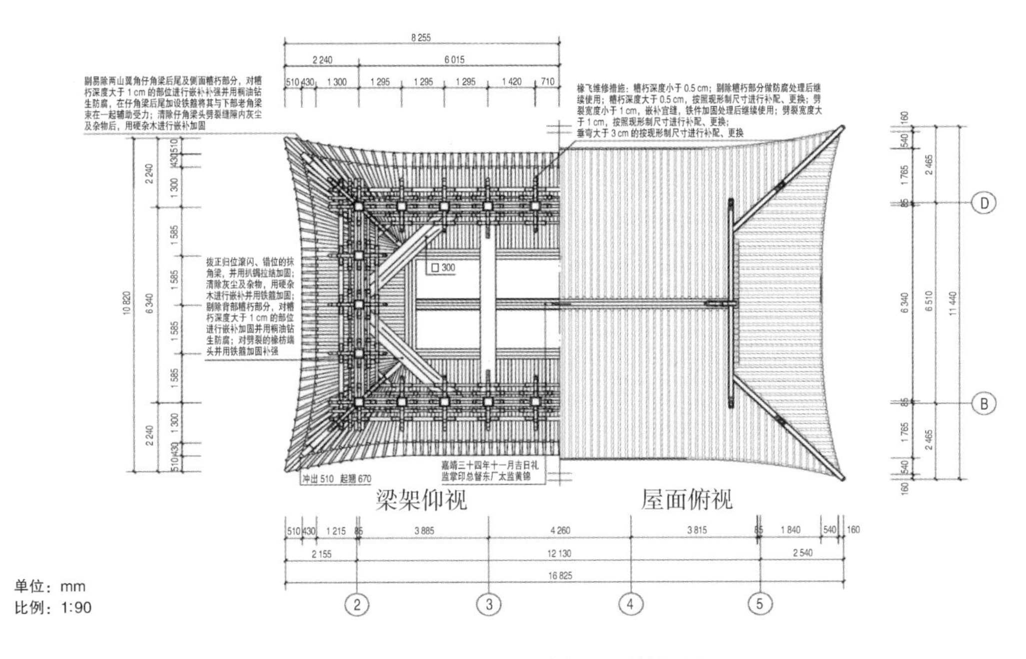

图 2.4.138　毗卢阁二层仰视图

(15)毗卢阁一层柱头科大样图(图 2.4.139)。

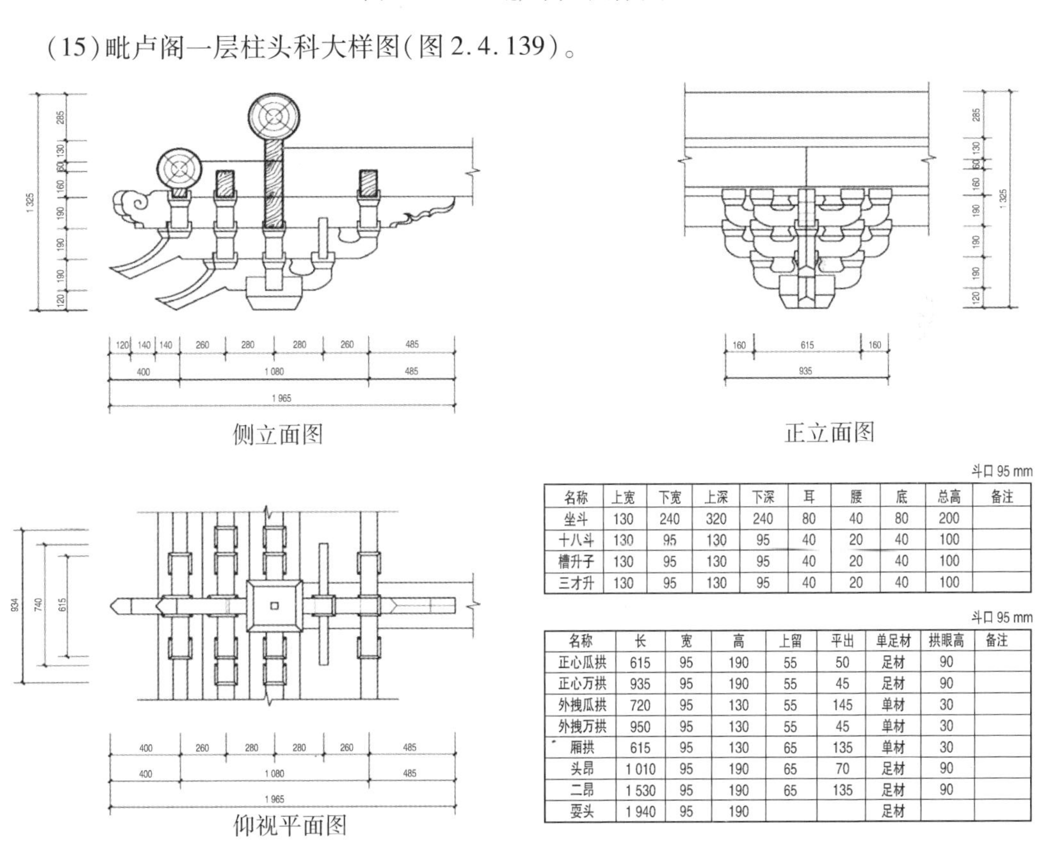

斗口 95 mm

名称	上宽	下宽	上深	下深	耳	腰	底	总高	备注
坐斗	130	240	320	240	80	40	80	200	
十八斗	130	95	130	95	40	20	40	100	
槽升子	130	95	130	95	40	20	40	100	
三才升	130	95	130	95	40	20	40	100	

斗口 95 mm

名称	长	宽	高	上留	平出	单足材	拱眼高	备注
正心瓜拱	615	95	190	55	50	足材	90	
正心万拱	935	95	190	55	45	足材	90	
外拽瓜拱	720	95	130	55	145	单材	30	
外拽万拱	950	95	130	55	45	单材	30	
厢拱	615	95	130	65	135	单材	30	
头昂	1 010	95	190	65	70	足材	90	
二昂	1 530	95	190	65	135	足材	90	
耍头	1 940	95	190			足材		

图 2.4.139　毗卢阁一层柱头科大样图

(16)毗卢阁二层柱头科大样图(图 2.4.140)。

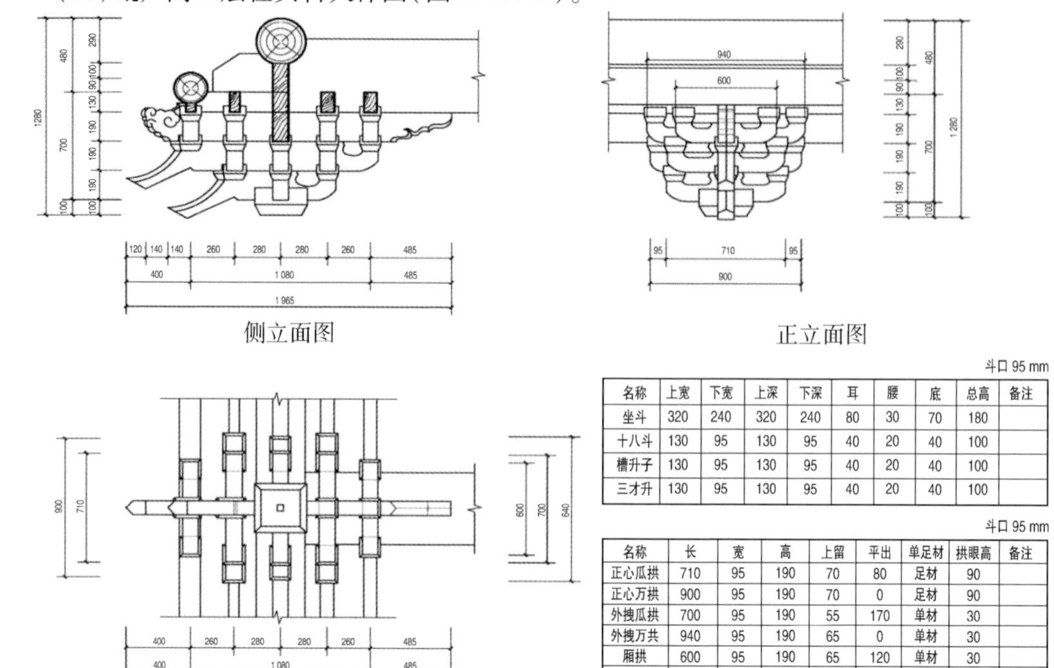

斗口 95 mm

名称	上宽	下宽	上深	下深	耳	腰	底	总高	备注
坐斗	320	240	320	240	80	30	70	180	
十八斗	130	95	130	95	40	20	40	100	
槽升子	130	95	130	95	40	20	40	100	
三才升	130	95	130	95	40	20	40	100	

斗口 95 mm

名称	长	宽	高	上留	平出	单足材	拱眼高	备注
正心瓜拱	710	95	190	70	80	足材	90	
正心万拱	900	95	190	70	0	足材	90	
外拽瓜拱	700	95	190	55	170	单材	30	
外拽万共	940	95	190	65	0	单材	30	
厢拱	600	95	190	65	120	单材	30	
头昂	1005	95	190	65	70	足材	90	
二昂	1525	95	190	65	135	足材	90	
耍头	1875	95	190			足材		

图 2.4.140　毗卢阁二层柱头科大样图

(17)毗卢阁一层翼角大样图(图 2.4.141)。

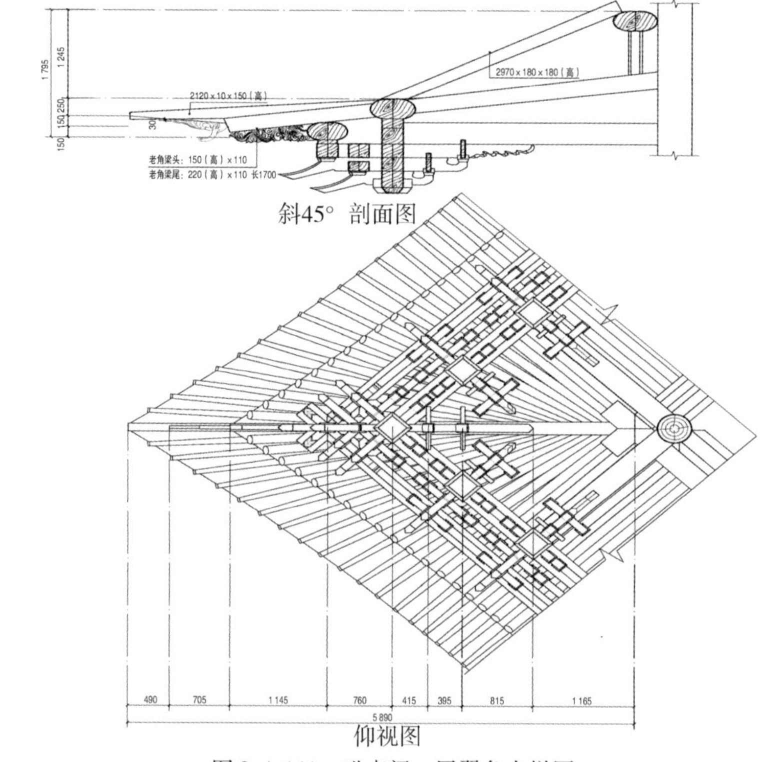

图 2.4.141　毗卢阁一层翼角大样图

(18)毗卢阁二层翼角大样图(图 2.4.142)。

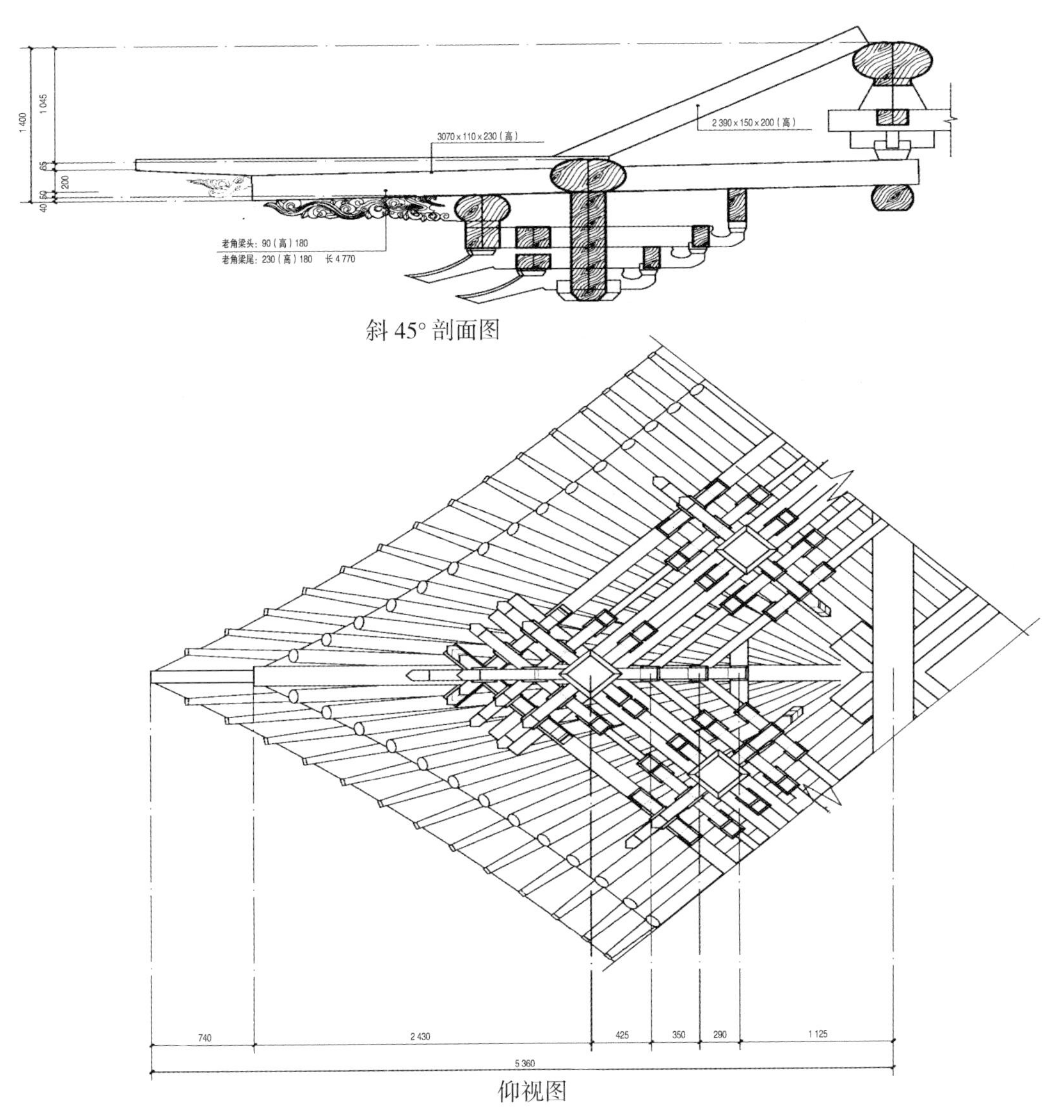

图 2.4.142　毗卢阁二层翼角大样图

(19)毗卢阁装修大样图(图 2.4.143)。

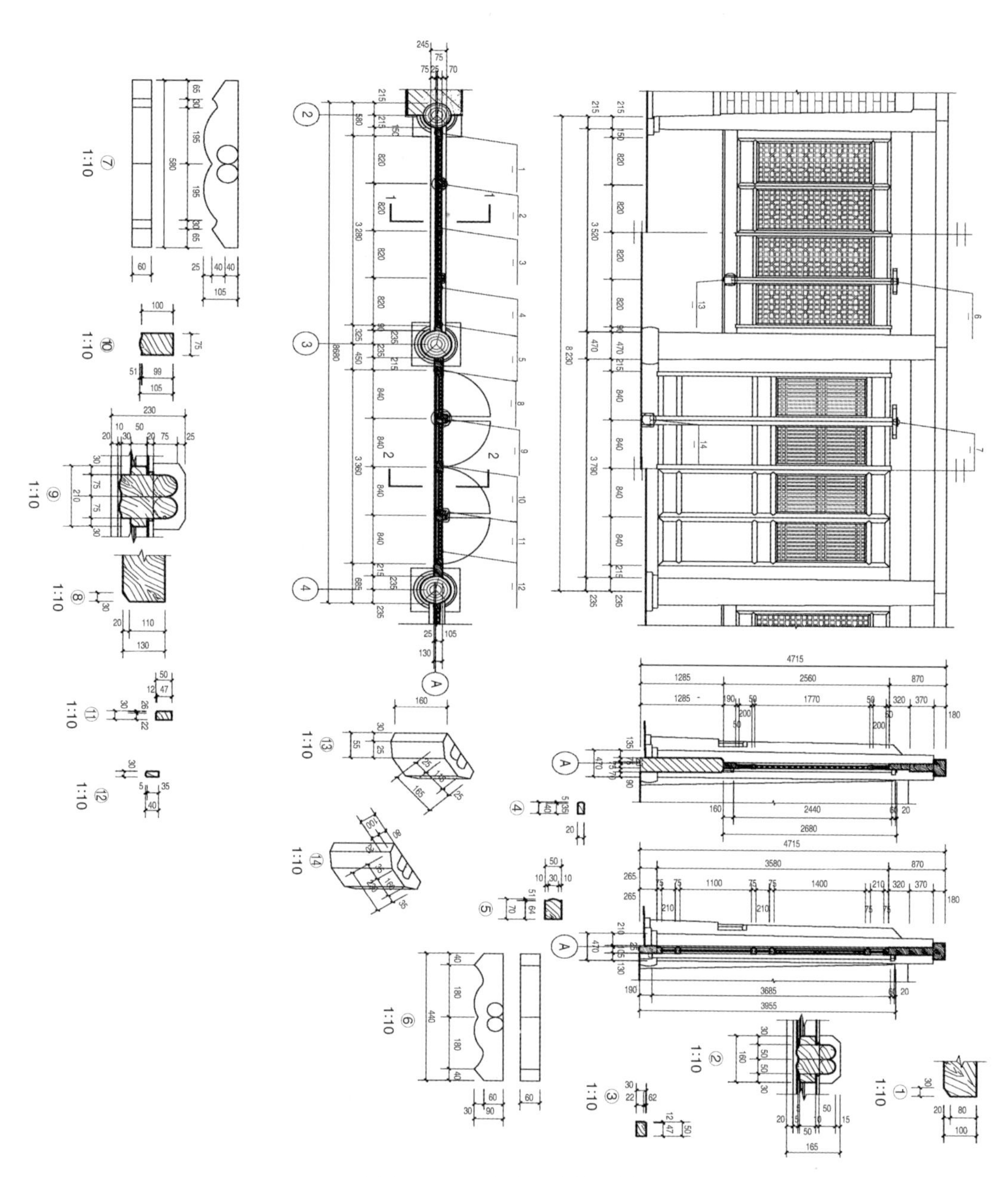

图 2.4.143　毗卢阁装修大样图

5. 竺法兰殿实测图与修缮图

(1)竺法兰殿平面实测图(图2.4.144)。

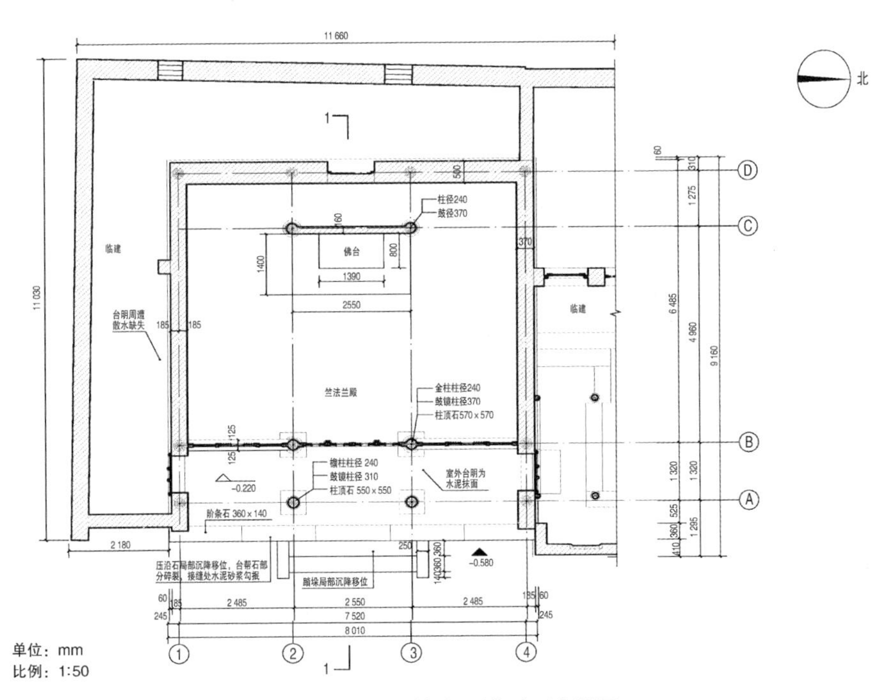

图2.4.144　竺法兰殿平面实测图

(2)竺法兰殿平面修缮图(图2.4.145)。

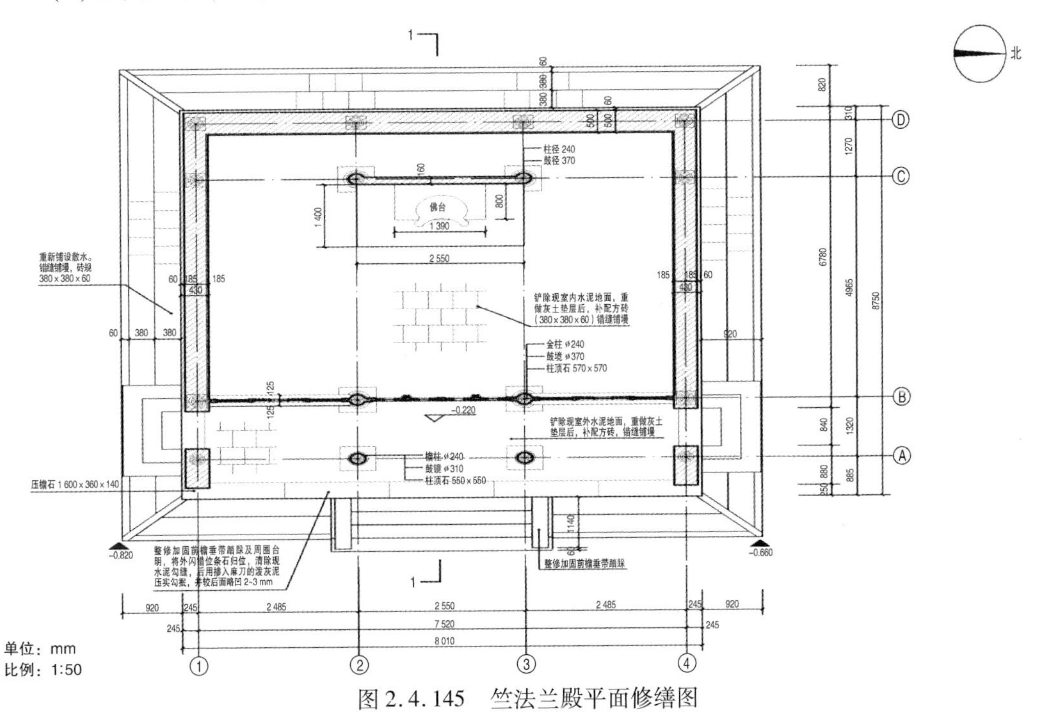

图2.4.145　竺法兰殿平面修缮图

(3)竺法兰殿东立面实测图(图 2.4.146)。

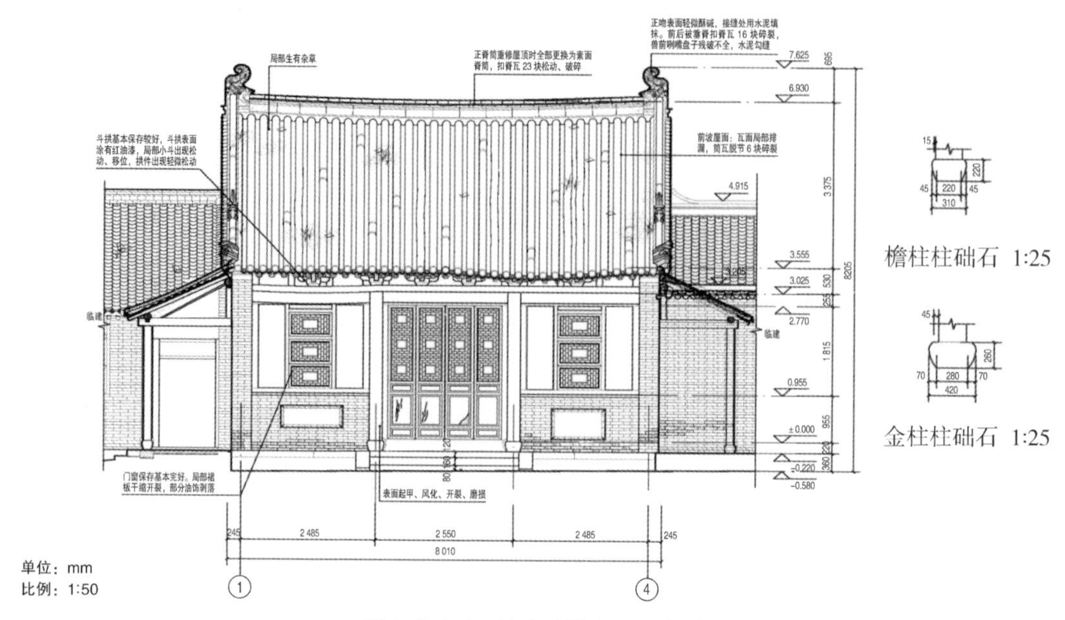

图 2.4.146　竺法兰殿东立面实测图

(4)竺法兰殿东立面修缮图(图 2.4.147)。

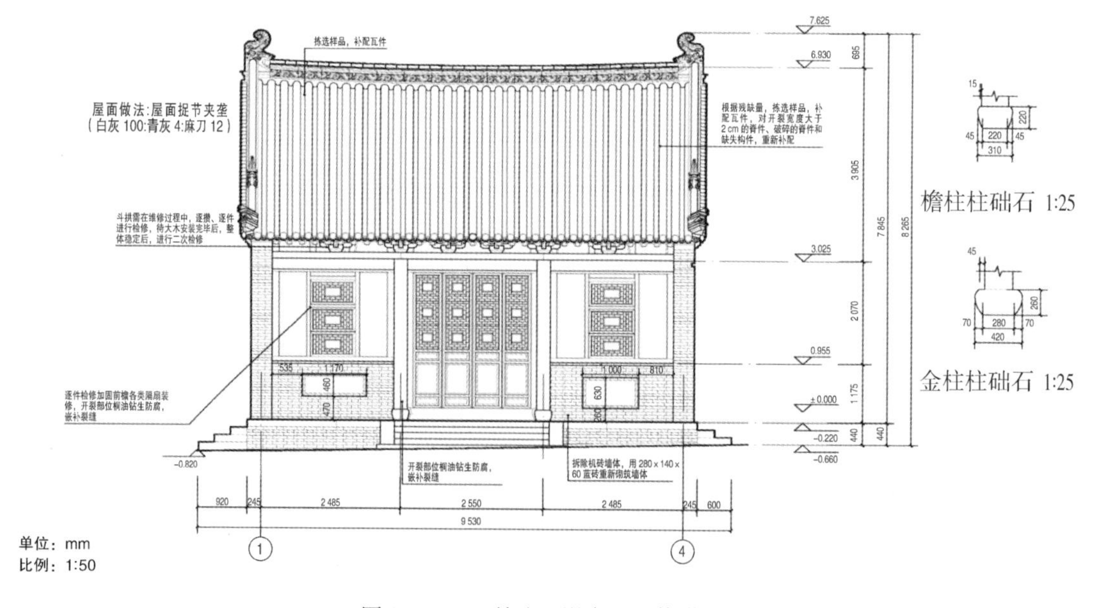

图 2.4.147　竺法兰殿东立面修缮图

(5)竺法兰殿西立面实测图(图2.4.148)。

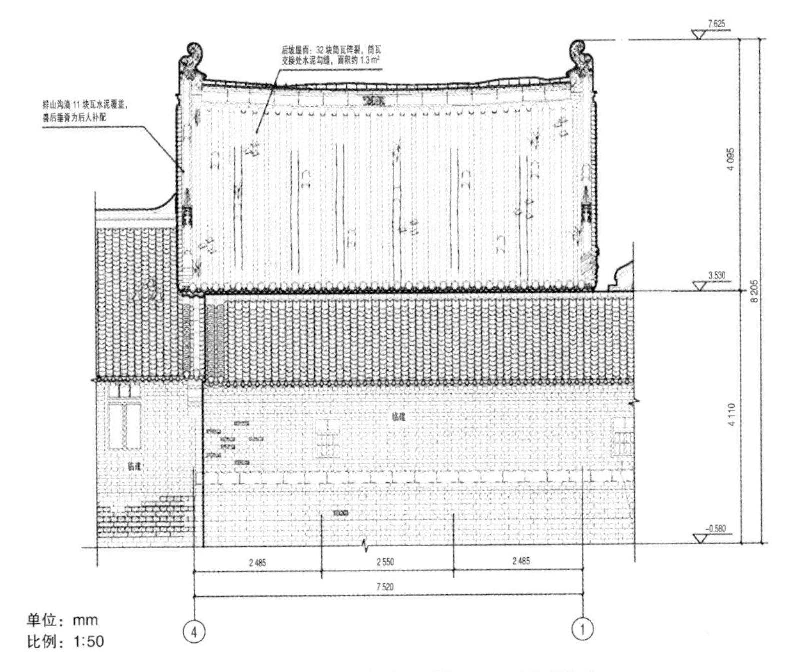

图2.4.148 竺法兰殿西立面实测图

(6)竺法兰殿西立面修缮图(图2.4.149)。

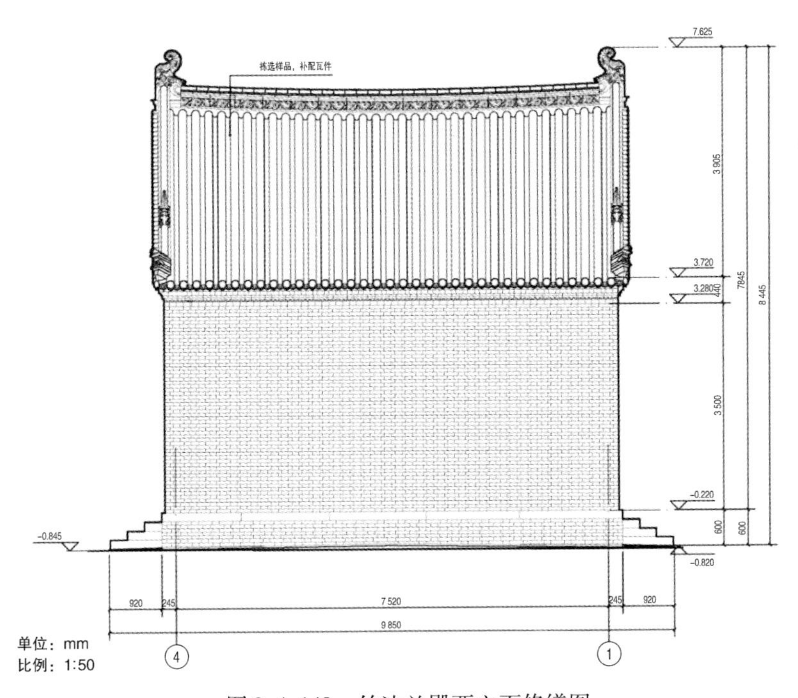

图2.4.149 竺法兰殿西立面修缮图

（7）竺法兰殿侧立面实测图（图 2.4.150）。

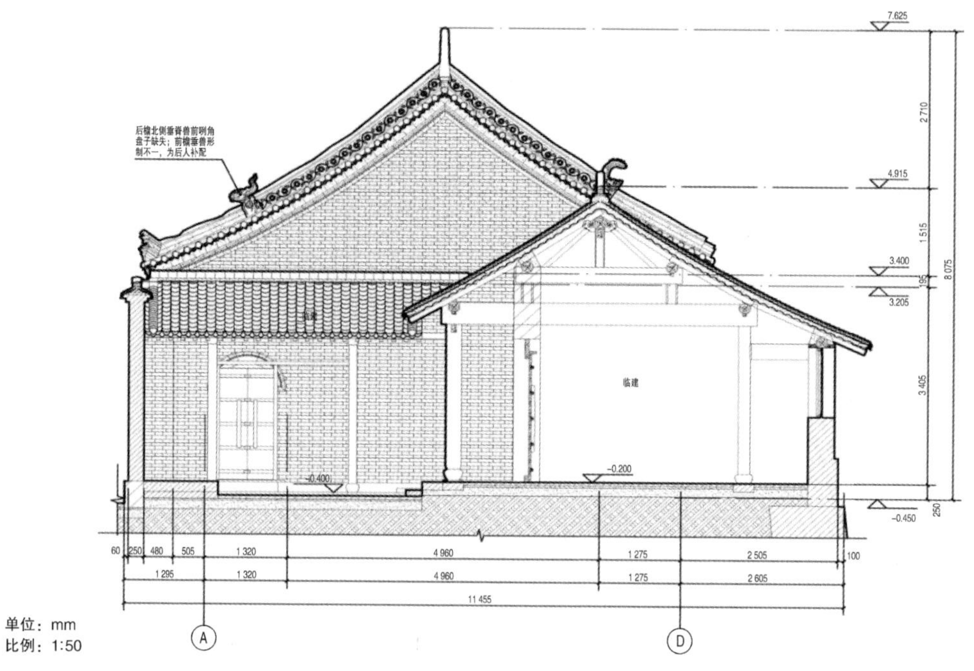

图 2.4.150　竺法兰殿侧立面实测图

（8）竺法兰殿侧立面修缮图（图 2.4.151）。

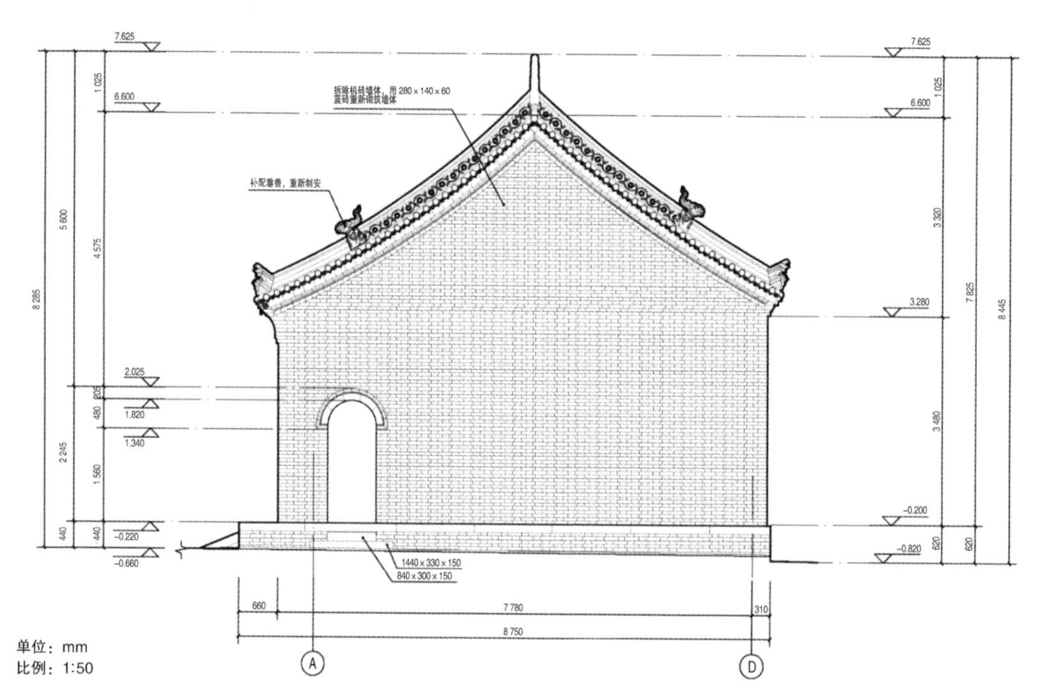

图 2.4.151　竺法兰殿侧立面修缮图

(9)竺法兰殿横剖面实测图(图2.4.152)。

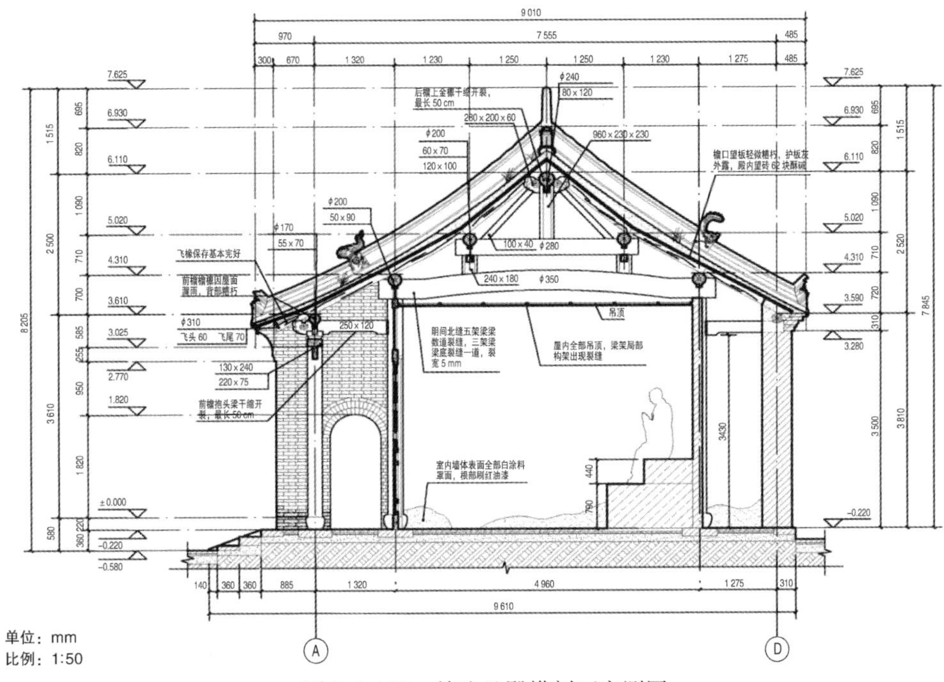

图2.4.152　竺法兰殿横剖面实测图

(10)竺法兰殿横剖面修缮图(图2.4.153)。

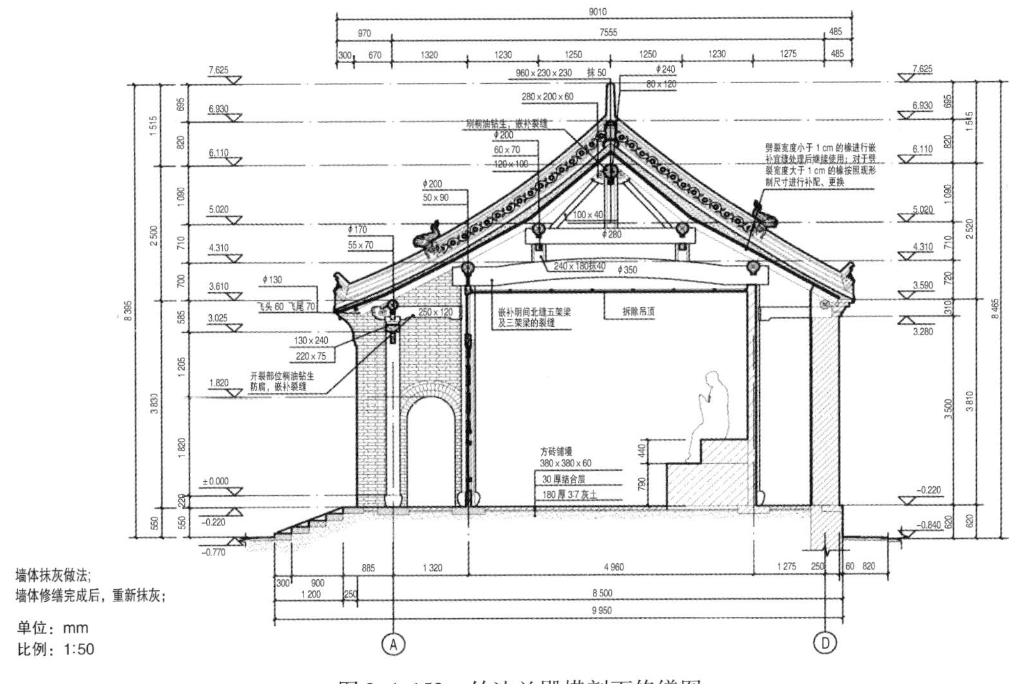

图2.4.153　竺法兰殿横剖面修缮图

(11)竺法兰殿装修大样图(图 2.4.154)。

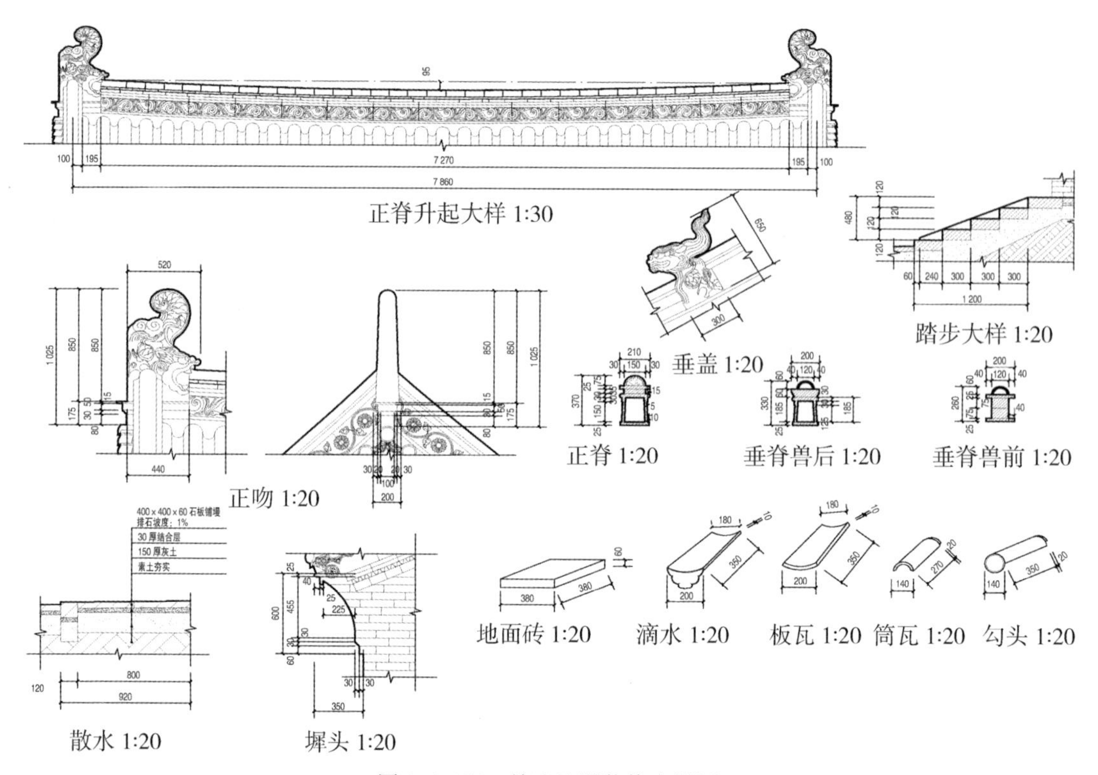

图 2.4.154　竺法兰殿装修大样图

2.5　洛阳山陕会馆一进院传统勘察与修缮做法

2.5.1　洛阳山陕会馆一进院现状勘察

2.5.1.1　洛阳山陕会馆概况

洛阳山陕会馆位于洛阳老城区南关马市街(原山门已封,现于会馆东北角开偏门于九都东路南侧)。老城区位于洛阳市区中东部和北部,是洛阳市六大主城区之一,既是全市的经济、文化、商贸中心,也是元、明、清时期的河南府治所在区域。明、清时期,洛阳的政治、军事、经济中心地位有所下降,但仍是繁华的商业中心和交通要道及军事要地,是晋商南下、徽商北上、陕商东进的必经之地。

清代,顺治、康熙、乾隆先后重修洛阳城池,使之形成了现今的洛阳老城区。老城区现有两处会馆,一是始建于乾隆九年(1744 年),由山西潞安、泽州两府同乡商人集资兴建的潞泽会馆;二是始建于清康熙、雍正年间的山陕会馆,为山西、陕西两省富商大贾集资所建,他们在此叙乡谊、通商情、接官迎仕、祭神求财。因东西相望，故山陕会馆又称“西会馆”，潞泽会馆亦称“东会馆”。山陕会馆位于洛阳市老城区九都东路171号，距今已有近300年的历史，占地面积约4 870.05 m^2，建筑面积约1 884.88 m^2。

2006年，洛阳山陕会馆被国务院公布为第六批全国重点文物保护单位。

2012年10月为配合隋唐大运河的申遗工作，洛阳市文物局在山陕会馆成立了洛阳隋唐大运河博物馆。

洛阳山陕会馆建筑整体呈中轴线对称布局，地形从南至北渐次升高。现存建筑可分为两进院落，从前至后分别为琉璃照壁，西门楼，东、西仪门，山门围合成的第一进院落；舞楼，东、西廊房，东、西官厅，拜殿，正殿，东、西配殿等围合成的第二进院落。由于年久失修及各种自然、人为因素的破坏，山陕会馆内现存的文物建筑已出现不同程度的损坏，墙体酥碱、屋面漏雨、梁架糟朽等残损点，已极大地影响了文物价值的表现。照壁琉璃砖部分脱釉，存在较大安全隐患，增加管理部门的压力，对其进行保护性修缮已经到了刻不容缓的地步。洛阳山陕会馆航拍照片如图2.5.1所示。

图2.5.1　洛阳山陕会馆航拍照片

2.5.1.2　洛阳山陕会馆历史沿革

在中国传统建筑中，会馆成为一种特殊类别的建筑，其建筑成就堪称中国古代建筑的典范。而作为一种特殊功能的建筑，会馆的产生是各种社会因素综合作用的结果，其间包含了地域文化的交融与演变。作为会馆的代表，山陕会馆无论是在建筑数量上，还是在建筑成就方面，都是首屈一指的，被誉为中国古代建筑之瑰宝。

1. 会馆的概念

会馆，本意为会议、聚会之意，其馆乃人们客居观览之馆舍。聚合其意乃人们聚会之所。《辞海》（第六版）中将会馆解释为“旧时都市中同乡或同业的组织机构”。

2. 会馆的产生与分布

会馆是中国古代建筑中一种具有特殊用途的建筑类型。何炳棣的《中国会馆史论》中也有关于会馆初建于明代的说法，其中说道：“会馆为明朝永乐年间芜湖人俞谟在北京建立的芜湖会馆。”但实际上，汉代已有具有会馆性质的建筑，当时的京城汉长安已经有了外地同乡人的“邸舍”。明清时期全国范围内会馆的分布，北方以京师为多，河南境内的会馆数量也名列北方会馆建筑的前列。尽管从范围上讲，全国各地皆有会馆，但其分布状况，有一定的规律可循。首先，会馆所在地的邻近省市的商业往往相对发达，而这些发达的临边城市会兴建会馆。另外，会馆汇聚较为集中的地方，其交通条件、商业活动、移民状况往往具有一定优势。通常情况下，会馆汇聚之地皆是水陆交通枢纽地区，或便利地区，也有会馆所在地是因其移民量大而定，客居者为联络感情而在此建立大量会馆。

3. 山陕会馆的修建背景

山西人在异地建立会馆，最早始于明朝隆万时期。据《藤荫杂记》卷六《东城》载：“尚书贾公，治第崇文门外东偏，作客舍以馆曲沃之人，回乔山书院，又割宅南为三晋会馆，且先于都第有燕劳之馆，慈仁寺有饯别之亭。”馆，即客舍，招待宾客居住的房舍。《诗经·郑风·缁衣》有：“适子之馆兮。”《孔颖达疏》有：“馆者，人所之舍，古为舍也。”

《左传·襄公三十一年》：“是以令吏人完客所馆，高其闬闳，厚其墙垣，以无忧客使。”杜预注：“馆，舍也。”会馆是旧时同省、同府、同县或同业的人在京城、省城或商业城市设立的机构，主要以馆内的房屋供同乡、同业聚会或寄寓。明人刘侗、于奕正《帝京景物略·稽山会馆唐大士像》：“尝考会馆之设於都中，古未有也，始嘉、隆间……，用建会馆，士绅是主，凡入出都门者，籍有稽，游有业，困有归也。”会馆发展到了清代中期，最为兴盛。会馆因其自身性质需要，所以管理较为严格。“凡入出都门者，籍有稽，游有业，因有归也。”就是说，入住会馆，需要查清籍贯，是否属于同乡；流动人群是否有正当的行业。乾隆六年（1741 年）苏州《全秦会馆碑记》中记述道，修建会馆的目的是为了使“士商之游处四方者，道路无燥湿之虞，行李有聚处之乐”。建会馆加强入会同籍商人的管理，明末清初的中国传统市场已达到历史最高峰。

2.5.1.3　文物建筑修缮历史沿革

洛阳山陕会馆，是清朝初年山西、陕西商人为经商方便，在洛阳古运河（今洛河）北岸边，紧邻洛阳当时南关码头和洛汭严关，集资筹建的经商聚会场所。东傍瀍河（300 m），南临洛河（120 m）。其正南 12 km 为通往豫南汉水流域的交通咽喉——伊阙；其北越过黄河即是自古通往晋、冀的河阳道；向西，可沿洛水北岸的永宁道及崤山北麓的硖石道抵达甘、秦。会馆始建于清康熙、雍正年间，至今已有 300 余年历史。

洛阳山陕会馆馆藏功德碑碑文有如下记载：

清康熙、雍正至嘉庆年中，会馆内风雨剥蚀，颇有倾颓。晋、秦众商惧其湮废，逐重葺之。经营二十余年，修葺建筑计：正殿五间，用以祀"关圣帝君"；拜殿五间；殿前牌坊一座；戏楼五间；照壁一座；东、西门楼四间；配殿东西各三楹；官厅各三间；香火僧住屋四院；山门三间；修廊二十间；共费资二万五千有奇。

道光十五年（1835 年）十二月，众商恳请河南府知事长安人李裕堂撰碑记赞上述工程。李氏命笔之际捐银八百两整。

道光十八年（1838 年）四月，会馆香火僧宗久专赴湖南，至改任湖南按察使之李裕堂衙署，请李氏再为撰碑，以记载众商道光十一年（1831 年）至十八年（1838 年）集资约一千两白银重建关帝祭祀之社的盛事。时住持僧春阳等同立此碑。

道光二十六年（1846 年），襄陵帮商客捐银三百两于会馆。九月商号元亨利、义成生同立碑记赞此事。

道光三十年（1850 年）秋，西安、同州两府布商数十余家捐金于会馆，为制黄缎绣边伞一柄，扇一柄，牌三对，旗三对，銮驾十二对，镀金炉并五，镀金壶二，镀金爵三，镀金碟三，镀金奠池一，镀金檀香炉一，其余金珠花烛、绣龙桌围，共襄关圣仪仗。时偃师举人邓铭善为撰碑文以记之。

光绪九年（1883 年）会馆僧人主持捐银一百两对东廊山墙、牌坊等处进行修缮。

1948 年至 1952 年，曾作为洛阳市第六小学校舍。

1952 年至 1956 年，曾作为洛阳市第三中学校舍。

1956 年至 1996 年，曾作为洛阳市第七中学校舍（经查阅相关资料，直至 1996 年收归洛阳市文物管理局之前，山陕会馆一直由洛阳市第七中学使用），在此期间，为扩大操场，东门楼、石牌坊、关公像、部分月台被拆除。

1984 年，洛阳市文物局呈文河南省人民政府，推荐洛阳山陕会馆为省级重点文物保护单位。

1985 年出版发行的《洛阳市文物志》，山陕会馆被编撰其中。

1986 年 11 月，河南省人民政府批准山陕会馆为河南省重点文物保护单位。

1989 年，洛阳市文物工作队按照河南省文物局统一布置，树立了保护单位标志碑。同年，洛阳市文物队又为山陕会馆建筑群体划定了保护范围。

1991 年 8 月至 1992 年 4 月，遵照河南省文物局统一布置，洛阳市文物工作队完成了山陕会馆的全面建档工作。

1996 年，归洛阳市文物局管理。次年由河南省文物局拨款开始进行全面维修。

1998 年 11 月至 1999 年 4 月,对东、西仪门进行维修,使其恢复原貌。

1999 年 5 月至 9 月,对会馆进行了清淤工程,同时铺设了排水设施。

1999 年 11 月至 2000 年 5 月,对拜殿进行部分维修。

2003 年 8 月至 2004 年 3 月,对正殿及配殿进行部分维修。

2004 年 6 月开始对东、西厢廊房进行全面维修。

2004 年 8 月至 11 月,由中意合作古建学习班对照壁,山门,舞楼及东、西廊房进行全面保护维修。

2009 年至 2010 年,对西僧房,东、西官厅进行维修。

2012 年 10 月至 2013 年 8 月,洛阳大运河博物馆在东、西官厅,厢房,戏楼,正殿,拜殿,东、西配殿开始布展。戏楼前院内地面开始雕刻运河水系图、月台安放护栏等。

此次勘测中查阅了山陕会馆保存的历代碑刻及各主要建筑物上的题款等文字记述,并与各主要建筑主体风格相比照,同时查阅了相关史料,基本得出了各主要建筑的创建、修复、现存年代表(表 2.5.1)。

表 2.5.1　各主要建筑的创建、修复、现存年代表

建筑名称	创建年代	史料依据	史料出处	修复年代	修缮档案记录	档案出处	备注	现存年代
照壁	清雍正年间	照壁始建于清雍正年间,高 7.6 m,宽 13.2m。	照壁东侧院墙上题刻	清道光十五年(1835 年)	道光十五年,曾依照旧式予以大修,“木之朽者易之以坚;材垣之缺者究之以致石。”这次重修计费银“贰万伍仟余两”	《洛阳市文物志》	此次修缮对山陕会馆进行了整体维修,以下各建筑重修年代中不另表述	清代风格
				2004 年	完成了一批文物,包括世界遗产在内的保护修复实践。如:洛阳龙门石窟 521 号、522 号洞窟,山陕会馆戏楼、山门、照壁保护修复	中国文化遗产研究院“中意合作文物保护修复培训项目”	—	
山门	清雍正年间	始建于清雍正年间,面阔三间	山门北面墙壁上题刻	2004 年	完成了一批文物,包括世界遗产在内的保护修复实践。如:洛阳龙门石窟 521 号、522 号洞窟,山陕会馆戏楼、山门、照壁保护修复	中国文化遗产研究院“中意合作文物保护修复培训项目”	对山门木构架进行校正	清代风格

续表

建筑名称	创建年代	史料依据	史料出处	修复年代	修缮档案记录	档案出处	备注	现存年代
东、西仪门	清道光年间	始建于清道光年间，为四柱三间三楼柱不出式木牌楼，明间用夹杆石支撑	牌楼南面围墙上题刻	1998 年 11 月至 1999 年 4 月	1998 年 11 月至 1999 年 4 月，对东、西仪门进行全面维修，使其恢复原貌	《洛阳山陕会馆古建琉璃构件腐蚀及保护研究》（西北大学硕士论文 2006 年 5 月）	—	清代风格
舞楼	清乾隆年间	城南廓外有山陕西会馆一区，创自康熙雍正年间。计什一之盈余，积锱累铢，殆经始十有余载。舞楼，又称戏楼，建于清乾隆年间	《东都山陕西会馆碑记》、舞楼北面题刻	2004 年	完成了一批文物，包括世界遗产在内的保护修复实践。如：洛阳龙门石窟 521 号、522 号洞窟，山陕会馆戏楼、山门、照壁保护修复	中国文化遗产研究院"中意合作文物保护修复培训项目"	中意文物保护修复班对舞楼木构件进行保护修复及表面处理	清代风格
拜殿	清雍正年间	馆中正殿五间，祀关圣帝君拜殿五间，殿前牌坊一座，对面舞楼五间，照壁一座。始建于清雍正年间，道光重修，面阔五间，进深三间	《东都山陕西会馆碑记》、拜殿前题刻	1999 年 11 月至 2000 年 5 月	1999 年 11 月至 2000 年 5 月，对拜殿进行维修	《洛阳山陕会馆古建琉璃构件腐蚀及保护研究》（西北大学硕士论文 2006 年 5 月）	此次保护修缮对拜殿进行全面维修	清代风格

续表

建筑名称	创建年代	史料依据	史料出处	修复年代	修缮档案记录	档案出处	备注	现存年代
正殿	清康熙、雍正年间	东都四达之府西接崤函,北望太行,为秦晋门户两省懋迁之畴,荟萃于兹由来旧矣,城南廓外有山陕西会馆一区,创自康熙雍正年间。计什一之盈余,积锱累铢殆经始十有余载	《东都山陕西会馆碑记》	2003年8月至2004年3月	2003年8月至2004年3月,对正殿及配殿进行全面维修	《洛阳山陕会馆古建琉璃构件腐蚀及保护研究》(西北大学硕士论文2006年5月)	此次保护修缮对正殿及配殿进行全面维修	清代风格

2.5.1.4 建筑平面格局简述

1. 总体布局

山陕会馆建筑群呈中国传统的中轴线左右对称式布局,重要建筑坐落在中轴线上,次要建筑分落左右,地形从南至北渐次升高。山陕会馆现存建筑群呈较为严格的中轴线对称式布局,沿中轴线,从南到北依次为照壁、山门、舞楼、拜殿、正殿,以此来突出中轴线;中轴线东西两侧依次为东、西仪门,东、西配房,东、西廊房,东、西官厅,东、西配殿。这些建筑组成前后两进完整的院落。第一进院落的狭小空间与第二进院落的宽大空间形成鲜明对比,各建筑之间体量适度、疏密有致、简繁得体,具有独到的布局特点。虽然已历经两百多年的风风雨雨,山陕会馆仍然保留着历史的风貌。

2. 山陕会馆一进院的单体文物建筑勘察介绍

(1)照壁。

照壁始建于清雍正年间,位于会馆中轴线最南端,高 7.6 m,宽 13.2 m,建筑面积 10.13 m^2。照壁造型独特,色彩绚丽,装饰繁复华丽,为豫西地区仅有。

①屋顶。

照壁上覆绿琉璃硬山顶，龙吻花脊带宝瓶，琉璃雕花博风。其正身十垄，排山勾头坐中，两侧各二垄。东西两侧瓦顶相同，但镶嵌在影壁之上，均为绿琉璃硬山顶，但其博风为灰砖雕花。

②墙体。

照壁南面为素面青砖墙，北面墙体上镶嵌琉璃构件，装饰华丽。照壁自下而上由青石须弥座、壁身、绿琉璃硬山顶三部分组成。立面呈“凸”字形。壁身中部和东西两侧由琉璃砖镶嵌图案三方，形式均为“方中套圆”，取“天圆地方”之意。三方图案内容各不相同，中心一方琉璃图案为“二龙戏珠”，该图案两侧自上而下为八仙图案，梅、兰、竹、菊等位于四角，上部为人物、花鸟，下部为两条长龙，壁体中心上下分别对应“日”“寿”二字，寓意为“与日月同寿，与天地共长”，卷草纹围嵌四周。东侧一方为“狻猊娱子”，西侧一方为“云龙戏水”。

③斗拱。

琉璃照壁的斗拱为绿琉璃仿木结构。中间主壁六攒斗拱形制相同，均为一斗二升交麻叶，上置龙头，正心瓜拱及正心枋为砖雕叶瓣拱，形制与主壁相同。

④须弥座。

琉璃照壁之基础部分均为单侧须弥座石质台基，即北侧做成须弥座式，南侧与墙身同为青砖，唯主壁须弥座上石雕各种吉祥花草、人物、鸟兽图案，生动逼真。

(2)东仪门。

东仪门始建于道光年间，东西向，平面呈一字形，用4柱，为4柱3间3楼柱不出头式木牌楼，面阔三间，建筑面积13.05 m^2，以木柱为主要承重构件，明间木柱东西两侧用夹杆石支撑，柱间平板枋上施9踩斗拱一攒，两次间柱间平板枋上施7踩斗拱各一攒，各跳均出45°斜拱，上覆悬山绿色琉璃剪边筒瓦顶。东仪门匾额上刻“东瀍崇文”。

(3)西仪门。

西仪门始建于道光年间，东西向，平面呈一字形，用4柱，为4柱3间3楼柱不出头式木牌楼，面阔三间，建筑面积10.66 m^2，以木柱为主要承重构件，明间木柱东西两侧用夹杆石支撑，柱间平板枋上施9踩斗拱一攒，两次间柱间平板枋上施7踩斗拱各一攒，各跳均出45°斜拱，上覆悬山绿色琉璃剪边筒瓦顶。西仪门匾额上刻“西崤尚武”。

(4)山门。

山门始建于清雍正年间，坐北朝南，由东、西边楼和中楼组成，架坐在三间砖石拱门台座上，台座面宽(墙外皮距离)12.6 m，进深(墙外皮距离)2.08 m。中楼台座高6.39 m，边楼台座高4.775 m，建筑面积29.18 m^2，屋顶为歇山式绿色琉璃剪边筒瓦顶。

①平面。

山门建于高520 mm的台基上，台基为青砖砌筑条石压边，平面为3间8棵檐柱(边楼另有两棵中柱)，柱位均用坐斗，斗下垫石块(相当于柱顶石)并砌于台座墙中。山门地面用300 mm×150 mm×70 mm的青砖铺墁，白灰勾缝。

②立面。

山门台座东西两侧砌八字墙与仪门相连，正门上书“河东夫子”，门券两侧镶石楹联一对，上联：“爵追王帝无贵贱皆宜顶礼”，下联：“品是圣贤非忠孝漫许叩头”，两次间拱券饰二龙戏珠；山门明间北面拱券上镶石扁一方，上书“山陕庙，河东夫子”。山门立面挑檐柱为垂莲柱，柱间自下而上用穿插枋、额枋和平板枋；穿插枋下做花草透雕雀替，穿插枋和额枋之间做花草、鸟兽、建筑等题材的透雕隔架；平板枋上施一斗二升，柱头科与平身科形制相同；边楼明间和侧面各施 1 攒平身科，共计 14 攒；中楼明间施 2 攒平身科，次间和侧面各施 1 攒，共计 14 攒；总计用斗拱 28 攒。梁头做龙头雕刻交龙头云尾斗拱，垂莲柱头及穿插枋头做花草雕刻。柱间封檐板均不承重，上槛用燕尾榫与柱头拉结，下槛方头嵌于坐斗口中。屋顶均为歇山式绿色琉璃剪边筒瓦顶，檐枋下间均为木雕驼墩、垂莲柱、雀替等。

③面。

山门木构架分东、西边楼和中楼 3 个独立的部分，中楼及东、西边楼剖面梁架为彻上露明造，抬梁式，屋架进深 3 椽。梁架由前后檐柱及中柱支顶，梁与柱十字相交，挑出于前后檐柱外侧，梁头两侧各承一根檐檩，梁头下端各悬一根垂莲柱。檩上铺钉圆椽，中楼两山出际 1 450 mm，边楼两山出际 1 165 mm，中楼及边楼前后檐上均出 1 165 mm，檐椽出 715 mm，椽飞出 450 mm，其上铺钉望板，形成木基层。

2. 5. 1. 5　价值评估

洛阳山陕会馆，重檐叠阁，雕梁画栋，高墙深院，既安全牢固，又显得威严气派。其设计之精巧，工艺之精细，充分体现了我国清代会馆建筑的独特风格。整组建筑气势恢宏，布局严谨，建筑艺术精湛，是一座具有独特风格的古代建筑群，有很高的历史价值、艺术价值、科学价值和社会价值。

1. 历史价值

洛阳在历史上，曾长期是中国政治、经济、军事中心，先后有十三个朝代在此建都。在盛唐时候，它是享誉世界的国际商业城市，宋朝时，洛阳地位衰弱，降为陪都，元、明、清时为河南府治所在。顺治、康熙、乾隆先后重修洛阳城池，建筑城楼，形成了现今的洛阳老城，洛阳老城大致呈正方形，每边 3 华里（1. 5 km），为历史上最小的洛阳城池，和汉唐相比，已是不可同日而语了，但它仍是繁华的商业中心和交通要道及军事要地。洛阳山陕会馆位于洛阳市老城区九都东路 171 号，系当时山西、陕西两地巨商大贾筹资修建。它坐北朝南，东临瀍河，西靠商业区，向南濒临洛河，古洛河河道宽阔、流量大、水运繁荣，可见会馆交通之方便、地理位置之显要，这是作为商业贸易中转站、商人聚点的重要条件。在清代洛阳老城中，密密麻麻的青砖青瓦的民房中矗立着偌大的山陕会馆，彰显晋商、秦商的实力，同时也体现了清朝商业的发达，商人地位的相应提高及洛阳与山西、陕西的商贸的频繁。明末清初广大农民的长期反抗斗争，使封建关系得到了一些调整，为清初社会经济的恢复和发展创造了条件。清朝的四位皇帝顺治、康熙、雍正、乾隆不断保持开明专制政绩，这是清朝繁荣和和平的时期。

于是在农业和手工业生产发展的基础上，清代的商业十分繁荣，这使得地区之间的经济联系进一步加强，棉花、布匹、盐、铁、粮食是当时销售量最大的商品。《皇朝经世文编》卷四《清设商社疏》载："商业往来，以盐、当、米、木、花布、药材六行最大，而各省会馆亦多。"据记载当时河南府多山、陕、河北商人，而晋商为最多。嘉庆《孟津县志·民俗》言："盐当各商多晋人。"据《建修关帝庙潞泽众商布施碑记》载："其中棉布商48家，布店商38家，杂货商14家，铁商5家，广货商12家，扪布坊46家，油坊57家。"由此可见，两地晋商的规模庞大，出于商业活动所需，建设相应的会馆，就成为必然了。

中国的会馆，兴盛于明代，鼎盛于清朝，衰微于民国。会馆的发达同科举制度和商业经济有着密切的关系。可以说会馆的兴衰从某一角度反映了明清以来社会政治、经济、文化的演变。洛阳山陕会馆始建于康熙年间，整体建筑群呈现了中国传统文化的地方特色，经历了近300年的沧桑，其本身就是一部经典历史教科书，具有丰富的历史价值，是我们研究清代以来洛阳地区社会、经济、文化的重要历史实物。

2. 艺术价值

洛阳山陕会馆是清代商业文明和晋商文化相结合的产物。整个古代建筑群层次分明，结构严谨，现存山门、舞楼、拜殿、正殿等清代建筑，是河南省现存规模宏伟、保存完整的古代建筑之一，是研究行业会馆建筑和晋、豫商贸的实物资料。

洛阳的山陕会馆在建筑及装饰艺术上非常讲究，其殿堂式建筑，集建筑、雕刻、绘画、琉璃工艺为一体。其中殿宇檐拱勾连交错，雕作奇巧，大殿、后殿的柱顶石雕刻艺术精湛、独具特色；檐下有木雕亭台楼阁、禽兽花卉、龙凤呈祥、麒麟送子等，上百件木雕，各有特色，精细之极，特别是檐内梁枋上的彩绘，花鸟、人物造型生动、颜色鲜艳，为中原地区规模最大、保存最完好的清代原始彩绘。

现存精美的木雕和石雕，保存完好，具有重要的艺术价值。会馆装饰以木雕、石雕、琉璃脊饰和彩绘最为突出。木作部分，斗拱、雀替等皆精雕细刻；石作部分，石狮、柱础、栏板等造型皆风格独特、罕见；琉璃脊饰更是遍布脊的端部和中部，如大吻、宝珠、天王、力士、套兽等；不少彩绘是始建所绘，十分珍贵。最值得一提的是山陕会馆的琉璃工艺，建筑屋面各种琉璃构件色彩绚丽、纹饰造型丰富、制作精湛，特别是处于建筑群最南端的盘龙琉璃照壁为豫西地区目前保存所仅有。该琉璃照壁洛阳人称"九龙壁"，为会馆一绝，是一座多彩釉陶和雕砖相结合垒砌而成的群体艺术造型。总之，洛阳的山陕会馆建筑构件细腻、装饰艺术手法颇具讲究，是历来各地山陕会馆的典范，具有非常高的艺术价值。

3. 科学价值

洛阳山陕会馆建于清康熙、雍正年间，虽经后代修缮，但无论结构处理方式还是建筑构件均保留着很多地方手法，因此具有极高的科学价值。其一进院的建筑价值主要有以下几个方面：

（1）会馆建筑的梁架多采用抬梁式，檩条以下垫托以素枋，并有隔架科的作法，与清代同期的“檩三件”做法不同。

(2)其斗拱的用材、制作手法及布局都保持早期的特点。不论正心还是出跳,多用单拱造,其单拱造这种古制,常见于晋南山区的古代建筑中,平身科布局不论明间还是次间,多用1攒或不用,柱头科和平身科的斗口等大。

(3)其角梁做法,采用“递角梁法,辅以抹角梁”,是元明之后北方常见的手法,与清代官式合抱金桁做法不同。

(4)歇山顶的收山较大,山面有出际,配有悬鱼、惹草等木雕。其补间皆用斜拱,在晋南一些地方建筑中常见使用。

(5)建筑构架上的彩绘系典型的河南地方彩绘手法,与同期的官式彩绘差异较大,是研究清代河南地方建筑彩绘的重要资料,其科学价值极为珍贵。

4. 社会价值

洛阳山陕会馆历经近三百年的沧桑变化,主体建筑及整体格局基本完好,建筑布列有序、层次分明、结构严谨,为中原地区保存较好的清代建筑群之一。同时其在建筑设计与营建上表现出清式建筑技术、艺术之成就,颇具独到之处。由于这一组建筑面貌绚丽、整体结构完整,因此这一建筑群体尚有很高的文化旅游价值和社会价值。

隋唐大运河南关码头位于洛河北岸、洛阳山陕会馆西南侧,全国各地的粮食等物资通过通济渠运到洛阳,再从此运到城内各处。2012 年 10 月洛阳隋唐大运河博物馆成立。2012 年 10 月—2013 年 8 月洛阳大运河博物馆在东、西官厅,厢房,戏楼,正殿,拜殿,东、西配殿开始布展。戏楼前院内地面开始雕刻运河水系图、月台安放护栏等。随着大运河遗产保护和申遗工作的全面开展、逐步深入和稳步推进,洛阳段的运河遗产已得到充分的发掘和有效的保护,同时,洛阳山陕会馆作为洛阳隋唐大运河博物馆也得到了科学的保护和合理的利用。

2. 5. 1. 6 洛阳山陕会馆一进院现状勘察措施

1. 勘察主要内容和手段

(1)勘测目的。

对山陕会馆建筑本体及周边环境进行勘察,重点是对文物本体进行现状勘测及维修加固设计。

(2)勘测范围及对象。

山陕会馆建筑本体及周边环境。

(3)测绘工具。

经纬仪、电子激光测距仪、数码相机、水平尺、钢卷尺、垂球等。

(4)测绘方法。

①手工勾绘结构、外观形状、大样等草图:通过直接现场勘测记录,探明建筑结构特点,将构造原貌的各种数据,作为制定维修方案的依据。

②残损现状勘察:对暴露出且确认已糟朽的木构件,明显的坍塌、劈裂、断裂部件都进行了探察;对不易探察的部位,主要采用敲击法和分析观察、综合分析的办法进行了探察。

③资料核对:对照有关资料及走访知情老人,对建筑的现状与早期原状的差别进行了对比分析,对现存建筑的状况进行对照、观察并分析其病害及原貌。

以上几种勘察方法的综合应用,使本次勘察基本具备科学化、量化的特点,为以后维修工作打下了良好的基础。

2. 一进院文物建筑整体生存环境现状

(1)目前洛阳山陕会馆作为隋唐大运河博物馆免费开放,接待及参观人员较多,现院内地面、台阶柱子等损毁较多,照壁与山门之间的地面残毁严重,残损面积19.6 m^2,其余院内铺地青砖局部酥碱、断裂,残损面积40.6 m^2,影响观瞻且有不安全因素,给文物环境造成较大损毁。

(2)室内外用电线路杂乱、老化,对建筑消防安全造成严重安全隐患。

(3)随着城市化进程的加剧,洛阳山陕会馆被老城居民区建筑包围,建筑环境及周边社会环境复杂,文物环境发生较大变化,历史风貌不完整、原真性保存较差。周边环境与其建筑风貌存在极大的反差,应重新加以规划。由于此次维修保护设计仅限于山陕会馆一进院建筑本体和院内地面铺装,因此对总体环境规划不做进一步阐述。

2.5.1.7 洛阳山陕会馆一进院单体文物建筑现状勘察

1. 照壁

根据现场勘察情况,照壁主要存在以下问题:

(1)南立面墙体风化、酥碱严重。

(2)北立面琉璃构件部分褪色,釉面部分开裂、脱落。

根据古代建筑维修级别划分的标准:“承重结构中原先已修补加固的残损点,有个别需要重新处理;新近发现的若干残损迹象需要进一步观察和处理,但不影响建筑物的安全和使用”,分析照壁现状,建筑整体残损程度应列为 Ⅱ 类。

2. 东仪门

根据现场勘察情况,东仪门主要存在以下问题:

(1)地面凹凸不平。

(2)柱子劈裂,飞椽糟朽。

根据古代建筑维修级别划分的标准:“承重结构中原先已修补加固的残损点,有个别需要重新处理;新近发现的若干残损迹象需要进一步观察和处理,但不影响建筑物的安全和使用”,对照该建筑现状残损情况,其建筑整体残损程度应列为 Ⅱ 类。

3. 西仪门

根据现场勘察情况，西仪门主要存在以下问题：

(1)地面凹凸不平。

(2)柱子劈裂。

根据古代建筑维修级别划分的标准："承重结构中原先已修补加固的残损点，有个别需要重新处理；新近发现的若干残损迹象需要进一步观察和处理，但不影响建筑物的安全和使用"，对照该建筑现状残损情况，其建筑整体残损程度应列为 Ⅱ 类。

4. 山门

根据现场勘察情况，山门主要存在以下问题：

(1)墙体有裂缝。

(2)墙基以上 1.2 m 风化、酥碱严重。

(3)八字墙墙面风化、酥碱严重。

根据古代建筑维修级别划分的标准："承重结构中原先已修补加固的残损点，有个别需要重新处理；新近发现的若干残损迹象需要进一步观察和处理，但不影响建筑物的安全和使用"，对照该建筑现状残损情况，其建筑整体残损程度应列为 Ⅱ 类。

2.5.1.8 洛阳山陕会馆一进院残损原因分析及安全状态评估

1. 残损原因分析

洛阳山陕会馆的残损病害原因主要分为两大类：自然侵蚀和人为破坏。

(1)自然侵蚀。

①水害。

水害包括冻融、地下水回渗及有害盐类对建筑的损害，地面积水对墙体下部的侵蚀损害。主要表现为墙体与屋面构件冻融酥碱、剥落，黏合材料变性流失，室内地面潮湿，等等。

②风化现象。

风化现象主要表现为墙体粉饰层脱落，露明建筑材料的表面酥碱、风化等。

④生物病害。

生物病害包括屋顶植物的生长、局部木构件的霉菌作用等。主要表现为植物根系发育致使局部屋面结构松散，木构件局部糟朽，等等。

⑤自然受力和天然缺陷。

自然受力和天然缺陷主要表现为墙体用材、构造上存在天然缺陷，雨水渗入墙体后导致砌筑砂浆受潮粉化膨胀；荷载作用导致墙体出现裂缝、外鼓等现象；门窗洞口处与上部墙体或梁头与下部墙体交接处采取的构造措施不够完善，导致墙体在温度应力、集中应力作用下产生八字缝或斜向裂缝。

(2)人为破坏。

①对于建筑的不当修缮。

对于建筑的不当修缮主要表现为后人维修时改变墙体砌筑方式、构造与形象特点,墙体材料、地面铺装材料等现代建筑材料的使用。

②人为原因。

人为原因包括对建筑的不合理利用、民众缺乏文物保护知识对建筑形制的破坏等。

2. 安全状态评估

参照《古代建筑木结构维护与加固技术规范》(GB 50165—92)第四章第一节结构可靠性鉴定中有关规定,并结合现场勘察情况,此次方案中建筑的残损程度应为 Ⅱ 类。

Ⅰ 类建筑承重结构中原有的残损点均已得到正确处理,尚未发现新的残损点或残损征兆。

Ⅱ 类建筑承重结构中原先已修补加固的残损点,有个别需要重新处理;新近发现的若干残损迹象需要进一步观察和处理,但不影响建筑物的安全使用。

Ⅲ 类建筑承重结构中关键部位的残损点或其组合已影响结构安全和正常使用,有必要采取加固或修理措施,但尚不致立即发生危险。

Ⅳ 类建筑承重结构的局部或整体已处于危险状态,随时可能发生意外事故,必须立即采取抢修措施。

(1)照壁主要存在残损,有釉层脱落、起翘,部分缺失等问题。针对以上问题,对照壁的维修措施为:

①清洗琉璃照壁。

去除照壁表面的有害物质,恢复其历史真实性。

②黏结琉璃脱落件。

把脱落的琉璃残块清洗干净,晾干后用环氧树脂进行黏结。

③色彩的处理。

为了体现琉璃照壁的建筑美学价值,采用丙烯酸颜料对风化部位涂刷及灰缝填充的灰泥进行随色处理,包括暴露在外面的铁构件。随色略浅于周围颜色,达到和谐又可辨识的效果。

④表面封护。

对釉面完好但下部有可溶性盐的部位,可选用50%聚甲基硅氧乙烷的石油醚溶液进行涂刷封护。待成膜后再用毛刷对琉璃照壁表面通体涂刷一遍10%的聚甲基硅氧乙烷的石油醚溶液封护剂,形成连续致密的保护膜,阻止雨水渗入照壁墙体。

(2)山门,舞楼及东、西廊房存在的主要问题有台明、墙体酥碱,部件缺失,屋架歪闪,装修残毁部分佚失,屋顶部分残毁,瓦件断裂佚失。针对以上问题,对山门,舞楼及东、西廊房的主要维修措施为:

①台基。

修整台明,补配阶条石,修补地面铺墁的条砖,重做散水。

②墙体。

补砌缺失墙体，挖补酥碱墙体(酥碱深度大于 20 mm 者)，对于墙面盐性结晶、表面沉积，用灰刀、植物刷、铜丝刷等工具进行机械清除。

③大木作。

补配糟朽的博风板和散斗等构件；更换若干糟朽的椽子、连檐、瓦口木、里口木、望板、扶脊木和山花板、楼梯、地板和挂檐板等。

④小木作。

复制内外檐装修，包门、窗、隔断；补配天花；补配木雕。

⑤木材表面保护修复。

旧构件使用二糖苷杀虫，根据木材的渗透性决定药品用量及应用喷涂或涂刷等方法；新构件采用桐油做防腐、防蛀处理，以喷涂方法为主；所有墩接柱根刷沥青漆做防潮处理；补配的构件表面用丙烯做旧(主要是从保护修复后的审美需要考虑)。

⑥屋顶。

屋顶的修复主要包括瓦件和苫背两部分，瓦件有布瓦和琉璃瓦两种。屋顶的修复方案是揭顶，因为必须保证除了补配瓦件之外的所有瓦件经修复后能够恢复原位，所以工作人员在操作中对所有琉璃构件进行了编号，构件拆卸下来后运到指定位置并分类；一部分病变轻微的在现场做清洗和加固修复，而更多的属于缺失、碎裂、脱釉严重的，都委托当地琉璃瓦厂按照商讨的修复方案生产加工。需要指出的一项改进措施是将舞楼歇山屋顶南面的两个垂脊缩短了 400 mm，从而加宽了天沟排水的宽度，保证屋面天沟排水通畅。

2.5.1.9 洛阳山陕会馆一进院现状照片

洛阳山陕会馆一进院现状照片如图 2.5.2 至图 2.5.7 所示。

图 2.5.2 照壁北立面现状照片

图 2.5.3 照壁南立面现状照片

图2.5.4　东仪门现状照片

图2.5.5　西仪门现状照片

图2.5.6　山门南立面现状照片

图2.5.7　山门北立面现状照片

2.5.2　洛阳山陕会馆一进院修缮做法

2.5.2.1　修缮依据

(1)《中华人民共和国文物保护法》(2017年11月修订)。

(2)《中华人民共和国文物保护法实施条例》(2017年10月)。

(3)《中国文物古迹保护准则》(2015)。

(4)《河南省〈文物保护法〉实施办法(试行)》。

(5)《文物保护工程管理办法》(2003)。

(6)《古代建筑木结构维护与加固技术规范》(GB 50165—92)。

(7)《洛阳山陕会馆一进院修缮保护现状勘察报告》。

(8)国家现行相关文物建筑修缮保护规范。

(9)历史文献等文字记载资料及走访调查所得资料。

2.5.2.2　修缮原则、思路及指导思想

1. 修缮原则

本书遵照《中华人民共和国文物保护法》有关精神,按照《文物保护工程管理办法》的要求及《古代建筑木结构维护与加固技术规范》(GB 50165—92)标准,参照其他具有相似问题建筑的成功修缮范例,并结合洛阳山陕会馆的建筑特点,总结出其修缮保护应遵循如下原则:

(1)洛阳山陕会馆的维修工作,以《中华人民共和国文物保护法》为基本原则,严格遵守我国古代建筑维修管理的有关条例及规定,结合其建筑特点,对之进行整修。

(2)必须遵守不改变文物原状的修缮原则,不改变任何有历史意义的遗存。

(3)慎重对待复原问题。凡复原者,必须具有足够的依据。出于保护和使用要求的复原,应不在艺术和时代特征上刻意臆测,待以后有确实的依据再进行复原。

(4)尽可能多地保留原构件。对构件的更换必须掌握在最小的限度。凡是能加固使用的原构件,均应予以保存;确实无法使用但具备较高的历史与艺术价值的构件拆除后应予以妥善保护。

(5)新补配的部分应具有可识别性和可逆性。当用原材料、原工艺进行维修时,应注意使新配部分在材料的色泽、细部、纹路等方面与原件有一定程度区别,如有可能,应在所用材料、构件的隐蔽部位做出时间及修缮情况标记。对薄弱结构,可在隐藏部位用现代材料或构造进行补强。

(6)在建筑形制、尺度,构件尺寸与构件承载力出现矛盾时,应在保证建筑形制、尺度,构件尺寸为前提的条件下,通过结构加固设计,对承载力不足的构件予以补强。保证结构安全,延长构件寿命。

2. 修缮思路

以保留和有依据地恢复原形制、做法、工艺,从而保证其时代特征未遭变动为首要原则,并在制定设计方案时将设计人思维对建筑的干预控制在最低程度。在结构安全的情况下将修缮范围严加控制,最大限度保证文物建筑的历史特征得以延续。通过修缮客观地、较好地

保护建筑的稳定性及建筑的真实性,整修恢复其时代风貌。

因此,在保证结构安全的前提下最大限度地保留原有构件,对已无法继续使用的予以更换,通过现存结构具体的病症、病害特征加以分析,采取相应的加固措施,在建筑时代特征不发生变动的情况下对结构的薄弱部位予以加强,从根本上解决结构安全隐患,增强结构强度储备,从而使得修缮后的结构可靠性鉴定达到 Ⅰ 类建筑(承重结构件无残损征兆)标准、抗震鉴定达到合格标准。

3. 指导思想

坚持"保护为主,抢救第一,合理利用,加强管理"的文物工作方针,在对洛阳山陕会馆的现状进行认真勘察、评估的基础上,按照文物保护原则,全面消除其病害和安全隐患,保持洛阳山陕会馆的稳定性和安全性,真实、全面地保存并延续洛阳山陕会馆的历史、艺术、科学及社会价值,在保证文物本体及其历史环境的安全性、完整性的同时充分发挥其社会价值,使洛阳山陕会馆能够完好地保存下去。

2.5.2.3　维修保护做法

单体建筑出现的问题的维修保护设计,除遵守相关规范外,结合洛阳山陕会馆现状实际,应遵循以下维修保护处理方法:

1. 散水维修

补配佚失散水。具体做法:素土夯实→150 mm 厚三七灰土垫层→25 mm 厚掺灰泥坐底→300 mm × 150 mm × 70 mm 青砖→白灰浆勾缝。

2. 室内地面维修

拆除凹凸不平地面,用青砖重新铺墁(尽量使用旧砖,以保持其历史沧桑感)。地面做法:素土夯实→300 mm 厚三七灰土垫层→30 mm 厚掺灰泥坐底→300 mm × 150 mm × 70 mm 青砖→白灰浆勾缝。

3. 墙体维修加固

(1)对轻度酥碱的墙砖,可将酥碱部分剔除干净,继续使用;对酥碱深度大于 2 cm 的墙砖,用小铲子或凿子将酥碱部分剔除干净,用砍磨加工后的砖块按原位、原形制镶嵌,用白灰砂浆粘贴牢固,白灰浆勾缝。做好院内排水、通风工作,延缓墙体酥碱速度。

(2)墙体细微裂缝(5 mm 以下)采用铁扒锔沿缝加固。较宽裂缝(5 mm 以上),每隔相当距离,剔除一层砖块,内加扁铁(400 mm × 100 mm × 8 mm)拉固。补砖后将裂缝用石灰砂浆(1∶1)调砖灰勾缝。

(3)对结构可靠性评估后存在影响结构稳定的墙体,予以拆除重砌。

4. 石作维修加固

(1)表面风化、酥碱的部分,凡不影响安全与艺术造型者,剔除酥碱部分即可。

(2)断裂维修。按原形制用同石质加环氧树脂黏结、补配。黏结时距离表面留有5~10 mm 的空隙,再用乳胶掺原石粉补抹整齐,与周围色泽一致。

5. 大木作维修方法、技术

(1)受压构件维修加固。

①柱根糟朽加固:表皮糟朽不超过柱径1/2 时采用剔补加固,根部糟朽不超过柱高的1/4~1/3 时,可用墩接;柱中空糟朽或下半部糟朽高度超过1/4~1/3,不适用于墩接的应更换。

②柱劈裂加固:自然劈裂宽度超过0.5 cm 的用环氧树脂加木条镶嵌加固,缝宽3 cm 以上的用环氧树脂加木条粘接,外加铁箍二道;受力劈裂构件除用上述加固方法外,应减少荷载,附加支撑必须要使用可更换构件。柱劈裂加固图如图2.5.8 所示。

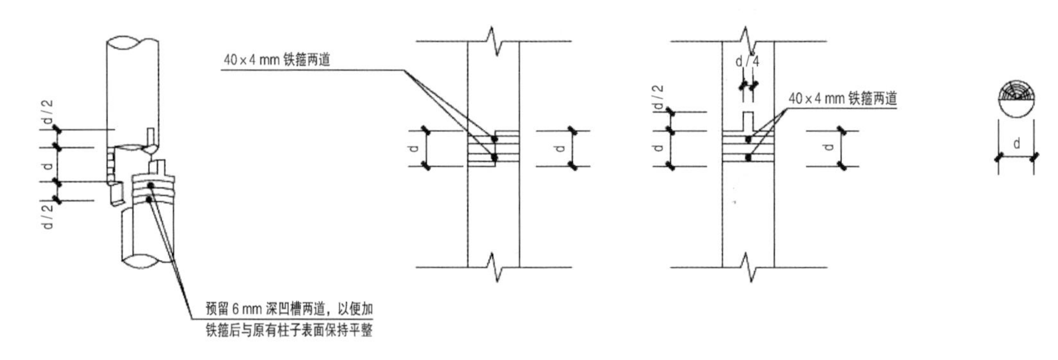

图2.5.8　柱劈裂加固图

(2)受弯构件维修加固。

①梁、枋劈裂弯垂加固:采用构件组合或增大受力截面面积、减小构件计算长度等方式加强构件刚度;一般裂缝采用打箍和粘接,缝宽超过0.5 cm 时用环氧树脂加木条粘接,外加铁箍二道;榫头糟朽、折断或扭闪糟朽严重时更换构件。

②檩条维修加固:上部和局部糟朽者剔补,经计算断面不足时更换,拔榫的拆装拨正并加铁锔。所有檩件进行铁件加固,加强檩条间平面约束力,加强屋顶平面刚度。

③梁、枋、檩糟朽加固:糟朽断面经计算仍能安全承载者,剔除糟朽部分,用木料钉补粘接;面积较大的外加铁箍;断面不足者原材料更换。

6. 木基层维修

施工时应对残毁旧椽进行筛选,一般情况依靠一些经验数据进行判断。以下为豫西地区施工常用的数据,供参考:

(1)糟朽:局部糟朽不超过原有直径的2/5 的认为是可用构件。但需注意糟朽的部位,如椽子本身是一个挑梁,受力最大的支点在挑檐檩或正心檩处,常因漏雨顺钉孔糟朽,孔径不超过直径1/4的可以继续使用,而椽头糟朽不能承托连檐时则列为更换构件。

(2)劈裂:深不超过1/2直径,长度不超过全长2/3的,认为是可用构件。椽尾虽裂但仍能下钉的也应继续使用。

(3)弯垂:由于受力大而弯曲的,不超过长度2%的认为是可用构件。自然弯曲的构件不在此限。

①飞椽椽尾折断或糟朽的,更换;花架椽弯垂矢高大于2%时更换,不足时刷桐油后继续使用,糟朽者更换。

②细小的裂缝一般暂不做处理,等油饰或断白时勾抿严密;较大的裂缝(2 mm以上)嵌补木条,用胶粘牢或在外围用薄铁条(宽约20 mm,俗称铁腰子)包钉加固。

(4)糟朽处应将朽木砍净,用拆下的旧椽料按糟朽部位的尺寸,砍好再用胶粘牢。胶的品种古代用鱼皮鳔胶、皮胶或骨胶。椽子顶面(底面为下面)糟朽在10 mm以内的,只将糟朽部分砍刮干净,不再钉补。

(5)连檐糟朽、弯曲者更换。

7. 屋面维修

(1)瓦缝维修:瓦缝勾灰脱落者以灰浆重新勾缝。

(2)漏雨维修:漏雨部分揭瓦重做苫背、铺瓦。

(3)瓦件维修:按规定不能继续使用的更换;佚失或形制、色彩不合的设计应依原样补配。具体做法:木椽→25 mm厚望板→10 mm厚护板灰→60 mm厚麻刀泥分3层→20 mm厚青灰背→30 mm厚月白灰背→瓦瓦泥→筒板瓦(筒瓦:长×宽×高=280 mm×140 mm×15 mm;板瓦:长×宽×高=160 mm×160 mm×15 mm)。

8. 装修

应根据当地同时期传统建筑装修特点进行恢复。

9. 油饰、彩画

另做方案,部分未尽事宜,根据具体情况具体分析处理。

2.5.2.4　环境整治

(1)平整照壁与山门之间的地面。具体做法:素土夯实→300 mm厚3:7灰土垫层→30 mm厚中砂垫层→地面铺设300 mm×150 mm×70 mm青砖→白灰浆勾缝。其余轻度酥碱、断裂的青砖继续使用,断裂、缺失严重的替换。

(2)及时疏通排水管道,保证院内排水顺畅。

(3)修整室内外杂乱、老化用电线路,保证院内用电安全。

2.5.2.5　工程性质及修缮类别

1. 工程性质

依据《中国文物古迹保护准则》文物古迹修缮分类有关规定，该工程为重点修复工程。

2. 工程修缮类别

按照相关规范的有关规定，本书对本体建筑残损情况进行了外观、结构可靠性鉴定。针对存在问题，按照《古代建筑木结构维护与加固技术规范》的有关规定对洛阳山陕会馆的情况进行了结构可靠性鉴定，将洛阳山陕会馆一进院维修定为 Ⅱ 类，采取局部挑顶维修。具体维修措施如下。

(1)照壁。

根据对照壁存在的残损勘察及其结构可靠性鉴定，将其定为 Ⅱ 类残损，对其进行维修加固，具体做法见照壁维修措施对照表(表 2.5.2)。

表 2.5.2　照壁维修措施对照表

类别	名　称	现状残损	维修措施
须弥座	南立面	现被后加青砖覆盖。	拆除后加青砖，恢复须弥座南立面原貌
	北立面	须弥座表面风化、酥碱，风化、酥碱面积 2.64 m^2	剔补须弥座酥碱。先将酥碱部分剔除干净，用乳胶掺石粉、色料粘补齐整，再用白布擦拭光亮
壁身	南立面	现被后加青砖覆盖	拆除后加青砖，恢复壁身南立面原貌
	北立面	①东侧一方照壁釉面开裂脱落，脱落面积 1.6 m^2，琉璃构件部分褪色，褪色面积 2.1 m^2 ②中间一方照壁釉面开裂脱落，脱落面积 2.6 m^2，琉璃构件部分褪色，褪色面积 2.8 m^2 ③西侧一方照壁釉面开裂脱落，脱落面积 1.6 m^2，琉璃构件部分褪色，褪色面积 2.1 m^2	对照壁琉璃部分进行清洗，粘接脱落部分，修复褪色部分，更换脱釉严重的琉璃构件
瓦顶	瓦顶	东侧瓦顶琉璃构件褪色，褪色面积 1.2 m^2，中间瓦顶琉璃构件褪色，褪色面积 2.2 m^2，西侧瓦顶琉璃构件褪色，褪色面积 2.2 m^2	对琉璃构件进行清洗，修复褪色部分，更换脱釉琉璃瓦件
连接墙体	墙体	连接墙体为后期添加	现状保留

(2)东仪门。

根据对东仪门存在的残损勘察及其结构可靠性鉴定,将其定为Ⅱ类残损,对其进行局部挑顶维修,具体做法见东仪门维修措施对照表(表2.5.3)。

表2.5.3 东仪门维修措施对照表

类别	名称	现状残损	维修措施
台基	地面	地面凹凸不平,残损面积4.6 m^2	清理现有地面,拆除凹凸不平地面,用青砖重新铺墁。具体做法:素土夯实→300 mm厚三七灰土垫层→30 mm厚掺灰泥坐底→300 mm×150 mm×70 mm青砖→白灰浆勾缝
木结构部分	柱子	①南边柱有两道裂缝,裂缝长1 800 mm,宽30 mm,深70 mm ②南中柱有两道裂缝,裂缝长2 000 mm,宽35 mm,深65 mm ③北中柱有两道裂缝,裂缝长2 100 mm,宽40 mm,深75 mm;另一个缝长1 700 mm,宽30 mm,深60 mm	自然劈裂宽度超过5 mm的木条镶嵌并粘接牢固,缝宽30 mm以上的嵌旧木条粘接,外加铁箍
	檩	基本完好	—
斗拱	斗拱	①北楼斗拱有一拱劈裂,裂缝长120 mm,宽5 mm,深10 mm ②南楼斗拱有一拱劈裂,裂缝长340 mm,宽5 mm,深10 mm	劈裂未断的可灌缝粘牢;左右扭曲不超过3 mm的应继续使用,超过的可更换
木基层部分	椽	①前檐檐椽劈裂5根,后檐檐椽劈裂8根 ②后檐飞椽糟朽20根 ③后檐连檐糟朽	①修补开裂。具体做法:细小的裂缝一般暂不做处理,等油饰或断白时勾抿严密。较大的裂缝(2~5 mm以上)嵌补木条,用胶粘牢或在外围用薄铁条(宽约20 mm,俗称铁腰子)包钉加固 ②剔补糟朽。具体做法:糟朽处应将朽木砍净,用拆下旧椽料按糟朽部位的尺寸,砍好再用胶粘牢。椽子顶面糟朽在10 mm以内的,只将糟朽部分砍刮干净,不再钉补 ③依照原形制、原样式更换糟朽连檐
屋面部分	屋顶	①东边楼屋面瓦件断裂1.02 m^2,脱釉1.5 m^2,酥碱1.2 m^2。中楼屋面瓦件断裂2.3 m^2,脱釉1.8 m^2,酥碱2.6 m^2 ②西边楼屋面瓦件断裂1.1 m^2,脱釉1.35 m^2,酥碱1.26 m^2	按原形制、原样式更换断裂、脱釉、酥碱瓦件

(3)西仪门。

根据对西仪门存在的残损勘察及其结构可靠性鉴定,将其定为 Ⅱ 类残损,对其进行局部挑顶维修,具体做法见西仪门维修措施对照表(表 2.5.4)。

表 2.5.4　西仪门维修措施对照表

类别	名　称	现状残损	维修措施
台基	地面	①地面凹凸不平,残损面积 4.6 m^2 ②前檐阶条石断裂	①清理现有地面,拆除凹凸不平地面,用青砖重新铺墁。具体做法:素土夯实→300 mm 厚三七灰土垫层→30 mm 厚掺灰泥坐底→300 mm × 150 mm × 70 mm 青砖→白灰浆勾缝 ②按原形制用同石质加环氧树脂黏结、补配。黏结时距离表面留有 5 ~ 10 mm 的空隙,再用乳胶掺原石粉补抹整齐,与周围色泽一致
木结构部分	柱子	①南边柱有一道裂缝,裂缝长 1 750 mm,宽 30 mm,深 70 mm ②北中柱有一道裂缝,裂缝长 2 300 mm,宽 40 mm,深 75 mm ③北边柱有一道裂缝,裂缝长 800 mm,宽 30 mm,深 60 mm	自然劈裂宽度超过 5 mm 的木条镶嵌并粘接牢固,缝宽 30 mm 以上的嵌旧木条粘接,外加铁箍
	檩	基本完好	—
斗拱	斗拱	斗拱基本完好	—
木基层部分	椽	①前檐檐椽劈裂 12 根,后檐檐椽劈裂 10 根 ②前檐飞椽糟朽 17 根,后檐飞椽糟朽 18 根	①修补开裂。具体做法:细小的裂缝一般暂不做处理,等油饰或断白时勾抿严密。较大的裂缝(2 ~ 5 mm 以上)嵌补木条,用胶粘牢或在外围用薄铁条(宽约 20 mm,俗称铁腰子)包钉加固 ②剔补糟朽。具体做法:糟朽处应将朽木砍净,用拆下旧椽料按糟朽部位的尺寸,砍好再用胶粘牢。椽子顶面糟朽在 10 mm 以内的,只将糟朽部分砍刮干净,不再钉补
屋面部分	屋顶	①东边楼屋面瓦件断裂 1.2 m^2,脱釉 1.3 m^2,酥碱 1.25 m^2。中楼屋面瓦件断裂 2.4 m^2,脱釉 1.7 m^2,酥碱 2.3 m^2 ②西边楼屋面瓦件断裂 1.2 m^2,脱釉 1.4 m^2,酥碱 1.3 m^2	按原形制、原样式更换断裂、脱釉、酥碱瓦件

(4)山门。

根据对山门存在的残损勘察及其结构可靠性鉴定,将其定为 Ⅱ 类残损,对其进行挑顶维修,具体做法见山门维修措施对照表(表 2.5.5)。

表 2.5.5　山门维修措施对照表

类别	名　称	现状残损	维修措施
地面部分	台明	①台明表面风化、酥碱,深 30 mm,残损面积 3.5 m^2 ②前檐阶条石风化、酥碱,酥碱面积 1.06 m^2;檐阶条石风化、酥碱,酥碱面积 1.02 m^2	①用小铲子或凿子将酥碱部分剔除干净,用砍磨加工后的砖块按原位、原形制镶嵌,用白灰砂浆粘贴牢固,白灰浆勾缝 ②剔补阶条石酥碱。具体做法:先将阶条石酥碱部分剔除干净,用乳胶掺和石粉、色料粘补齐整,再用白布擦拭光亮
	室内地面	明间铺地青砖酥碱、断裂,残损面积 2.1 m^2;东次间铺地青砖酥碱、断裂,残损面积 1.8 m^2;西次间铺地青砖酥碱、断裂,残损面积 1.8 m^2	轻度酥碱、断裂的青砖继续使用,断裂、缺失严重的替换。具体做法:素土夯实→300 mm 厚三七灰土垫层→30 mm 厚掺灰泥坐底→300 mm×150 mm×70 mm 青砖→白灰浆勾缝
砖石拱门台座	南立面	砖墙下部 1 200 mm 范围内酥碱,深 30 mm,残损面积 8.9 m^2	对墙体轻度酥碱的墙砖,继续使用。对酥碱深度大于 20 mm 的墙砖剔补酥碱。具体做法:用小铲子或凿子将酥碱部分剔除干净,用砍磨加工后的砖块按原位、原形制镶嵌,用白灰砂浆粘贴牢固,白灰浆勾缝
	北立面	①砖墙下部 1 250 mm 范围内酥碱,深 25 mm,残损面积 8.5 m^2 ②中间拱门上部有两道裂缝,裂缝长 1 200 mm,宽 30 mm,深 50 mm	①对墙体轻度酥碱的墙砖,继续使用。对酥碱深度大于 20 mm 的墙砖剔补酥碱。具体做法:用小铲子或凿子将酥碱部分剔除干净,用砍磨加工后的砖块按原位、原形制镶嵌,用白灰砂浆粘贴牢固,白灰浆勾缝 ②每隔相当距离,剔除一层砖块,内加扁铁(400 mm×100 mm×8 mm)拉固。补砖后将裂缝用石灰砂浆(1∶1)调砖灰勾缝
	东立面	台座腰线石下部砖墙酥碱,深 25 mm,残损面积 3.45 m^2	对墙体轻度酥碱的墙砖,继续使用。对酥碱深度大于 20 mm 的墙砖剔补酥碱。具体做法:用小铲子或凿子将酥碱部分剔除干净,用砍磨加工后的砖块按原位、原形制镶嵌,用白灰砂浆粘贴牢固,白灰浆勾缝
	西立面	台座腰线石上部 800 mm 范围内酥碱,深 25 mm,残损面积 3.2 m^2	对墙体轻度酥碱的墙砖,继续使用。对酥碱深度大于 20 mm 的墙砖剔补酥碱。具体做法:用小铲子或凿子将酥碱部分剔除干净,用砍磨加工后的砖块按原位、原形制镶嵌,用白灰砂浆粘贴牢固,白灰浆勾缝

续表

类别	名称	现状残损	维修措施
八字墙	八字墙	①东侧八字墙墙面风化、剥落严重,深40 mm,面积8.6 m^2 ②西侧八字墙墙面风化、剥落严重,深45 mm,面积8.3 m^2	剔补风化、剥落墙体。具体做法:用小铲子或凿子将酥碱部分剔除干净,用砍磨加工后的砖块按原位、原形制镶嵌,用白灰砂浆粘贴牢固,白灰浆勾缝
木结构部分	柱子	基本完好	—
	梁	基本完好	—
	檩	基本完好	—
木基层部分	椽	①东边楼前檐檐椽劈裂9根,山面檐椽劈裂11根,后檐檐椽劈裂12根 ②中楼前檐檐椽劈裂28根,飞椽糟朽21根;东山面檐椽劈裂11根;西山面檐椽劈裂13根;后檐檐椽劈裂25根 ③西边楼前檐檐椽劈裂8根,山面檐椽劈裂10根,后檐檐椽劈裂11根	修补开裂。具体做法:细小的裂缝一般暂不做处理,等油饰或断白时勾抿严密。较大的裂缝(2~5 mm)嵌补木条,用胶粘牢或在外围用薄铁条(宽约20 mm,俗称铁腰子)包钉加固
屋面部分	屋顶	东边楼屋面瓦件部分断裂,残损面积12.35 m^2;西边楼屋面瓦件部分断裂,残损面积11.28 m^2;中楼屋面瓦件部分断裂,残损面积31.65 m^2	按原形制、原样式更换断裂瓦件
木装修	门窗	①明间板门下部糟朽,糟朽面积1.6 m^2 ②中楼前檐封檐板遗失1块,面积0.35 m^2;东边楼前檐封檐板遗失1块,面积0.3 m^2	①剔补板门糟朽 ②依照原形制、原样式补配佚失装修

2.5.2.6 其他说明、建议及注意事项

1. 隐蔽构造有差别时的处理原则

由于部分结构处于隐蔽部位而未能详细勘察,具体情况无法准确掌握,因此可能出现个别数据与实际不符现象,所以在工程实施时,均应以遗存实物为准,对于较大的差距,施工档案中要做好调整记录。个别维修措施文本说明中未涉及或未表述清楚的部分详见设计图纸。

2. 维修施工建议及注意事项

(1)施工前,要根据现场实际情况做好文物保护措施,确保文物建筑本体及其生存环境

的安全。

(2)遵守国家现行有关文物建筑施工与施工验收规范进行施工。

(3)在施工过程的每一阶段,都要做详细记录,包括文字、图纸、照片甚至录像,留取完整的工程技术档案资料。如果发现新情况或发现与设计不符的情况,除做好记录以外,须及时通知设计单位,以便调整或变更设计。

(4)设计中选用的各种建筑材料,必须有出厂合格证,并符合国家或主管部门颁发的产品标准,地方传统建材必须满足优良等级的质量标准。

(5)与其他专业(水、电、消防等)密切配合,在开工之前确定配合方案,统筹施工,保证施工质量。

(6)施工前应根据实际情况制定详细的施工组织设计,经批准后实施。

(7)河南省属于暖温带、半湿润季风气候,冬季寒冷,夏季炎热且雨量丰沛,故冬季施工时应注意避免出现含水材料的冻融与施工质量问题,夏季应注意建筑材料的防雨与文物建筑构件的保护问题。

(8)所有场地均需按照国家规定,设置消防、安防设施,并建立严格的责任制度。

(9)加强对洛阳山陕会馆的日常监测及维护,及时排除险情,并根据其损坏程度适时进行维修。

(10)所有因保护需要新添加的材料在竣工图上均应标明,便于后人对洛阳山陕会馆进行研究考证。

(11)应根据材料性质及施工工艺需求合理制定施工周期,不能因盲目赶工影响施工质量。

3. 图纸说明

(1)图纸中所注尺寸以毫米(mm)为单位,标高以米(m)为单位,标高采用相对标高。

(2)图中损毁现状填充纹理、门洞等大样图均为各自部位的材料和做法示意,具体以各部位实物为准。

4. 其他

(1)维修加固过程中应以当地传统建筑材料和建筑构造做法为首选。

(2)未尽事宜均应参照相关法律、法规、规范及要求中的有关要求进行。

(3)建议管理部门请有专业设计资质的单位制定洛阳山陕会馆油饰、彩画保护方案。

(4)建议管理部门请有相关设计资质的单位制定洛阳山陕会馆文物保护规划,对洛阳山陕会馆周边环境进行整治。

2.5.3　洛阳山陕会馆一进院现状测绘图与修缮图对比

1. 照壁北侧平、立面现状勘察图(图 2.5.9)

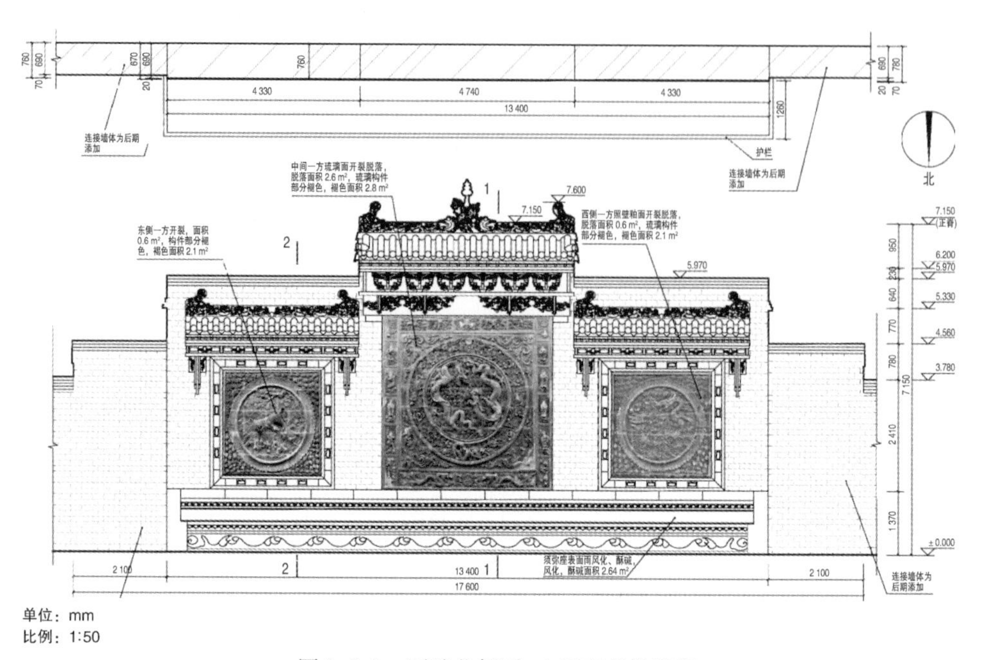

图 2.5.9　照壁北侧平、立面现状勘察图

2. 照壁北侧平、立面修缮图(图 2.5.10)

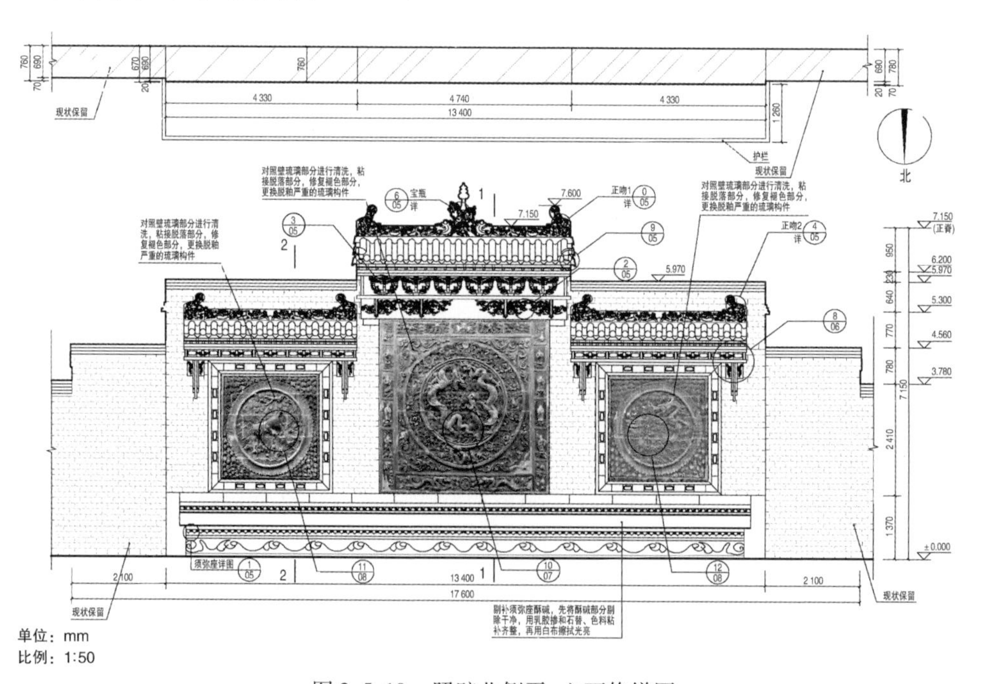

图 2.5.10　照壁北侧平、立面修缮图

3. 照壁侧立面现状勘察图(图2.5.11)

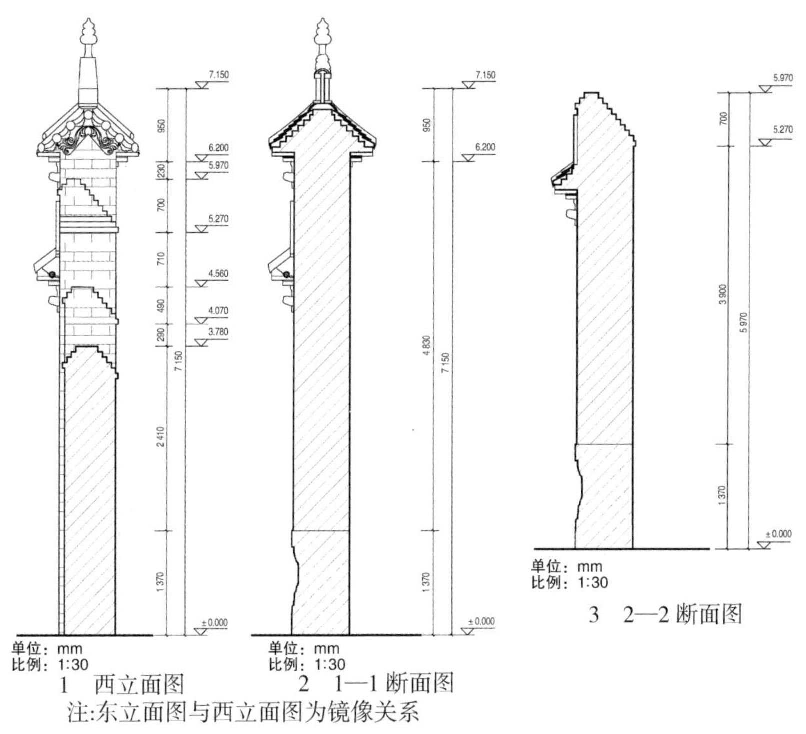

1　西立面图　　2　1—1 断面图　　3　2—2 断面图

注:东立面图与西立面图为镜像关系

图2.5.11　照壁侧立面现状勘察图

4. 照壁侧立面修缮图(图2.5.12)

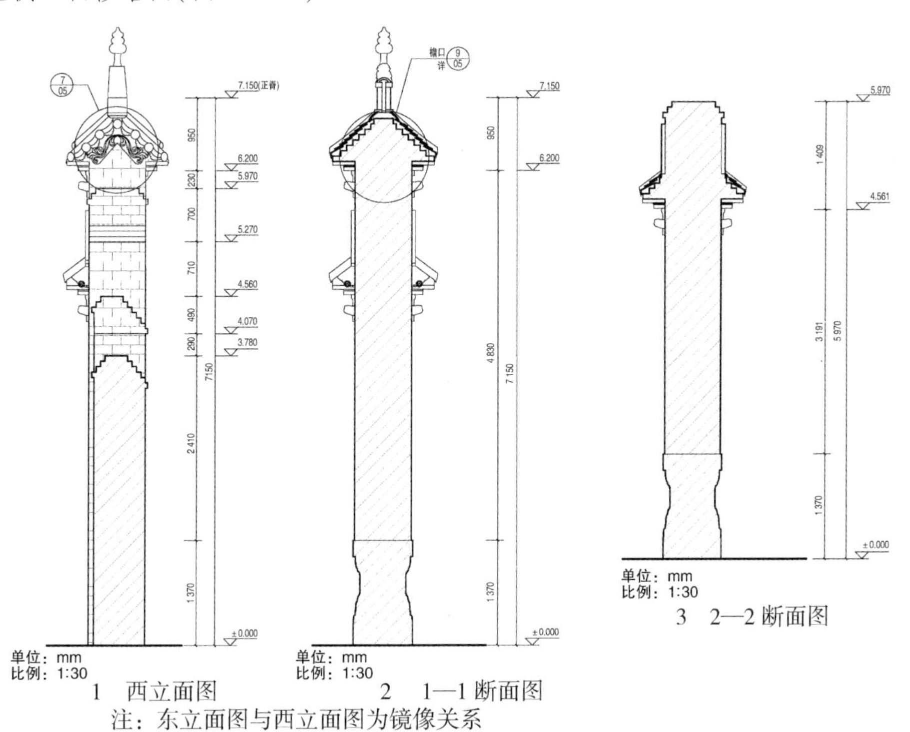

1　西立面图　　2　1—1 断面图　　3　2—2 断面图

注：东立面图与西立面图为镜像关系

图2.5.12　照壁侧立面修缮图

5. 照壁修缮大样图

(1)照壁修缮大样图 1(图 2.5.13)。

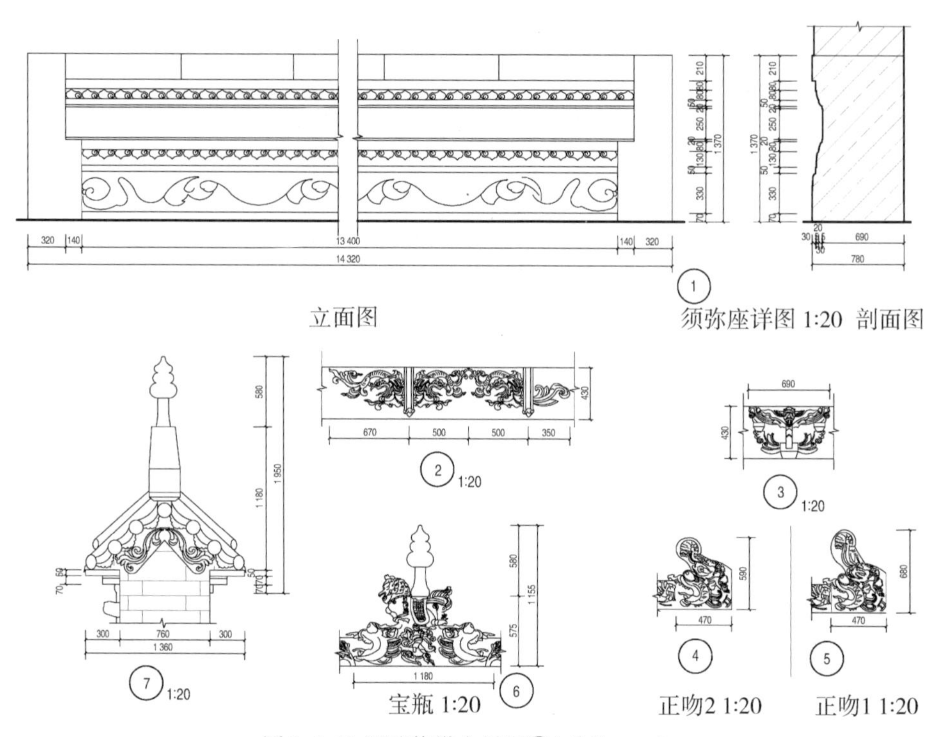

图 2.5.13 照壁修缮大样图①(单位:mm)

(2)照壁修缮大样图 2(图 2.5.14)。

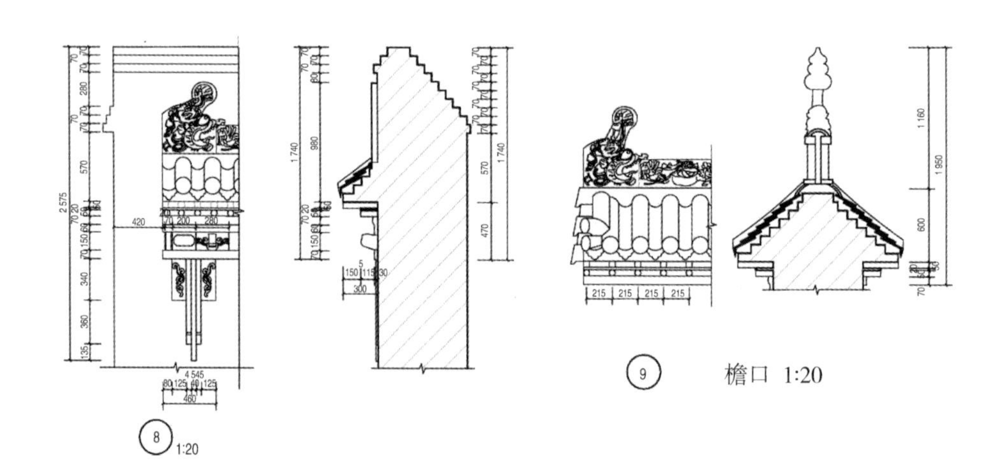

图 2.5.14　照壁修缮大样图②(单位:mm)

(3)照壁修缮大样图3(图2.5.15)。

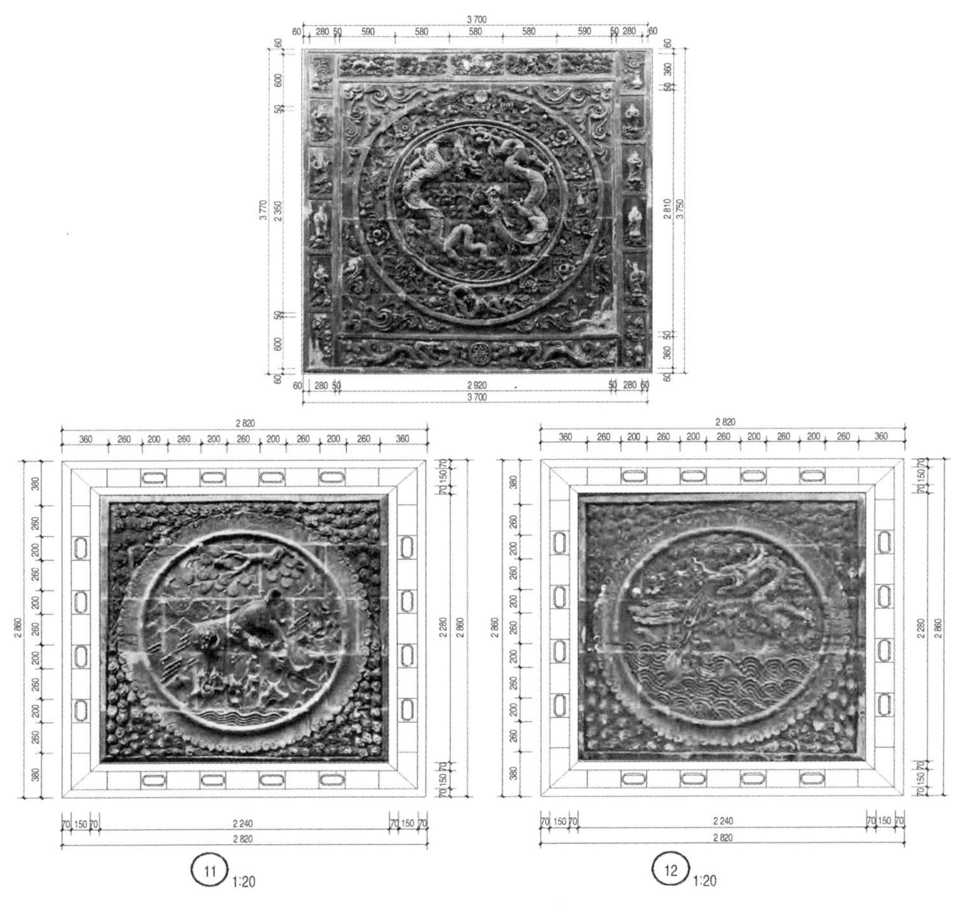

图2.5.15 照壁修缮大样图③(单位:mm)

6. 东仪门屋顶现状勘察图(图2.5.16)

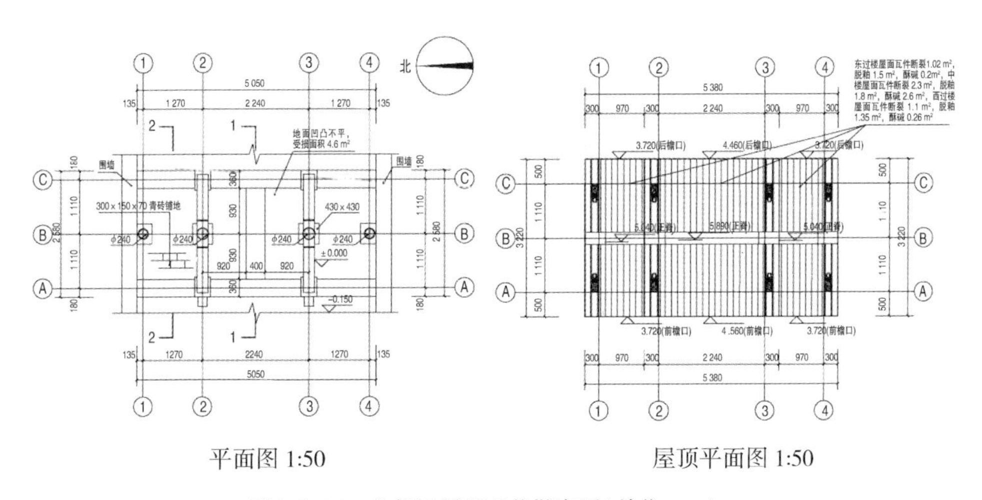

图2.5.16 东仪门屋顶现状勘察图(单位:mm)

7. 东仪门屋顶修缮图(图 2.5.17)

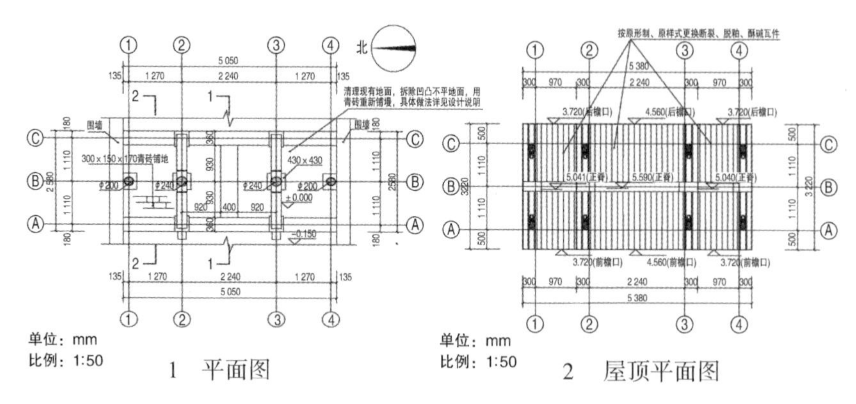

1　平面图　　2　屋顶平面图

图 2.5.17　东仪门屋顶修缮图

8. 东仪门东立面和梁架现状勘察图(图 2.5.18)

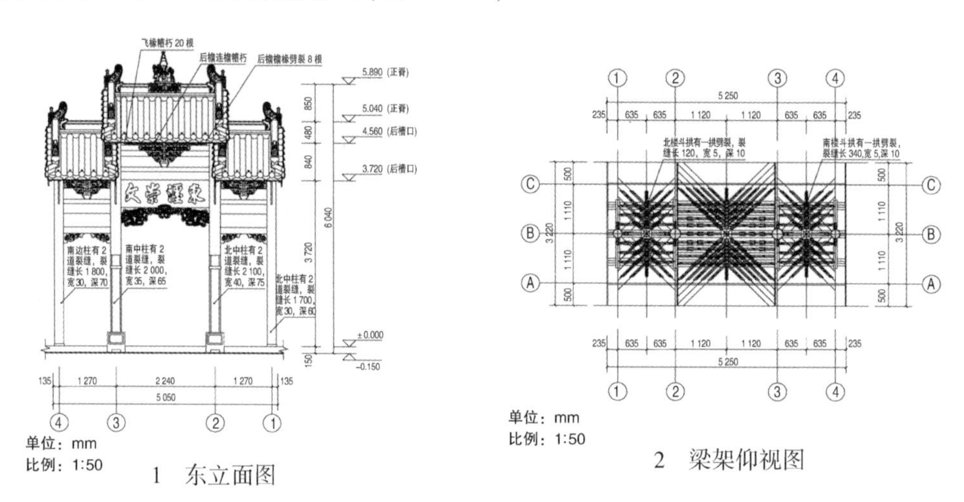

1　东立面图　　2　梁架仰视图

图 2.5.18　东仪门东立面和梁架现状勘察图

9. 东仪门东立面和梁架修缮图(图 2.5.19)

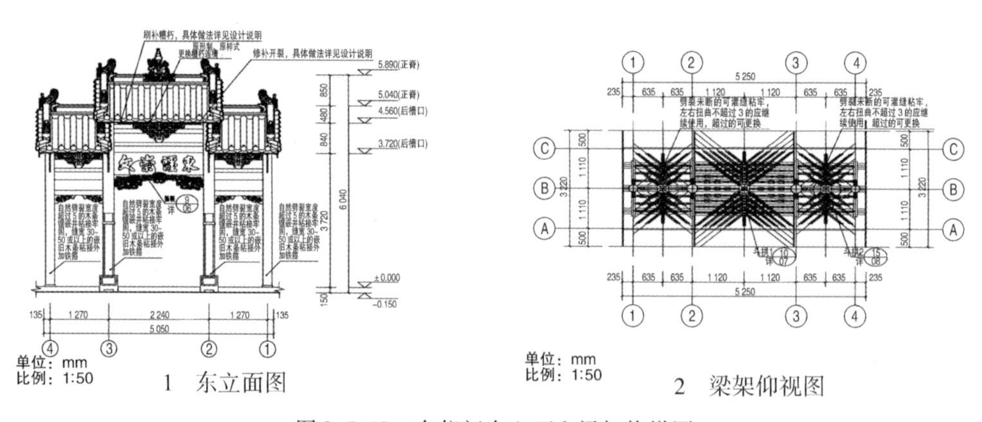

1　东立面图　　2　梁架仰视图

图 2.5.19　东仪门东立面和梁架修缮图

10. 东仪门西立面和南立面现状勘察图(图 2.5.20)

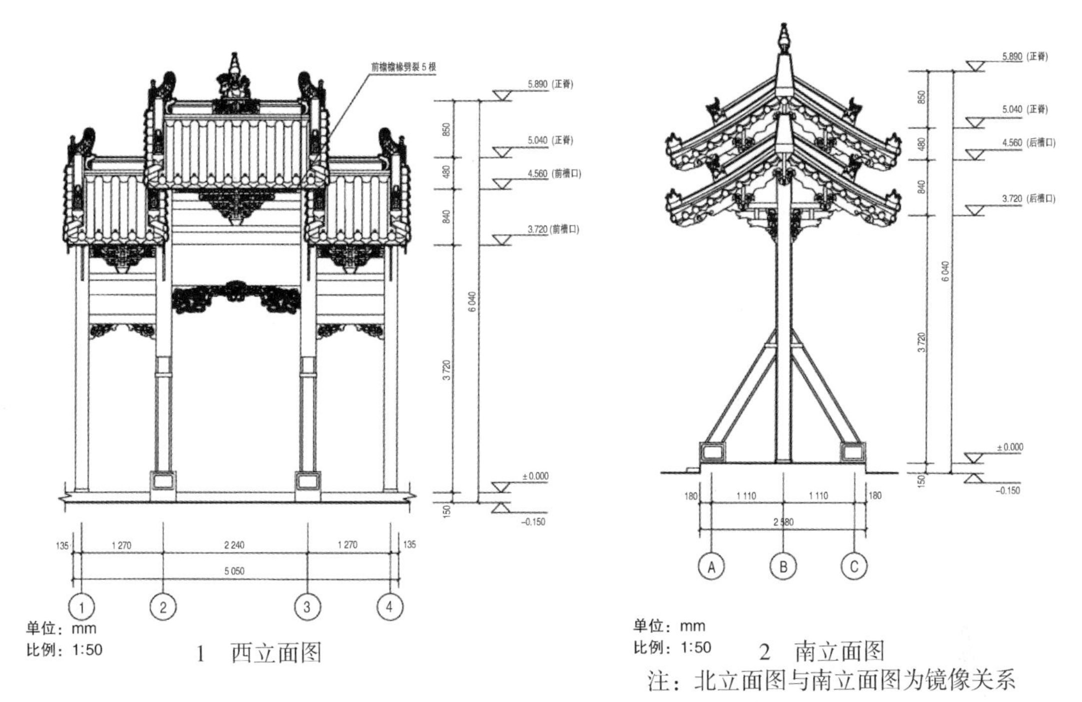

图 2.5.20　东仪门西立面和南立面现状勘察图

11. 东仪门西立面和南立面修缮图(图 2.5.21)

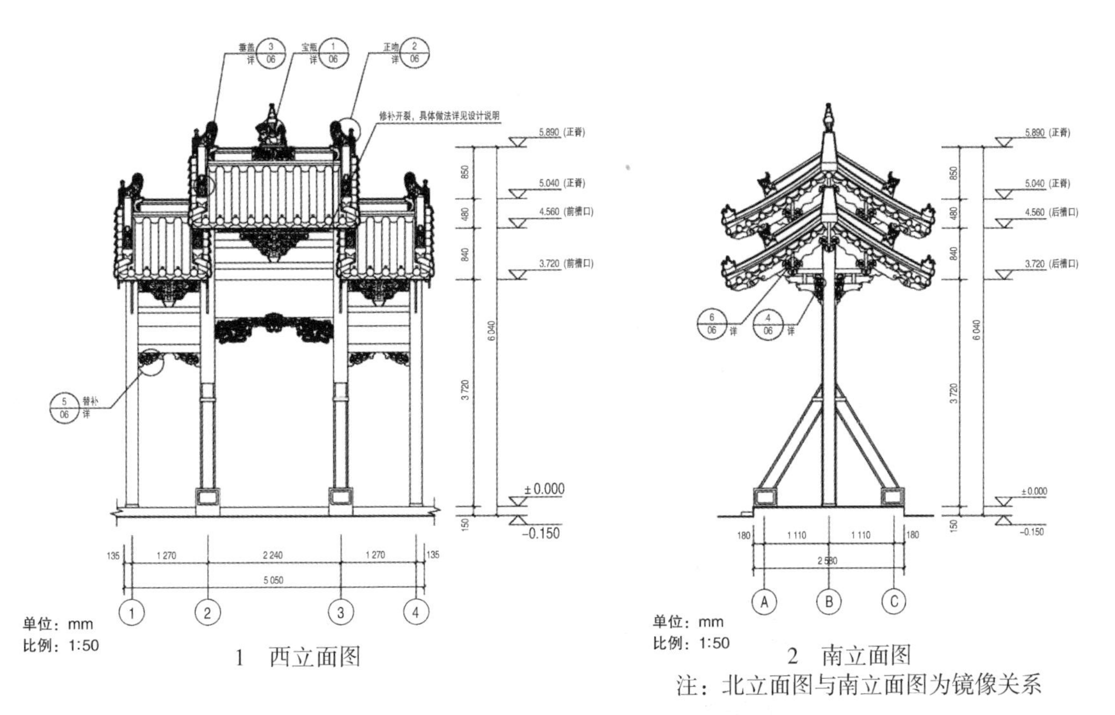

图 2.5.21　东仪门西立面和南立面修缮图

12. 东仪门修缮剖面和大样图

(1)东仪门修缮剖面图(图 2.5.22)。

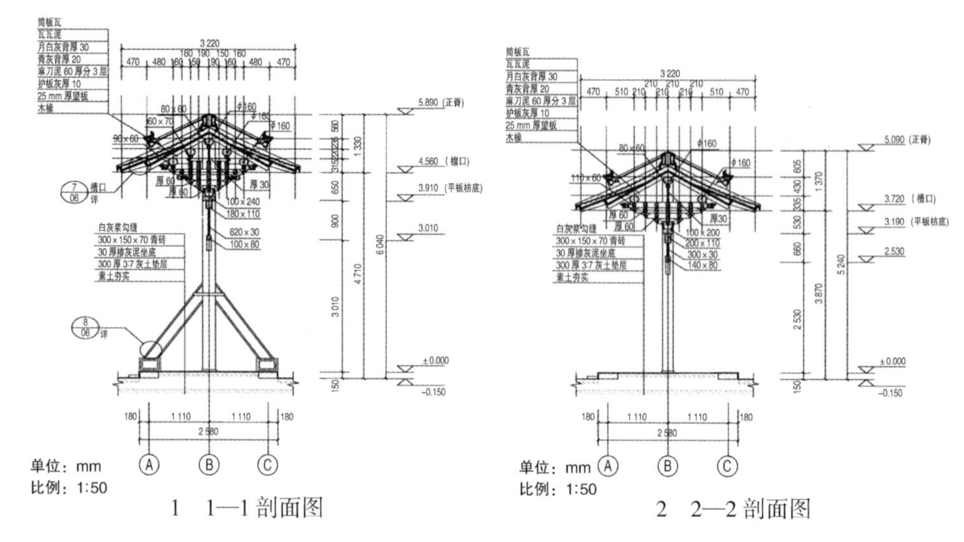

图 2.5.22　东仪门修缮剖面图

(2)东仪门修缮大样图 1(图 2.5.23)。

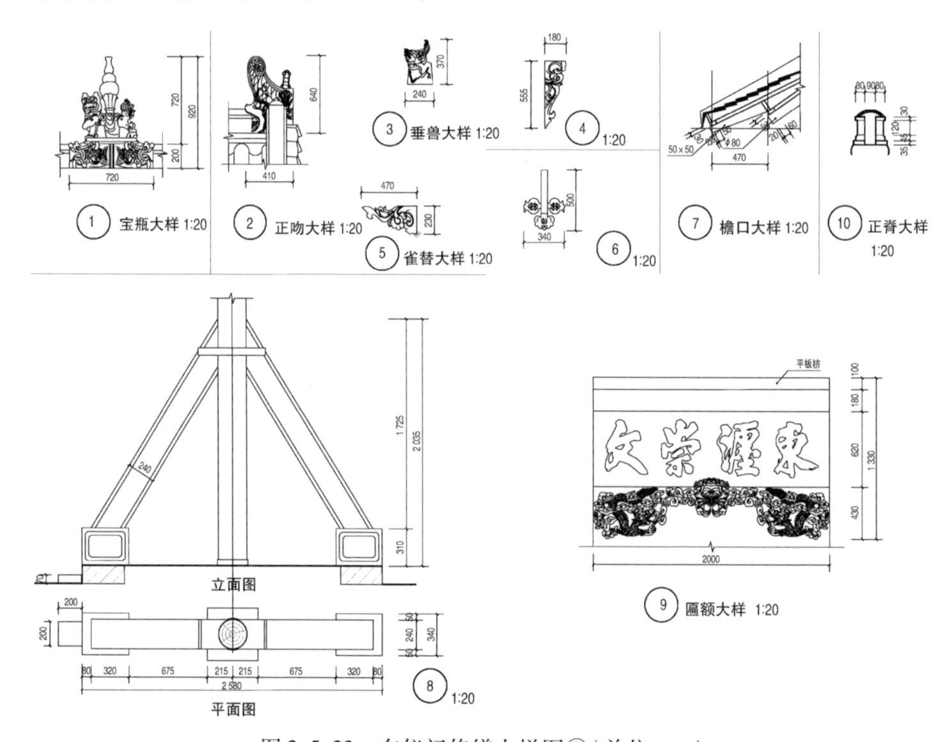

图 2.5.23　东仪门修缮大样图①(单位:mm)

(3)东仪门修缮大样图2(图2.5.24)。

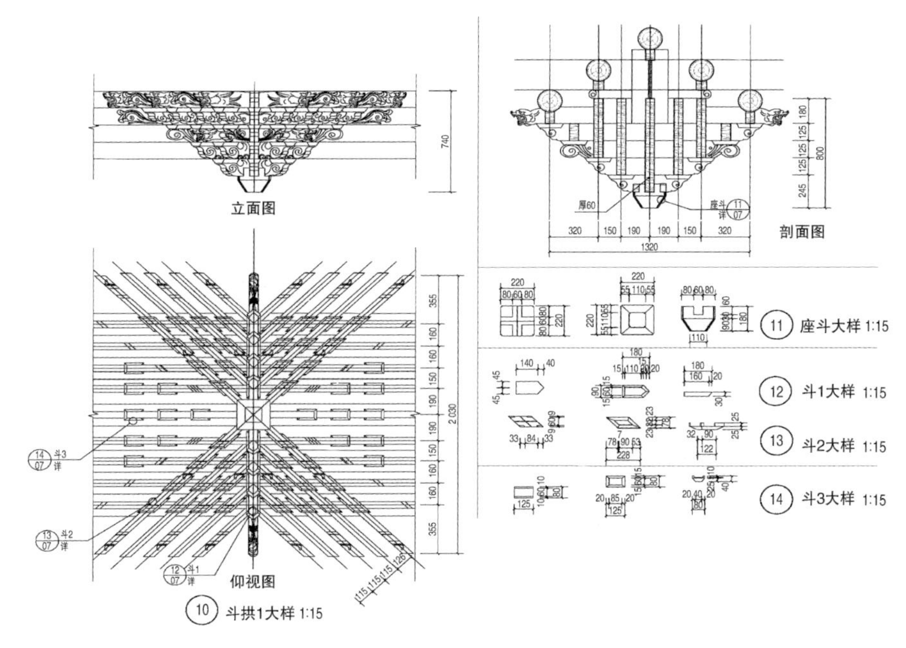

图2.5.24 东仪门修缮大样图②(单位:mm)

(4)东仪门修缮大样图3(图2.5.25)。

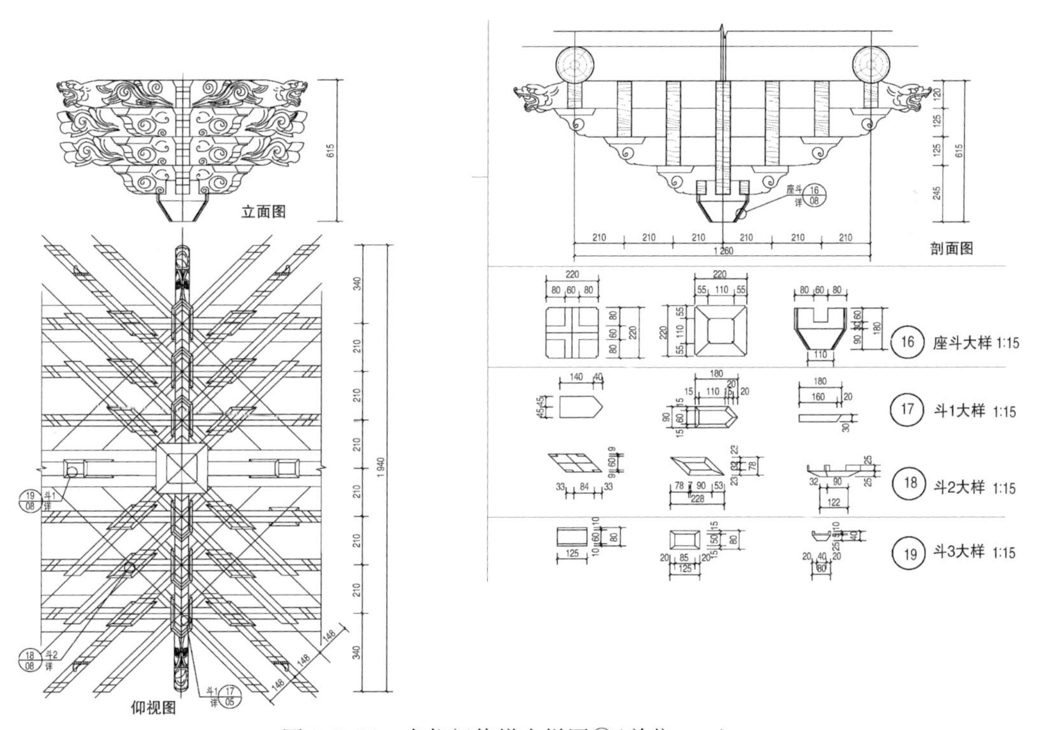

图2.5.25 东仪门修缮大样图③(单位:mm)

13. 西仪门屋顶平面现状勘察图(图 2.5.26)

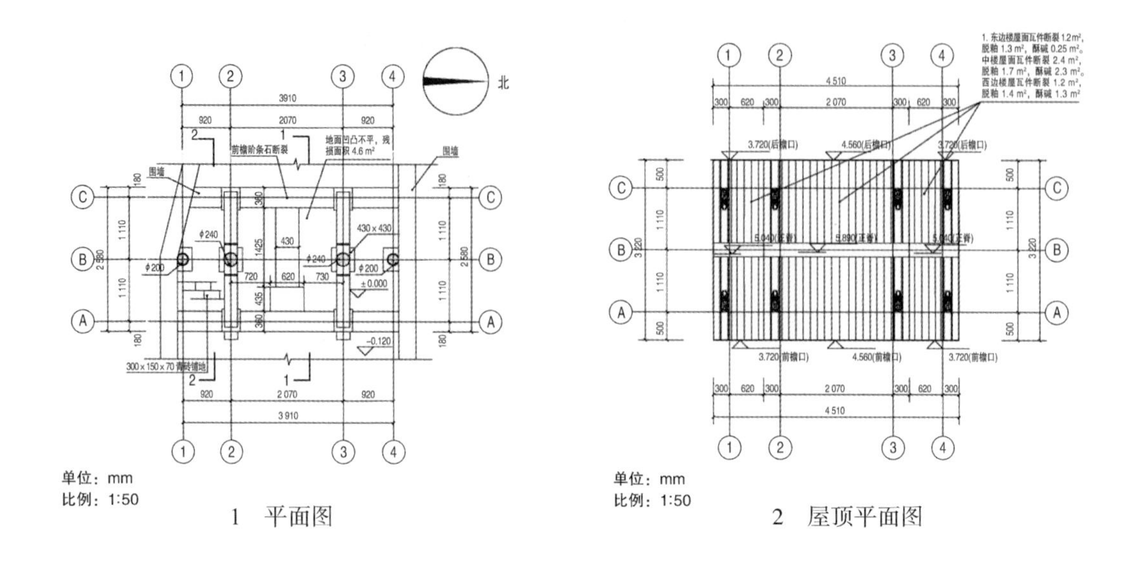

图 2.5.26　西仪门屋顶平面现状勘察图

14. 西仪门屋顶平面修缮图(图 2.5.27)

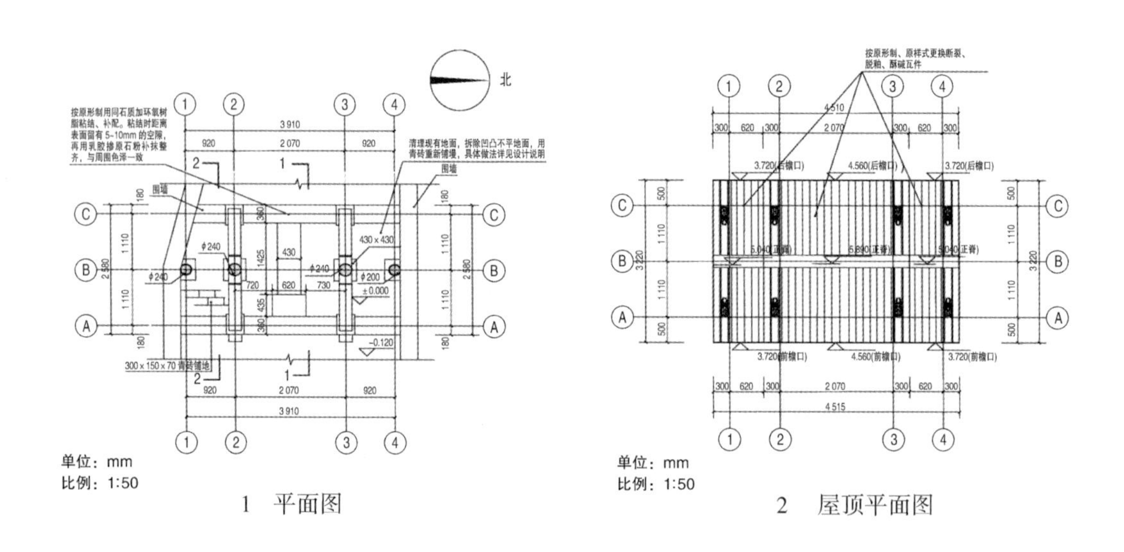

图 2.5.27　西仪门屋顶平面修缮图

15. 西仪门东立面和梁架仰视现状勘察图(图 2.5.28)

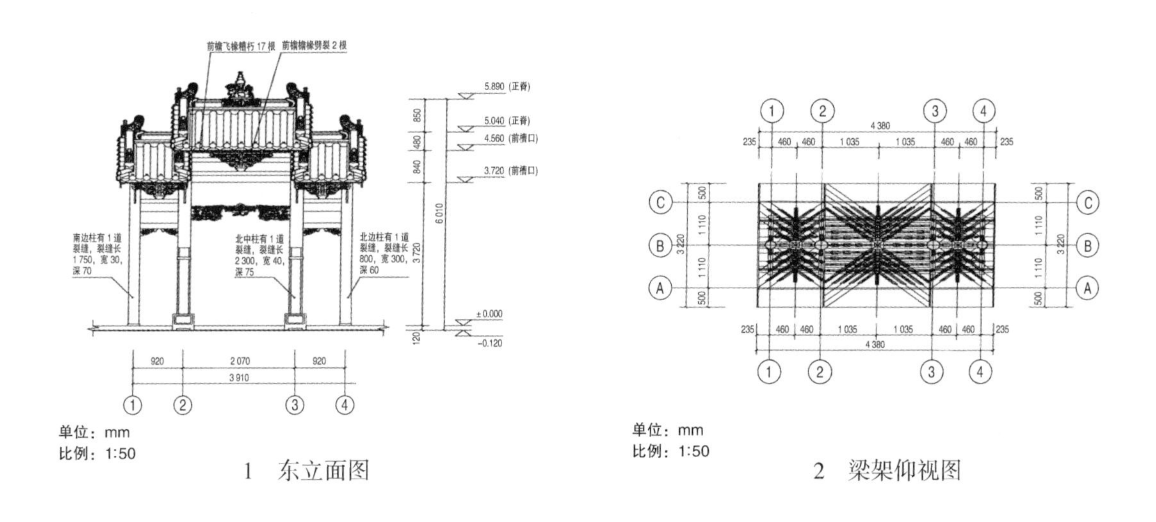

图 2.5.28　西仪门东立面和梁架仰视现状勘察图

16. 西仪门东立面和梁架仰视修缮图(图 2.5.29)

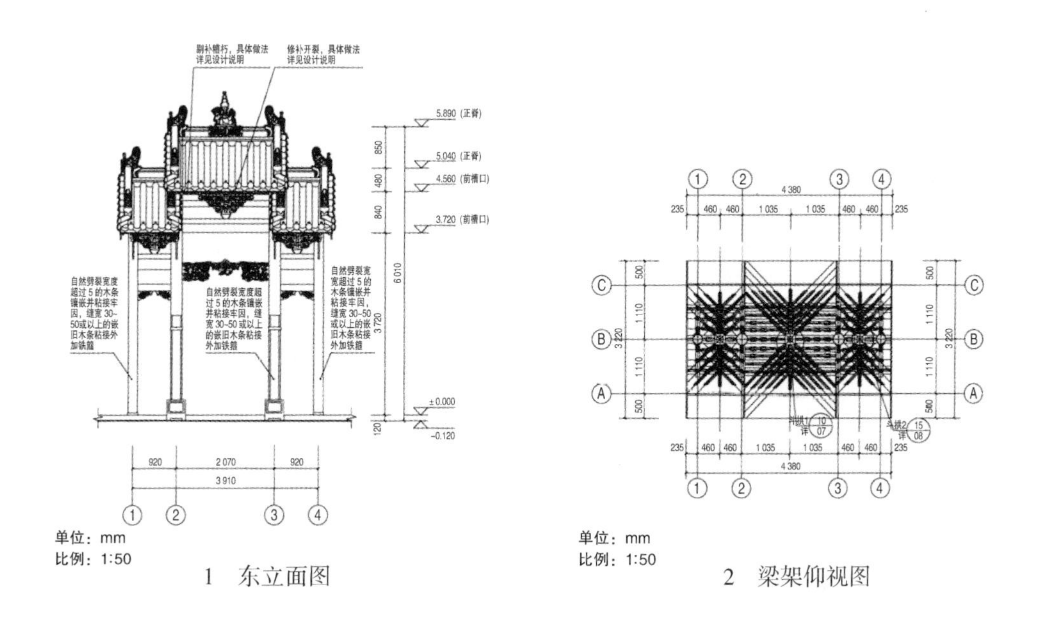

图 2.5.29　西仪门东立面和梁架仰视修缮图

17. 西仪门西立面和南立面现状勘察图(图 2.5.30)

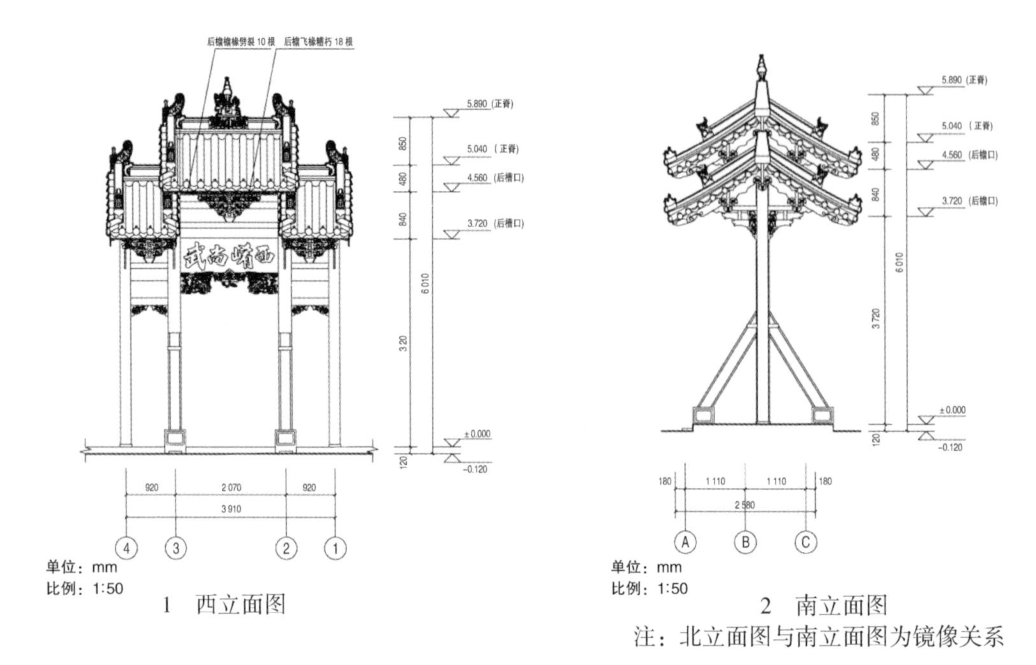

图 2.5.30 西仪门西立面和南立面现状勘察图

18. 西仪门西立面和南立面修缮图(图 2.5.31)

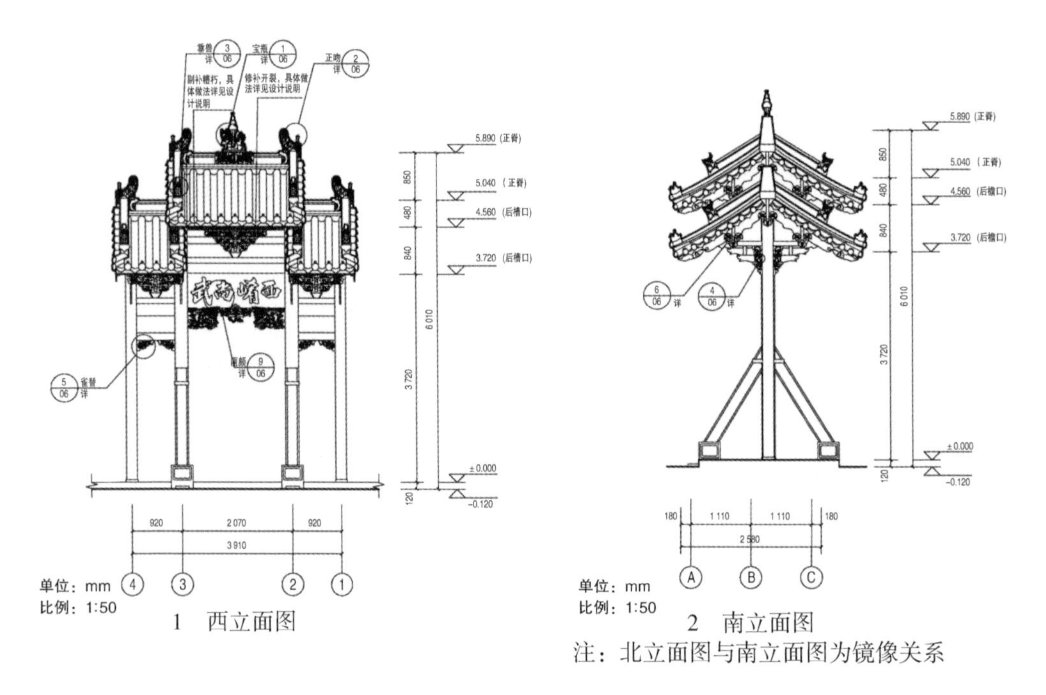

图 2.5.31 西仪门西立面和南立面修缮图

19. 西仪门修缮剖面和大样图

(1)西仪门修缮剖面图(图2.5.32)。

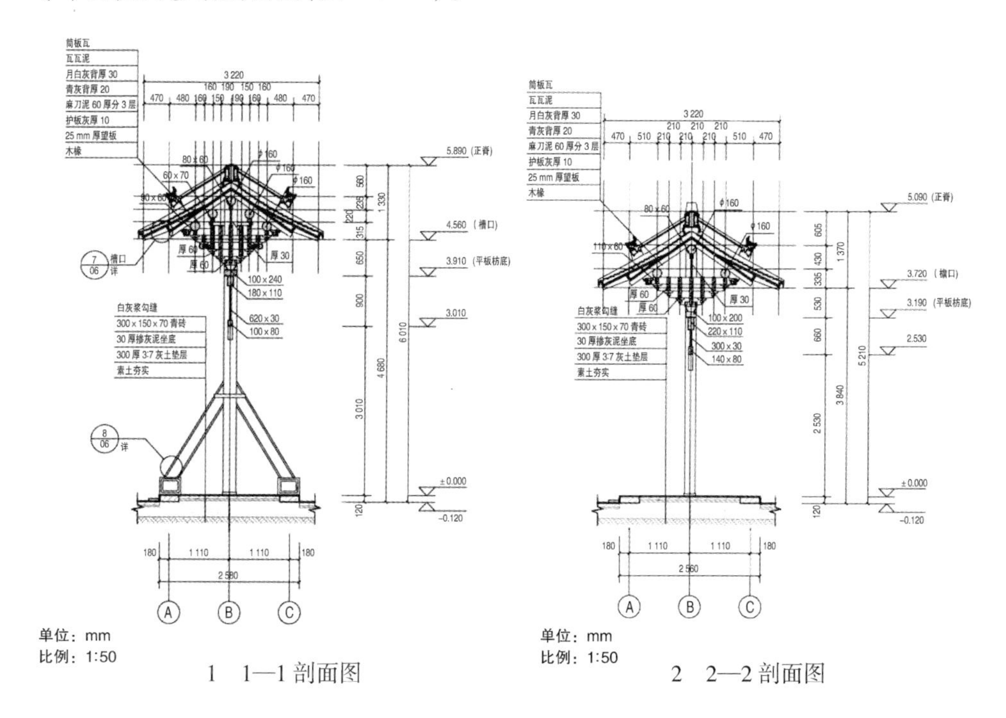

图2.5.32 西仪门修缮剖面图

(2)西仪门修缮大样图1(图2.5.33)。

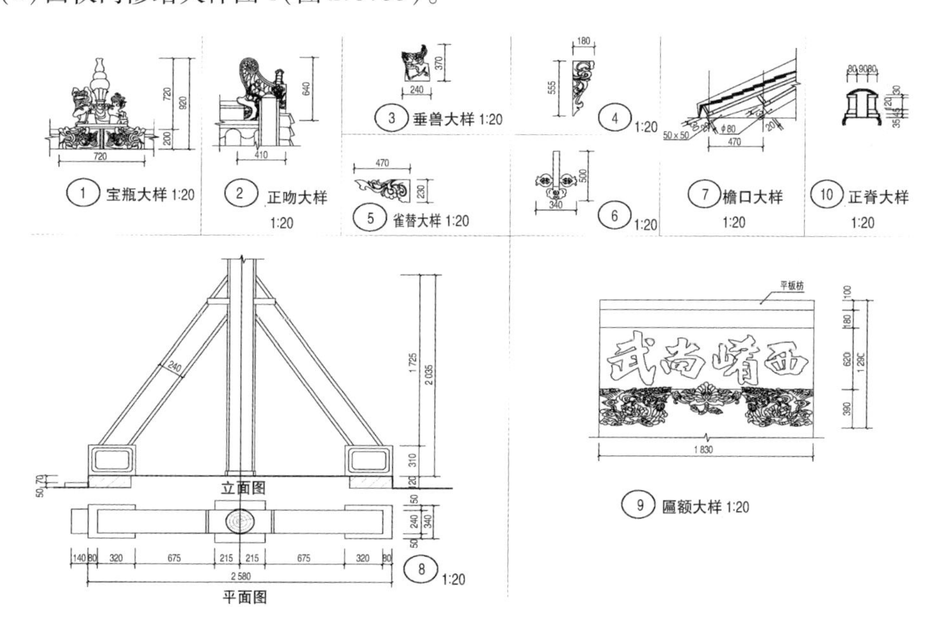

图2.5.33 西仪门修缮大样图①(单位:mm)

(3)西仪门修缮大样图2(图2.5.34)。

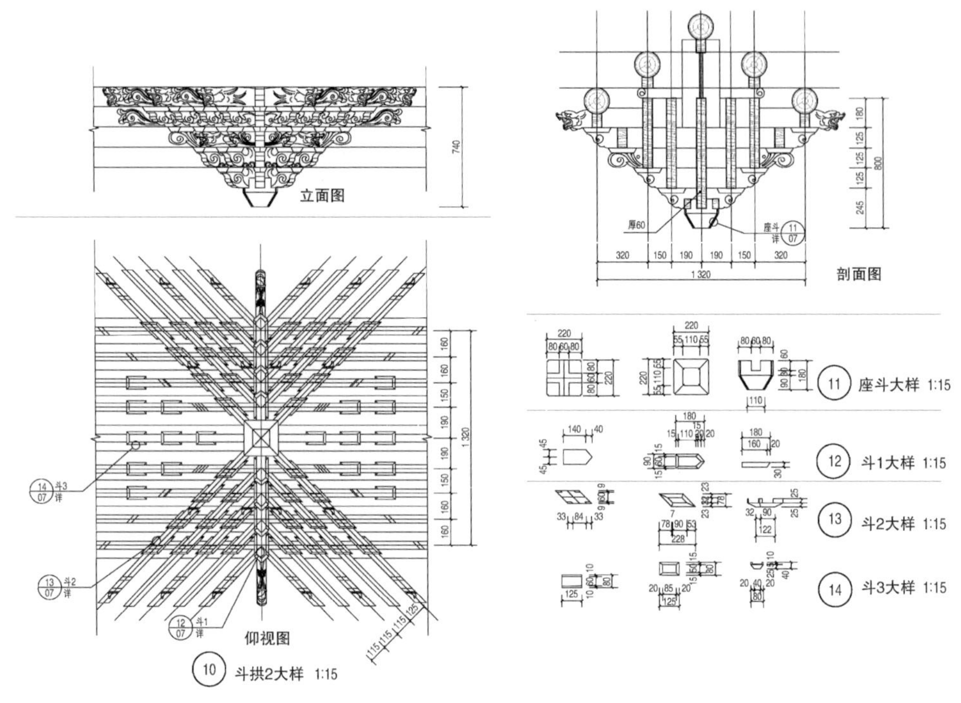

图2.5.34　西仪门修缮大样图②(单位:mm)

(4)西仪门修缮大样图3(图2.5.35)。

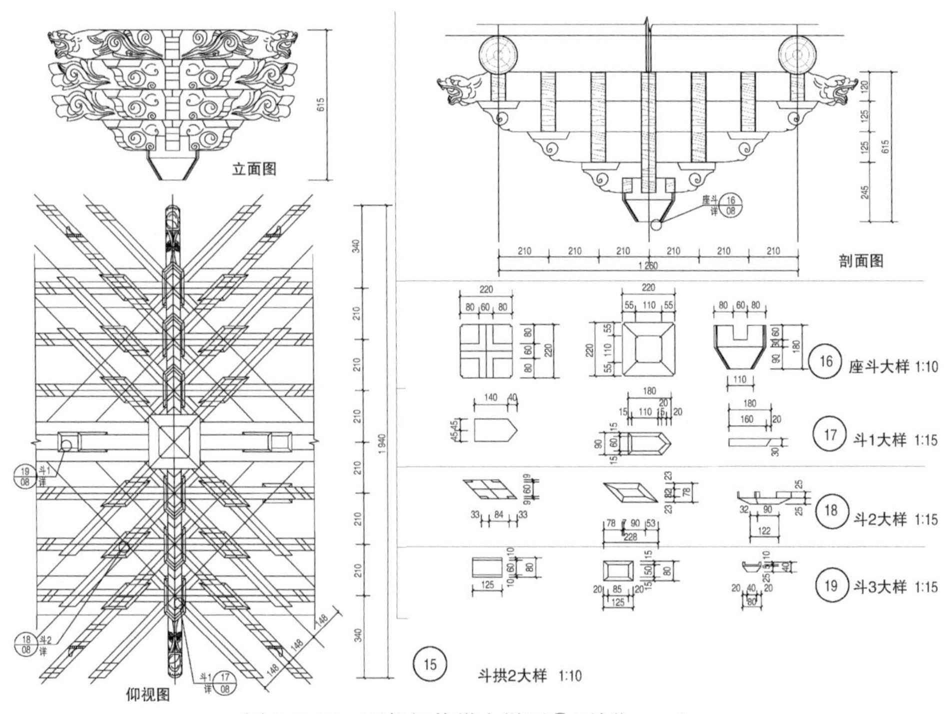

图2.5.35　西仪门修缮大样图③(单位:mm)

20. 山门现状平面勘察图(图 2.5.36)

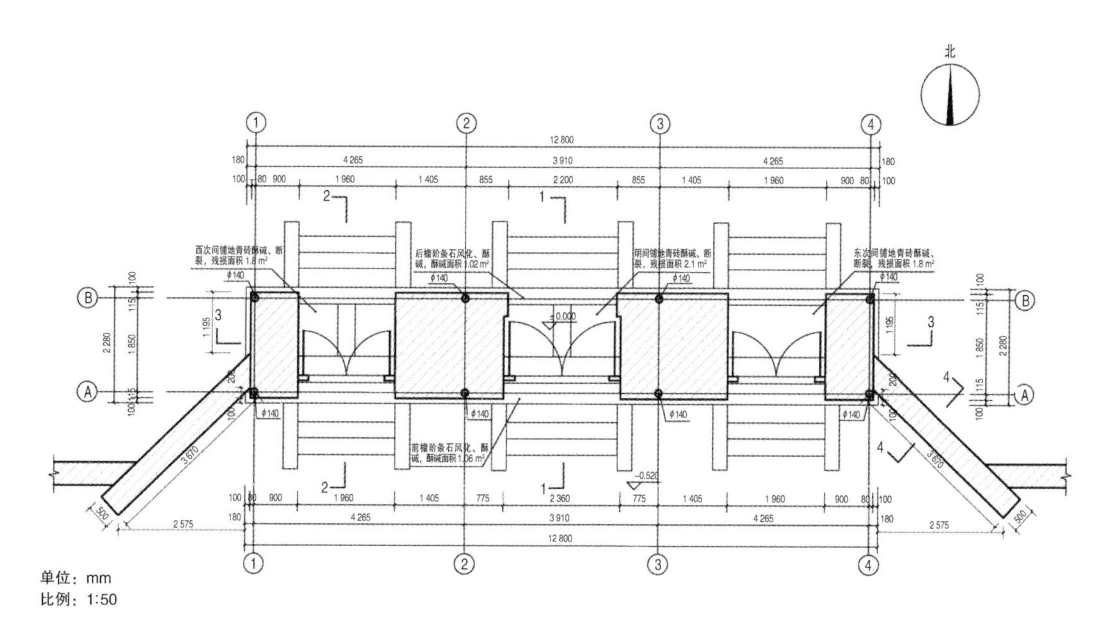

图 2.5.36　山门现状平面勘察图

21. 山门修缮平面图(图 2.5.37)

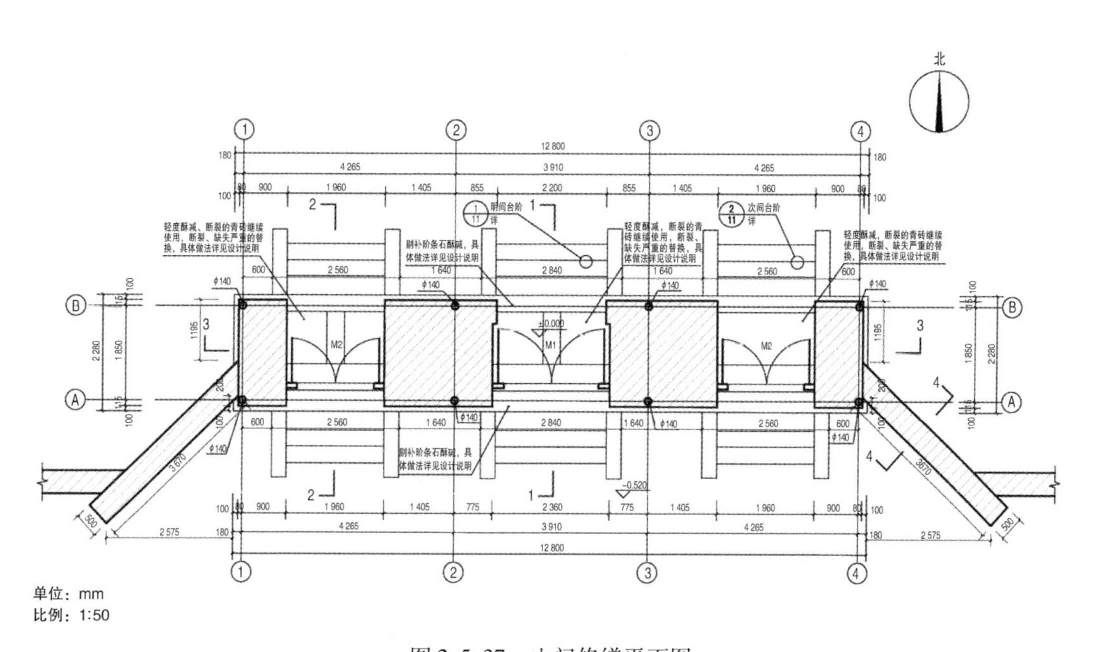

图 2.5.37　山门修缮平面图

22. 山门屋顶现状勘察图(图 2.5.38)

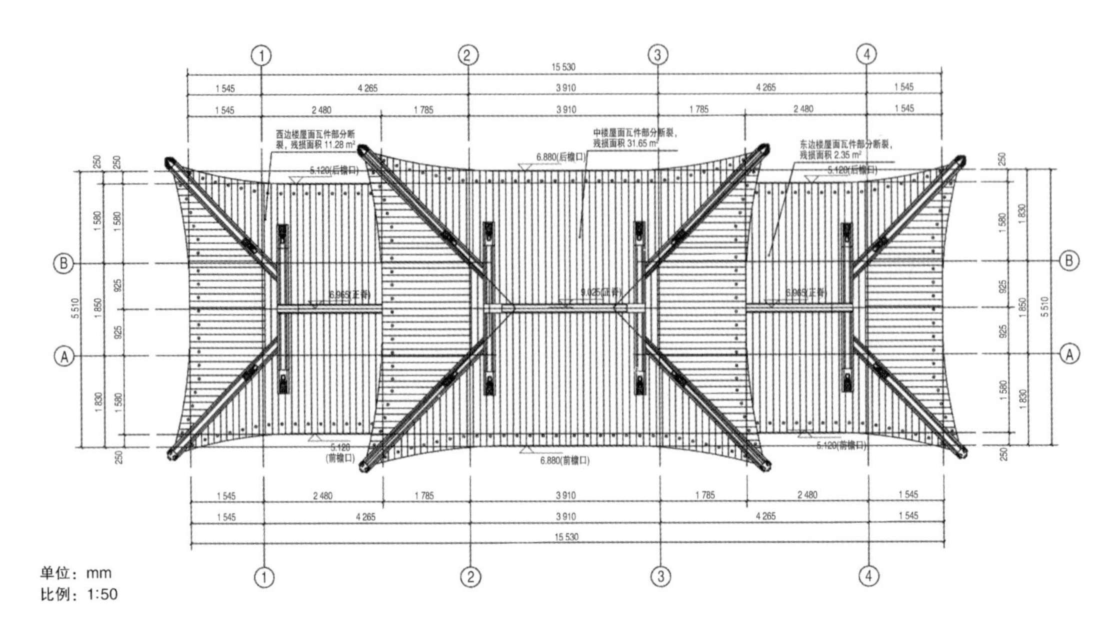

图 2.5.38　山门屋顶现状勘察图

23. 山门屋顶修缮图(图 2.5.39)

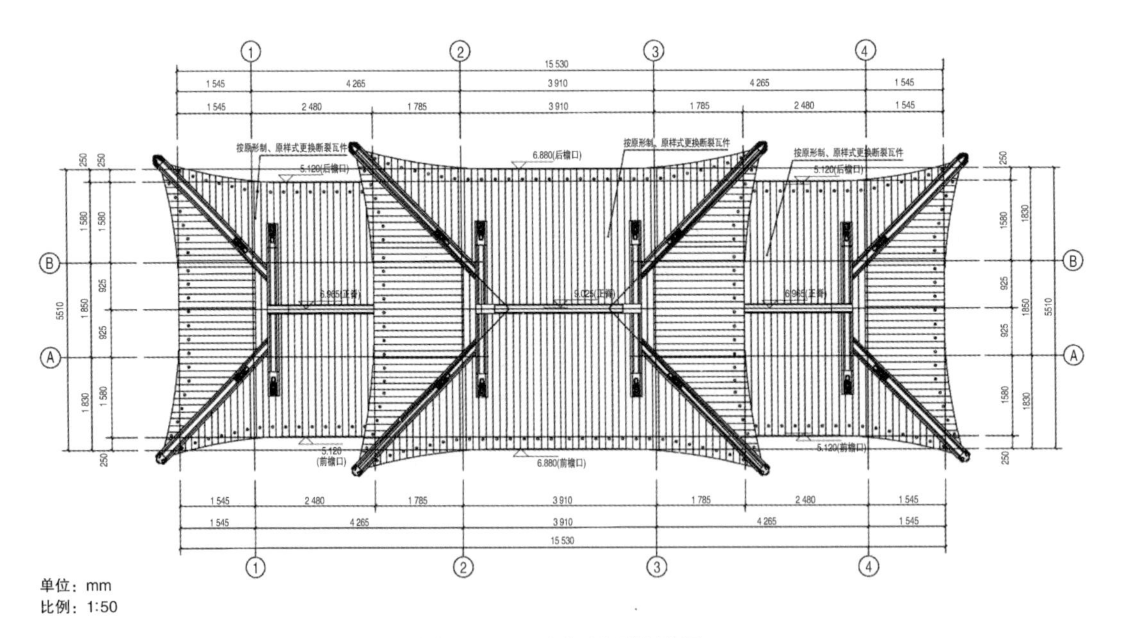

图 2.5.39　山门屋顶修缮图

24. 山门一层梁架现状勘察仰视图(图 2.5.40)

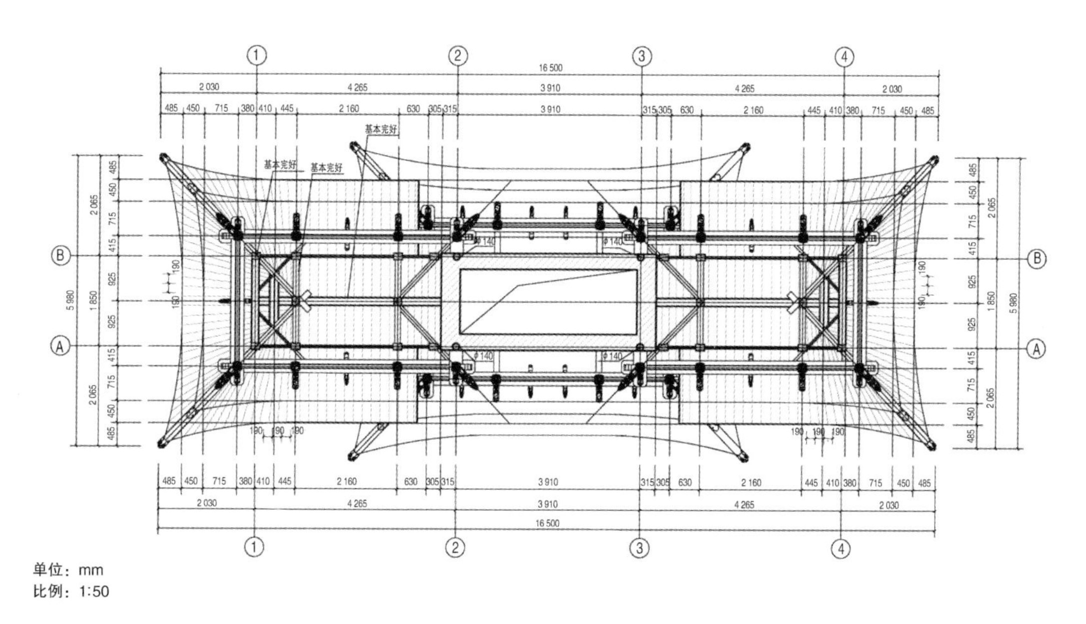

单位：mm
比例：1:50

图 2.5.40　山门一层梁架现状勘察仰视图

25. 山门一层梁架修缮仰视图(图 2.5.41)

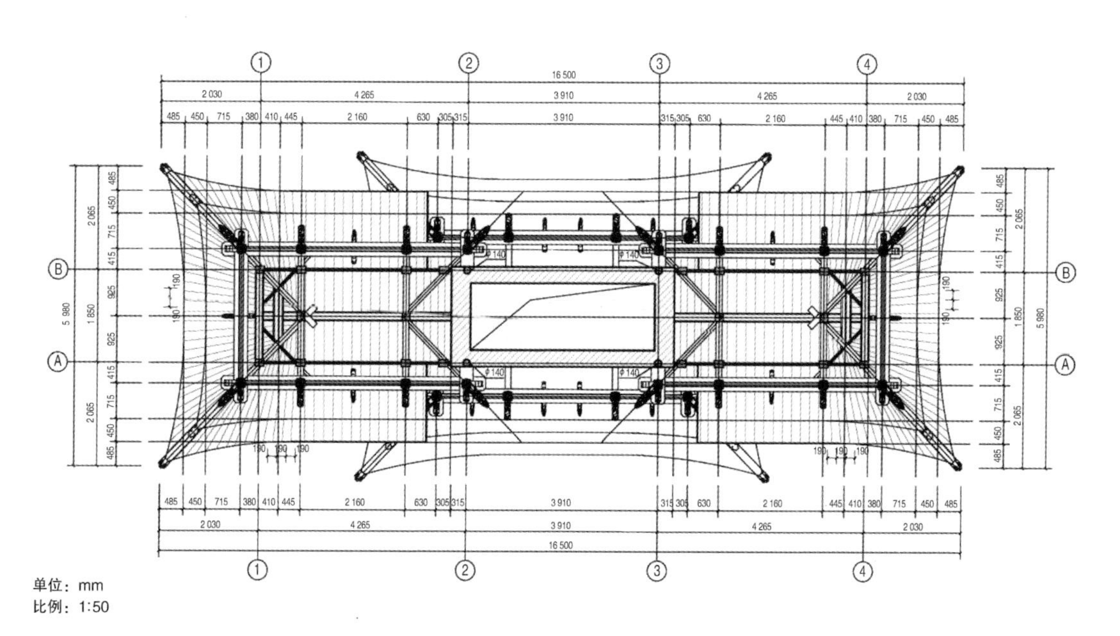

单位：mm
比例：1:50

图 2.5.41　山门一层梁架修缮仰视图

26. 山门二层梁架现状勘察仰视图(图 2.5.42)

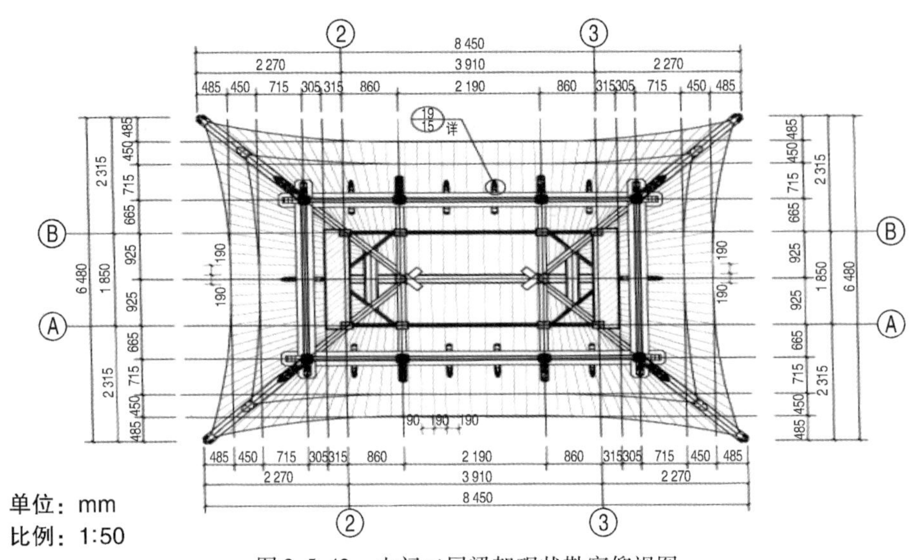

图 2.5.42　山门二层梁架现状勘察仰视图

27. 山门二层梁架修缮仰视图(图 2.5.43)

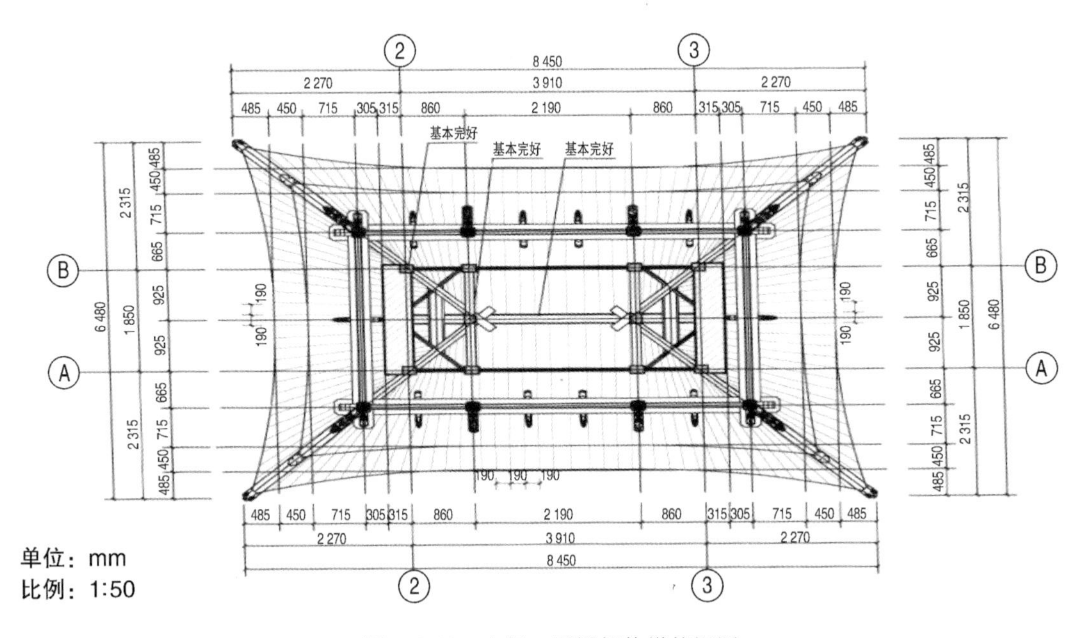

图 2.5.43　山门二层梁架修缮仰视图

28. 山门南立面现状勘察图(图2.5.44)

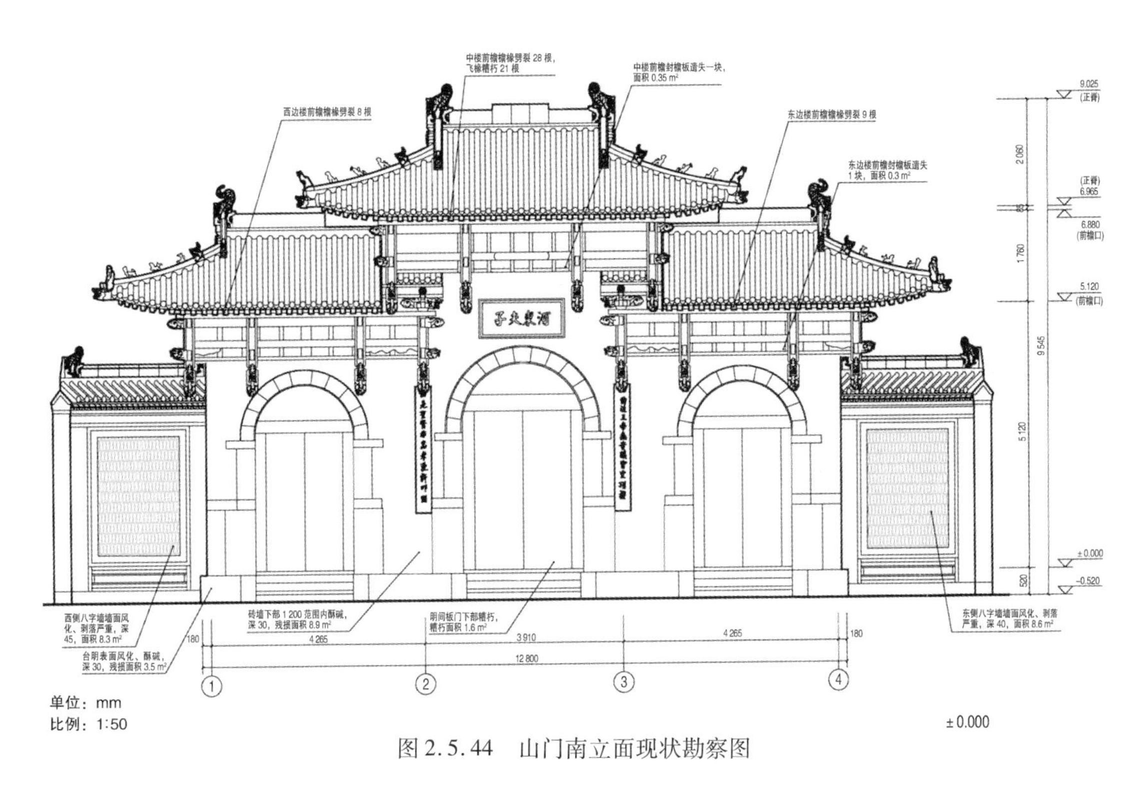

图2.5.44　山门南立面现状勘察图

29. 山门南立面修缮图(图2.5.45)

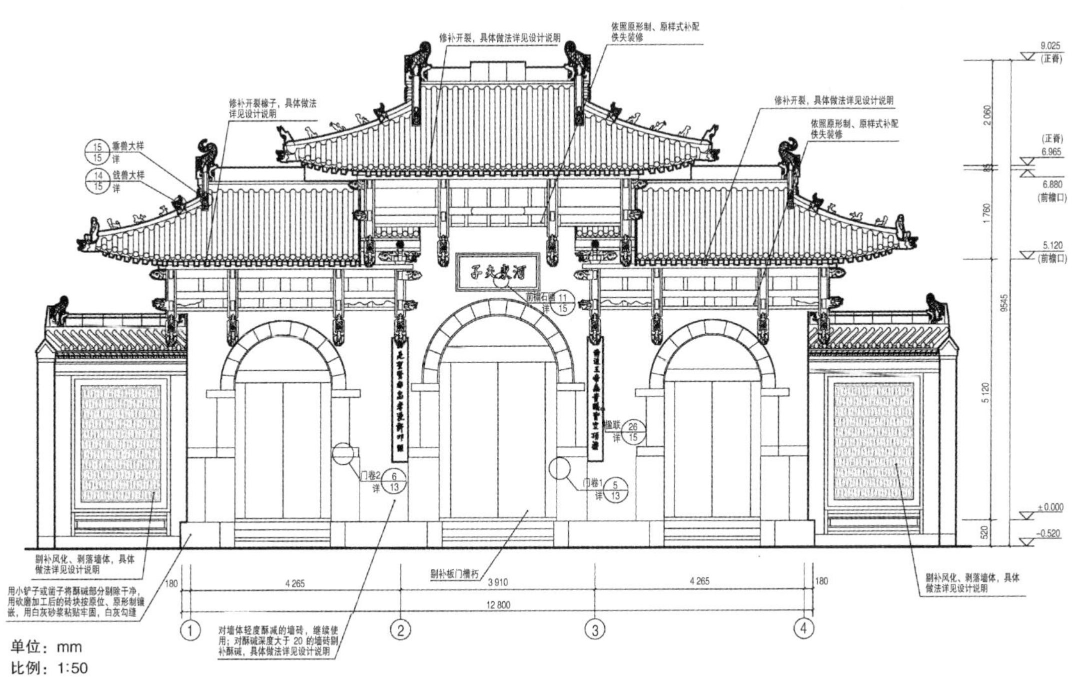

图2.5.45　山门南立面修缮图

30. 山门北立面现状勘察图(图 2.5.46)

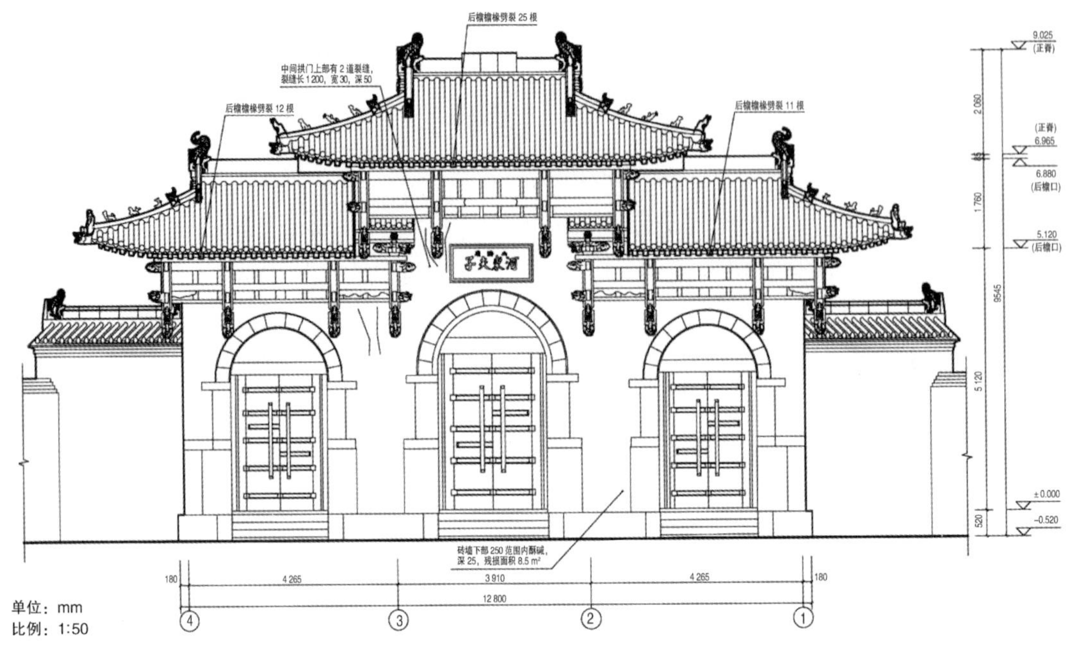

图 2.5.46　山门北立面现状勘察图

31. 山门北立面修缮图(图 2.5.47)

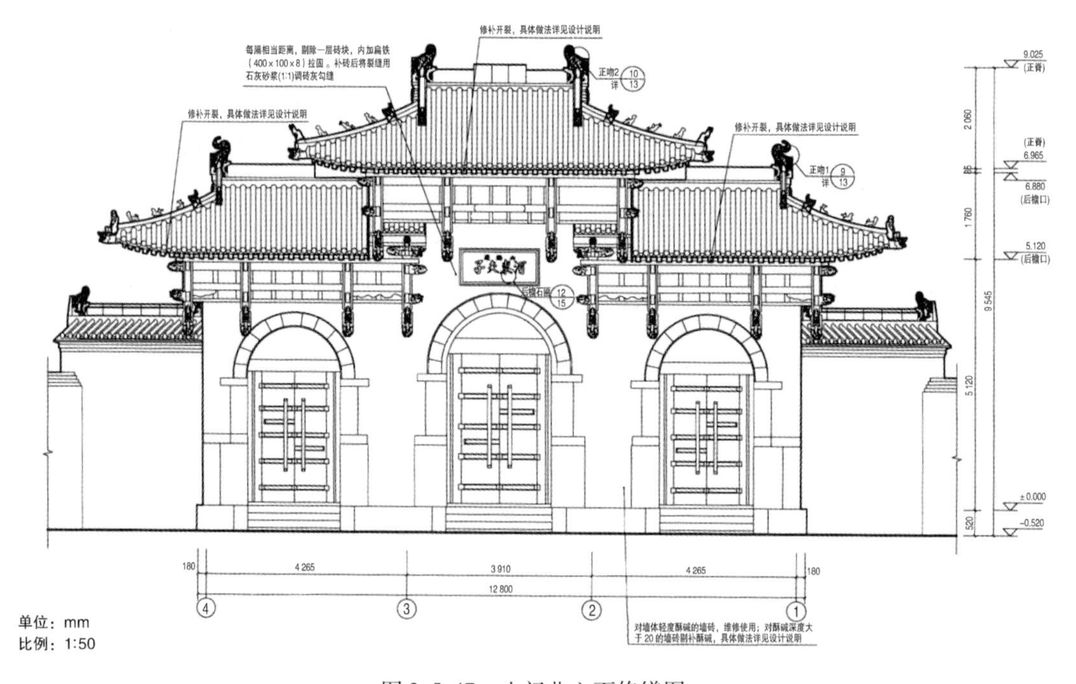

图 2.5.47　山门北立面修缮图

32. 山门西、东立面现状勘察图(图2.5.48)

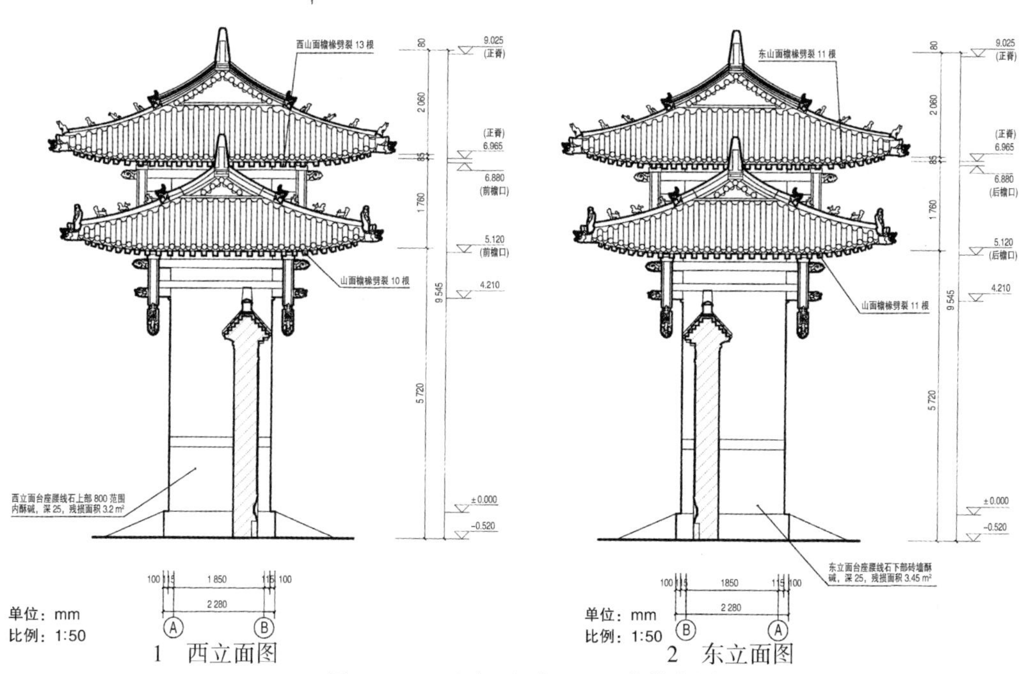

图2.5.48　山门西、东立面现状勘察图

33. 山门西、东立面修缮图(图2.5.49)

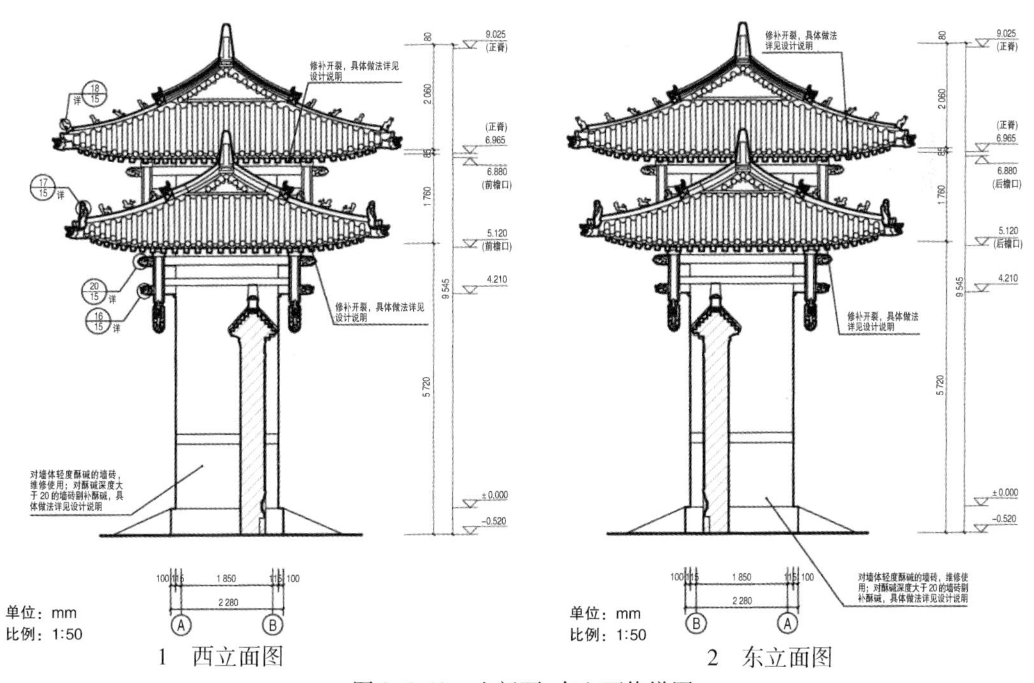

图2.5.49　山门西、东立面修缮图

34. 山门剖面现状勘察图(图 2.5.50)

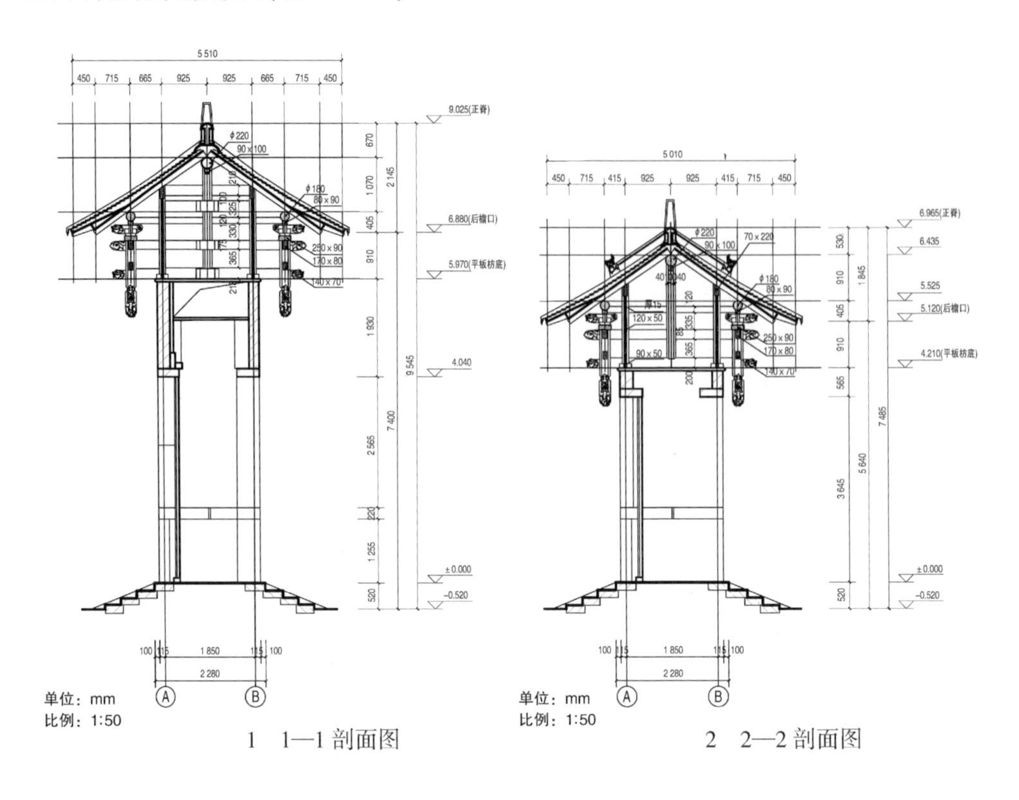

1　1—1 剖面图　　　2　2—2 剖面图

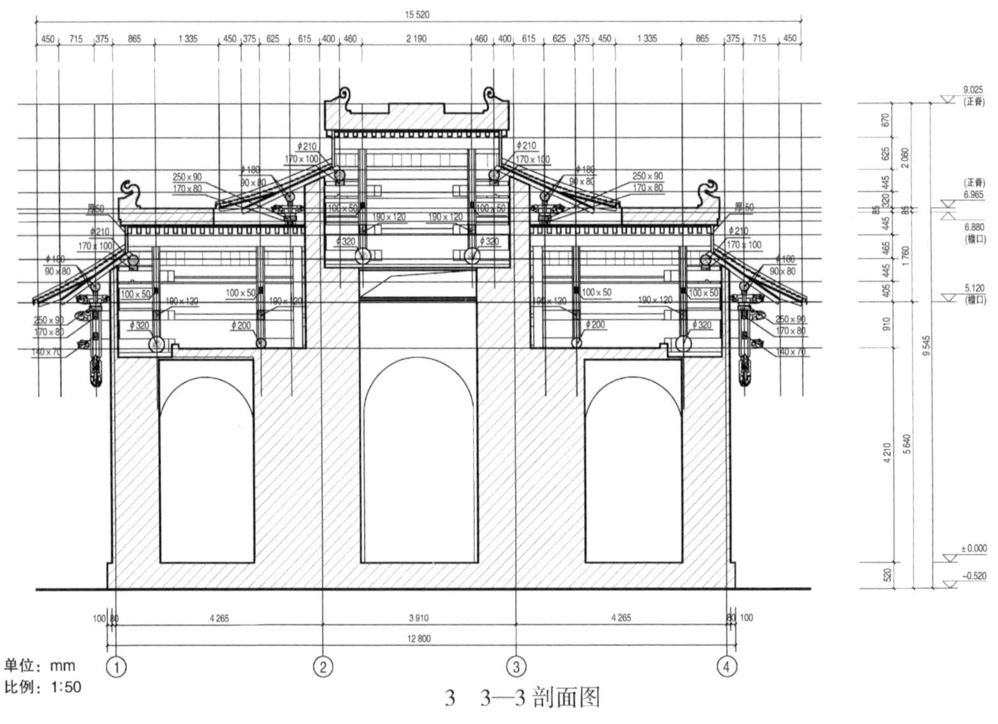

3　3—3 剖面图

图 2.5.50　山门剖面现状勘察图

35. 山门剖面修缮图(图2.5.51)

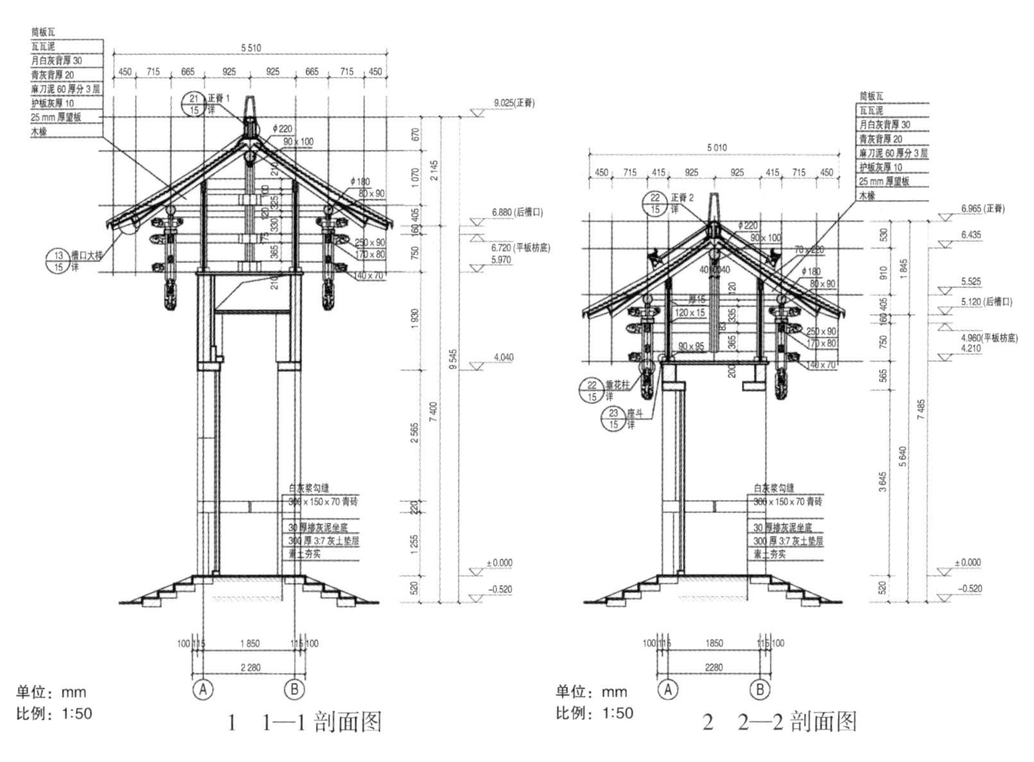

1 1—1剖面图　　2 2—2剖面图

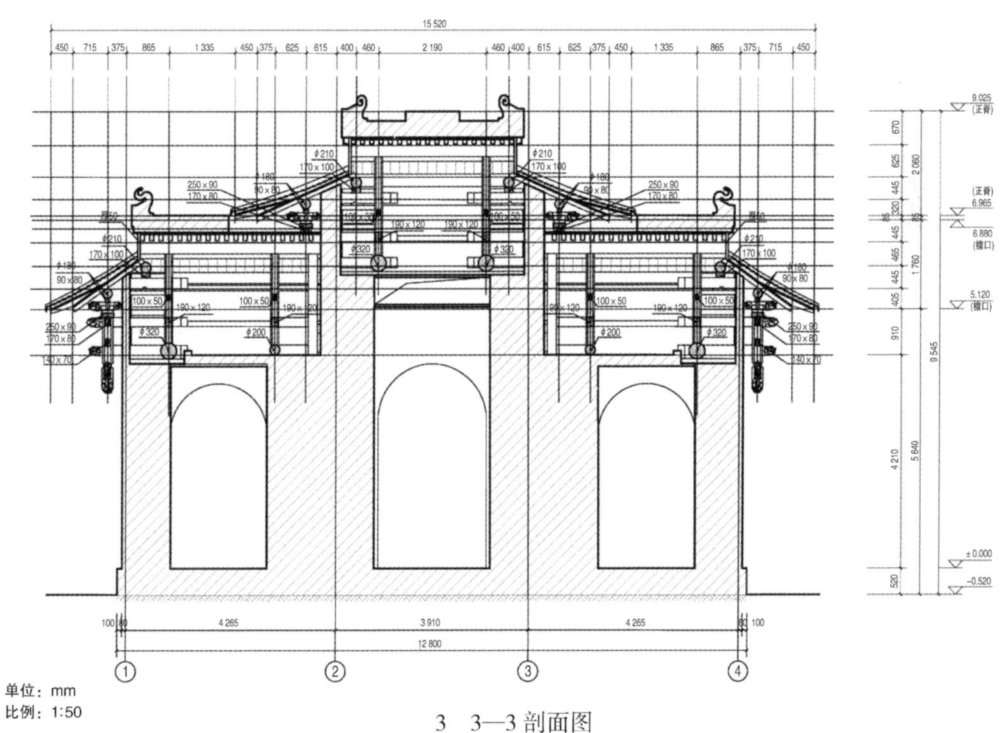

3 3—3剖面图

图2.5.51 山门剖面修缮图

36. 山门修缮大样图

（1）山门修缮大样图 1（图 2.5.52）。

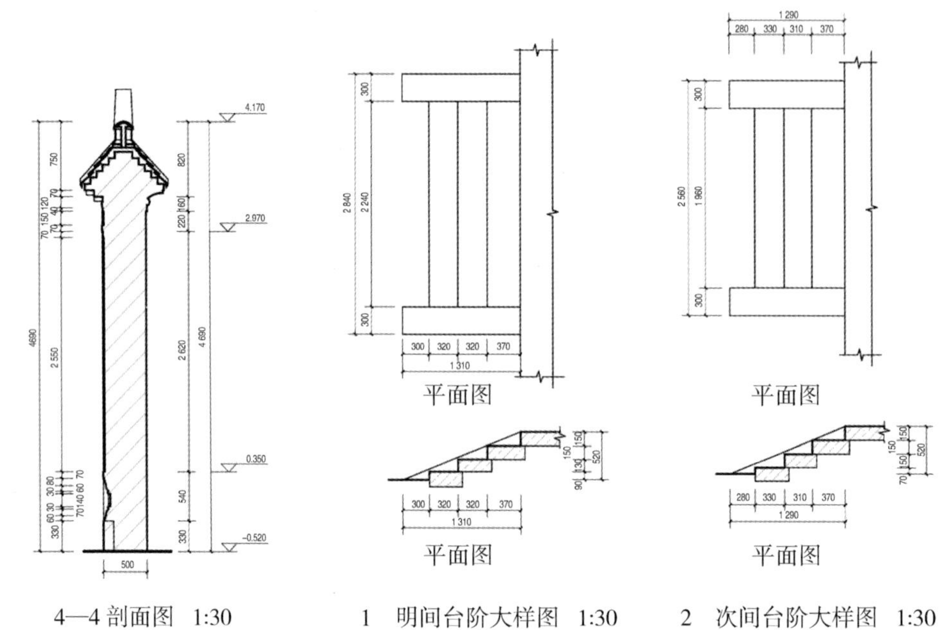

图 2.5.52　山门修缮大样图①（单位：mm）

（2）山门修缮大样图 2（图 2.5.53）。

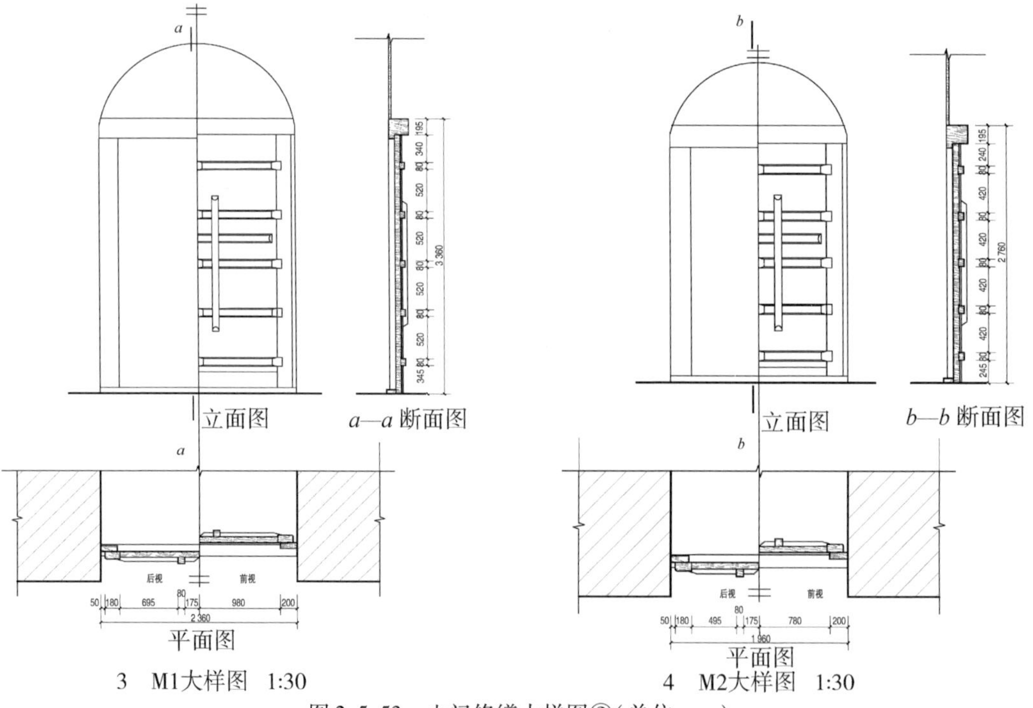

图 2.5.53　山门修缮大样图②（单位：mm）

(3)山门修缮大样图3(图2.5.54)。

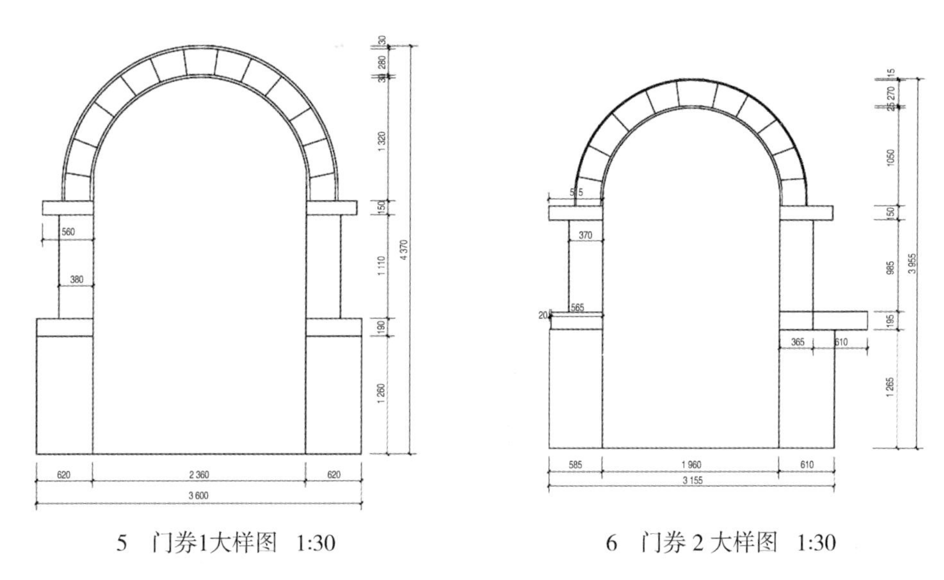

5　门券1大样图　1:30　　6　门券2大样图　1:30

图2.5.54　山门修缮大样图③(单位:mm)

(4)山门修缮大样图4(图2.5.55)。

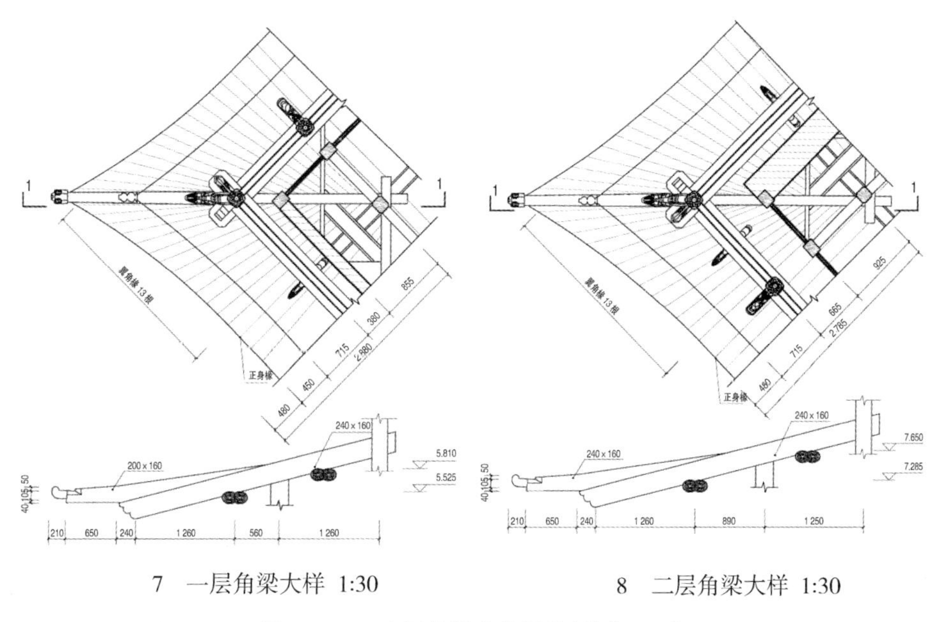

7　一层角梁大样　1:30　　8　二层角梁大样　1:30

图2.5.55　山门修缮大样图④(单位:mm)

(5)山门修缮大样图5(图2.5.56)。

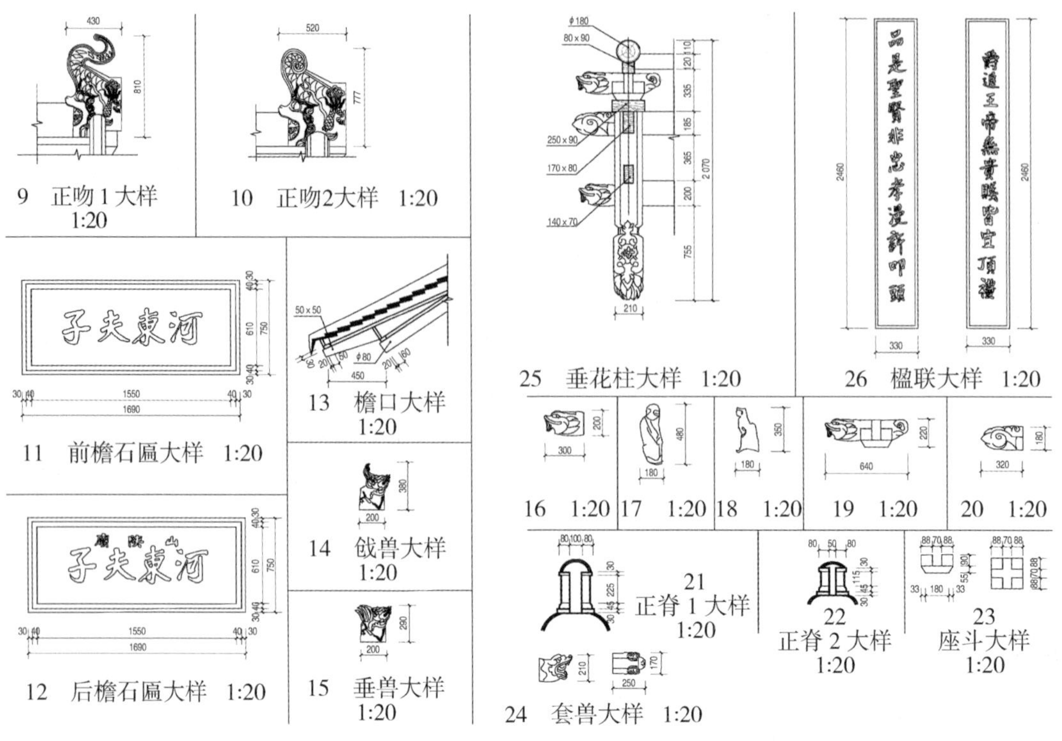

图2.5.56　山门修缮大样图⑤(单位:mm)

第 3 章　BIM 三维激光扫描古代建筑测绘应用

古代建筑在大规模修缮前要求应进行精确的测绘工作，以取得较完备的科学记录档案，为古代建筑保护规划和修缮保护提供第一手资料，同时，这也是研究中国古代建筑史和建筑理论的重要资料。BIM 三维激光扫描古代建筑测绘具有以下技术优势：

一是 BIM 三维激光扫描技术是以近百万点/秒的数据采集量将古代建筑的空间结构信息、构件信息采集进专业点云图形处理计算机，自动生成古代建筑全时空的多维度立体模型，将传统现场利用搭建脚手架的完成现状图纸测量和草图绘制工作现场，搬至室内的计算机上，从而可以在室内开展测量和图纸绘制工作，测量误差可以小于 1 mm。

二是 BIM 三维激光扫描技术测量数据全面、完整、精确、可视性强、可永久性存储，为古代建筑三维建模模拟修缮后的场景复原和整体历史风貌复原提供了准确的数据参数，为古代建筑保护规划提供了详细的规划展示方案，方便古代建筑结构的文物价值研究，为引导政府和相关部门加大文物保护投入决策提供可视性的数据参考。

三是 BIM 三维激光扫描数据数字化，为建立完善的文物档案和较为原真性的修缮保护研究方案提供了重要科学依据，便于对接互联网和手游 App 的宣传展示。

3.1　BIM 三维激光扫描仪的工作原理

BIM 三维激光扫描仪的工作原理是通过发射红外线光束到旋转式镜头的中心，旋转检测环境周围的激光，一旦接触到物体，光束立刻被反射回扫描仪，红外线的位移数据被测量，从而反映出激光与物体之间的距离。最后用编码器来测量镜头旋转角度与三维激光扫描仪的水平旋转角度，以获得每一个点的 X、Y、Z 的坐标值。利用三维激光扫描系统能够在几分钟内对特定区域，如古代建筑、古遗址、古塔等获取详尽的、高精度的三维立体影像数据，它可广泛用于各行各业，如考古、古代建筑、城市规划、隧道、铁路、体育场馆以及异型空间结构、民宅建筑等检测行业。

BIM 三维激光扫描获得的原始三维点云数据为单色，每一个点均包含空间坐标信息 X、Y、Z，为了让每个点都能增加色彩信息，通常需要使用专业级高清数码相机来完成，如此每个

点就可以包含 X、Y、Z、R、G、B 等 6 位信息，进一步完善了被测物体数字化信息存档的数据结构。

3.2　BIM 三维激光扫描技术的应用

BIM 三维激光扫描技术又称实景复制技术，它可以对任何复杂的现场环境及空间进行扫描操作，并直接将各种大型的、复杂的、不规则的、标准的或非标准的等实体或实景的三维数据完整地采集到电脑中，进而快速重构出目标的三维模型及线、面、体、空间等各种制图数据，同时，它所采集的三维激光点云数据还可进行各种后期处理工作（如：测绘、计量、分析、仿真、模拟、展示、监测、虚拟现实等），它是各种正向工程工具的对称应用工具，即逆向工程工具。

3.3　BIM 三维激光扫描技术在古代建筑研究中的优势

传统的古代建筑测绘方法是以直尺、角尺、垂球等工具直接量取建筑物及其构件的尺寸，而获取的最终资料是“图样”（即图纸）和一些文字记录。一般测量通面阔、梁架高度等较大尺寸时用卷尺，小尺寸使用小钢尺，较为灵活自由。而对于建筑屋面上的重要控制性尺寸，使用人工测量方法常常让人力不从心，尤其在遇到庑殿、歇山及重檐顶建筑时更是如此。

近景摄影测量用于古代建筑测绘已有较长的历史。近景摄影测量的两部分工作中（摄影及影像处理和制图）采用的是光学方法和模拟制图工艺，最终成果是以光学像片形式表示的影像资料和以纸质形式表示的图件资料。其优点在于能精密测量不规则表面的实体并能立体再现建筑物，如测绘建筑物平面图、立面图、剖面图、等值线图等。但此方法工序较繁杂、精度较低，所获得的数据也不能直接满足古代建筑三维重构的要求。

激光遥感技术获取数据快速、精确、详细的优势在古代建筑、历史街区保护中具有极大的优越性，但目前尚处探索阶段，没有形成完整的应用体系。

BIM 三维激光扫描技术，具有快速、精确、多方位的特点，为古代建筑测绘提供了革命性的新途径。三维激光影像扫描能够快速获取点密度和精度都非常高的建筑物点云数据，可广泛应用于古代建筑和古文物模型的维修或重建等逆向工程中。

BIM 三维激光扫描技术在解决一些疑难问题时存在巨大优势。比如古代建筑中的碑刻、雕刻（石雕、砖雕、木雕、竹雕）、文字、彩画剥落，风化，毁损，残缺，不容易辨认，不容易保护。特别是碑刻、文字，是记载建筑历史的重要文献，是古代建筑保护的核心内容之一，被风化、腐蚀后，有铜锈、苔藓、水渍、裂纹等出现，一般的经验方法无法有效识别，有的需要对表面进行清洗、搓磨，有时会损坏对象，甚至经常只能放弃，严重影响古代建筑保护的进程和质量。同时中国古代建筑往往包含很多曲线形式，如屋面曲线、屋脊曲线、山花轮廓及券门券洞等。这些尺度较大的曲线形式，通过扫描回来的点云可以方便地勾画出来，迅速地给出所有需要的尺寸。以往在遇到这一类型的对象时，国内大部分依靠近景摄影测量结合人工测量对象外观控制尺寸进行图片勾画，由于外观尺寸测量的误差较大，因此大大降低了测量数据的真实性和准确性。

BIM 三维激光扫描技术采用非接触式的测量方式，具有"所见即所得"的特点，可以将所测量的对象进行 1∶1 的实景复制三维成型，由传统的实地野外人工测量转变为室内计算机对点云数据的高精度测量，通过建筑设计行业所使用的 AutoCAD 软件进行测绘，并绘制所测建筑物或建筑物单个构件的平、立、剖建筑设计三视图。三维激光非接触式的测量方式，有效解决了人工接触式测量在测量过程中对测绘人和文物本体实施安全防范及保证大面积测量数据高精度的技术难题。

3.4　早期 BIM 三维激光扫描古代建筑的案例展示

2009 年，洛阳安国寺大雄殿修缮前进行了 BIM 三维激光扫描。洛阳安国寺位于唐代立德坊东南邻新潭（今洛阳市老城西南隅敦志街），始建于唐代咸通年间，明洪武三年（1370 年）重修，清嘉庆十八年（1813 年）改称钟楼寺，后又称安国寺。安国寺仅存天王殿和残破的大雄殿。2000 年被河南省人民政府公布为河南省第三批文物保护单位。洛阳安国寺大雄殿现场工作图如图 3.4.1 所示。

图 3.4.1　洛阳安国寺大雄殿现场工作图

3.4.1　点云数据处理

点云数据处理各阶段如图 3.4.2 ~3.4.8 所示。

图 3.4.2　FARO Sence 测绘仪中拼接好的三维点云数据库

图 3.4.3　安国寺大雄殿的正立面点云数据模型

图 3.4.4　安国寺大雄殿的侧立面点云数据模型

图 3.4.5　安国寺大雄殿的屋面俯视点云数据模型

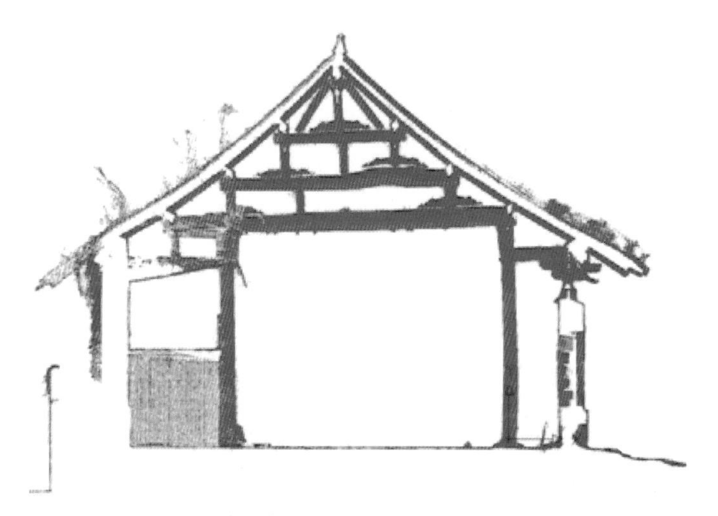

图 3.4.6　安国寺大雄殿的当心间梁架剖面点云数据模型

图 3.4.7　安国寺大雄殿的稍间梁架剖面点云数据模型

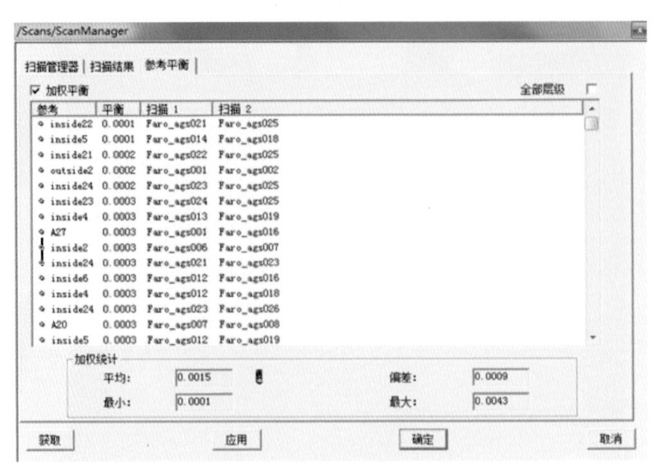

图 3.4.8　点云拼接报告

3.4.2　用点云做成的莲花柱础曲面三维模型

为了将大雄殿内唯一一个具有唐代建筑特征的柱础以最真实的方式保留且将其作为其他柱础修复的依据，本次测绘采用细部精细扫描的方式和专业逆向工程处理软件，从而建立了高精度的、现状的、可编辑的三维数字化模型。图 3.4.9 为安国寺大雄殿金柱柱础三维曲面模型，柱础上的雕花尺寸可任意测量，根据该数字模型可结合现有制作或加工工艺完全制作出一个复制品，大大方便了后期修缮工作的进行，这也是传统测量方法所不能够做到的。再次细看各视图表现下栩栩如生的柱础，漂亮的莲花底座显露出当时工匠们的精湛技艺。

图 3.4.9　安国寺大雄殿金柱柱础三维曲面模型

3.4.3　绘制洛阳安国寺大雄殿现状图

根据洛阳安国寺精确测量及现状绘图的要求，本次绘图过程中使用法如公司提供的点云插件即可在 AutoCAD 平台上绘制整个建筑物的所有二维现状图。绘图流程是先将点云导入，根据专业软件的应用逐步绘制各个平面，包括总平面图、大殿平面图、横剖图、纵剖图、梁架仰视图、屋顶平面图、南侧正立面图、西侧立面图等。同时也绘制了各个细部的大样图，如柱础、瓦当、耍头、角背、博风板等。

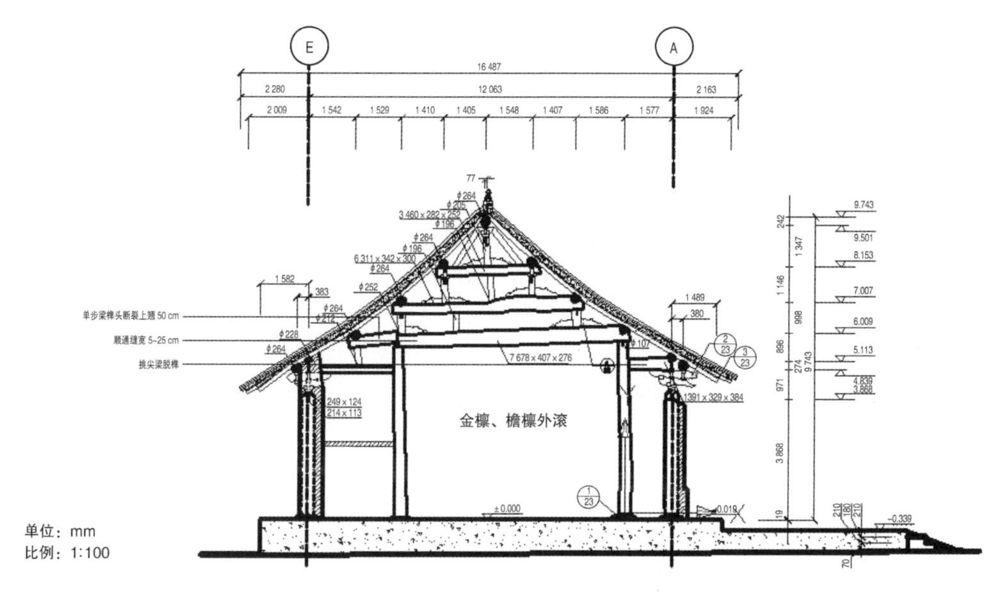

图 3.4.10　洛阳安国寺大雄殿 AtuoCAD 的③ - ③横剖图

3.4.4　完全和点云贴合的现状横剖图

图 3.4.11 是按照点云绘制好的洛阳安国寺大雄殿点云模型与 AtuoCAD 构造线合并的横剖图之一，真实地反映了建筑物的保存现状。从点云现状图中可以看到建筑左侧出檐处檐椽、飞椽都已严重变形，七架梁断裂，正脊变形。并且该图清晰准确地表现了建筑物的结构，是建筑物保存现状的完整体现。这与传统的测量方法相比，绘图准确快捷，同时避免了在测量过程中对建筑物的二次破坏。

图 3.4.11　洛阳安国寺大雄殿点云模型与 AtuoCAD 构造线合并的横剖图

3.4.5　洛阳安国寺大雄殿斗拱测绘

洛阳安国寺大雄殿南侧正立面斗拱共有 12 朵,柱头科 4 朵,平身科 6 朵,角科 2 朵。所有斗拱的耍头都是木刻龙头,斗拱耍头以中轴线为对称轴左右对称排列。令人赞叹的是以建筑物为中轴线的单侧所有木刻龙头都不一样。图 3.4.12 是现场拍摄的安国寺南侧正立面斗拱数码照片,可以看出 6 个龙头各有各的姿态,生动活泼,尽管历尽沧桑依然在昭示着这座皇家建筑曾经的辉煌。图 3.4.13 是绘制好的安国寺南侧正立面斗拱耍头大样图。所有龙头都是按照实际尺寸绘制,可测量。尤其是角科斗拱耍头,利用软件使用技巧,在难以测量的条件下依然成功地被绘制出来。图 3.4.14 是使用 AutoCAD 软件按照真实尺寸做出的安国寺角科斗拱及其相关联构件的三维实体模型。

图 3.4.12　安国寺南侧正立面斗拱数码照片

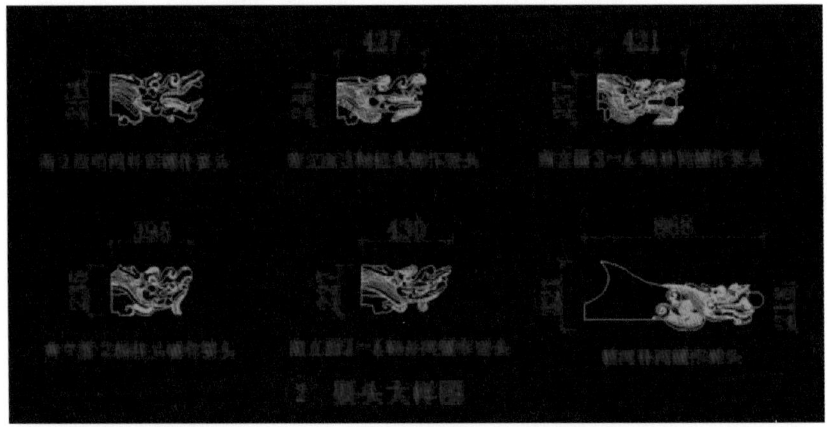

图 3.4.13　安国寺大殿南侧正立面耍头大样图

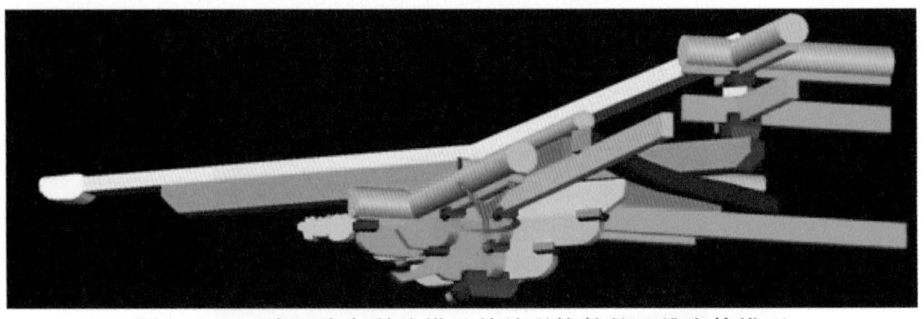

图 3.4.14　安国寺角科斗拱及其关联构件的三维实体模型

3.4.6 洛阳安国寺西侧立面博风板大样图

图3.4.15为安国寺西侧立面博风板的一部分,点云清晰地反映了博风板砖雕的现状,与现场拍的照片结合,可以在计算机上快速准确地画出该博风板的大样图。该大样图按照点云绘制可以与原始点云数据完全贴合。所有博风砖的雕花尺寸都是真实的,可任意测量。相较于传统的测量方法,大大缩短了测绘时间,并体现了BIM三维激光扫描的准确快捷,为以后的修缮提供了完善、准确的现状资料。

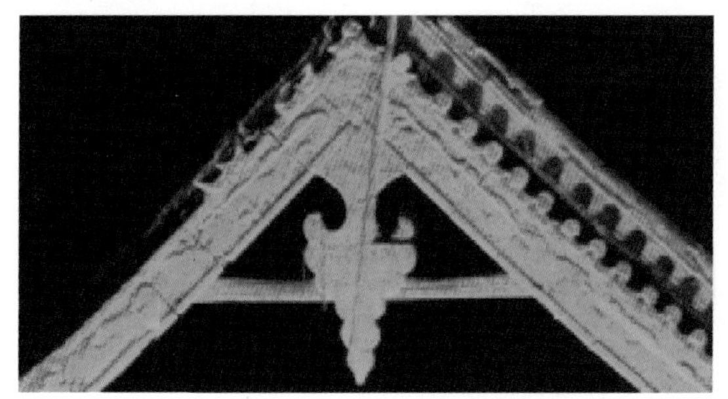

图3.4.15 西侧立面博风板点云图和现场拍摄的照片

3.5 最前沿BIM三维激光扫描和无人机全景成像古代建筑的案例展示

2019年,广仁王庙修缮后的数字化数据被仔细采集。广仁王庙位于与三门峡市灵宝市隔黄河相望的芮城县。当地俗称其为五龙庙。现存有清代戏楼和唐代正殿两座建筑。正殿墙壁嵌有唐碑两座、唐代石碣一方,对研究我国唐中叶水利发展史有一定的价值。正殿建筑结构特征为唐代风格,后代屡次修缮。2001年,广仁王庙被国务院公布为第五批全国文物保护单位。

1.广仁王庙全景三维点云数据及模型展示(图3.5.1)

图3.5.1 广仁王庙全景三维点云数据及模型展示

2. 广仁王庙全景航飞数据采集展示(图 3. 5. 2)

图 3.5.2　广仁王庙全景航飞数据采集展示

3. 广仁王庙屋顶三维点云数据及模型展示(图 3. 5. 3)

图 3.5.3　广仁王庙屋顶三维点云数据及模型展示

4. 广仁王庙立面三维点云数据及模型展示一(图3.5.4)

图3.5.4　广仁王庙立面三维点云数据及模型展示①

5. 广仁王庙立面航飞数据采集展示(图3.5.5)

图3.5.5　广仁王庙立面航飞数据采集展示

6. 广仁王庙立面三维点云数据及模型展示二(图 3. 5. 6)

图 3.5.6　广仁王庙立面三维点云数据及模型展示②

7. 广仁王庙殿内结构三维点云数据及模型展示(图 3. 5. 7)

图 3.5.7　广仁王庙殿内结构三维点云数据及模型展示

8. 广仁王庙正殿斗拱唐代营造特征的 1∶1 模型展示(图 3. 5. 8)

图 3.5.8　广仁王庙正殿斗拱唐代营造特征的 1∶1 模型展示

第 4 章　豫西古代建筑的数字化保护与思考

4.1　豫西古代建筑保护政策概括

4.1.1　豫西地区古代建筑史简述

豫西地区文物资源的保有量位于全国前列,文物资源时代序列完整,文化延续性较强,时代关联度高,类型丰富。早在 40 万年前,就有河洛先民生息黄河、洛河河谷一带,新石器时代,那里的人类迹象更是异常活跃,不断有新的遗址在现代的生产生活中被人们发现。从旧石器栾川人的洞穴遗址到新石器时代的华夏文明源头,与黄帝相关的灵宝西坡遗址和考古学界认为的夏代中晚期都城偃师二里头遗址被列为全国首批中华文明探源工程六大遗址。它是夏商周时期的三代文明核心,两汉魏晋时期的全国中枢,是隋唐最后的辉煌。豫西地区的洛阳作为国务院首批公布的历史文化名城和著名古都,先后有 13 个王朝在此建都,拥有 5 000 多年文明史、4 000 多年建城史、1 500 多年建都史,以建都最早、建都朝代最多、建都时间最长而享誉国内外。洛阳是丝绸之路东方起点和隋唐大运河的中心,是汉唐时期连接南北、横贯东西的重要交通枢纽。丝绸之路文化遗产点:汉魏故城内城、定鼎门、新函谷关。隋唐大运河文化遗产点:含嘉仓、回落仓。龙门石窟被列入世界文化遗产。“二里头遗址”“偃师商城遗址”“东周王城遗址”“汉魏故城遗址”“隋唐洛阳城遗址”五大都城遗址沿洛河一字形分布,形成“五都贯洛”的历史奇观。以洛阳为中心的豫西河洛地区,不但最早跨入文明时代,而且在其后的数千年中都是我国政治、经济、文化、交通的中心,许多重大的历史事件发生在那里,许多有影响的历史名人生活在那里。形成、发展于河洛大地的河洛文化,是中国传统文化的源头和核心,也是中国传统文化最重要的组成部分。那里的文化底蕴深厚、内涵博大精深,记录了先民们杰出的智慧和伟大的创造。历史对那里如此厚爱,造就了数以千计彪炳史册的历史文化名人,留下了极为丰富的历史文化遗存。

4.1.2　豫西古代建筑文物保护存在的问题

当前,城市、乡镇现代化建设日新月异,破旧建新已成为一种时尚潮流。由城市建设引起的环境恶化和交通瘫痪等城市病没有得到解决，反而恶化了原有的城市功能。借古建新的"假古董"盛行，仿古代建筑与城市结合不伦不类，历史文化感丧失殆尽。对于城市建设者来说，近些年来城市建设日新月异、成绩显赫，但现在的城市建筑文化往往千篇一律。零星分布于城市角落的古代建筑基本已成为高楼林立的城市盆景，不断新建的城市失去了原有的历史文化内涵和显赫地位。

新建建筑与古代建筑破旧的现状风貌对比鲜明，城乡居民受先进的城市发展和滞后的文物保护现状影响，重城市发展、轻文物保护的思想，已延伸至各个街巷和村落。市县级文物保护单位和一般不可移动文物的古代建筑受城乡基本建设和文物保护政策薄弱等影响残损进一步加剧，人们的文物保护意识总体上没有增强，反而更加淡薄。古代建筑精细的保护做法与新时代的社会高速发展相互制约和依存，当前文物保护工作仍然存在以下问题：

（1）文物基础研究工作薄弱，影响政府对文物保护工作的正确决策。

文物保护工作仍停留在20世纪的以人为主的水平，新时代的现代化科技手段和先进设备几乎未得到实践和应用。文物保护成果多为人工手绘和纪实资料，文物价值研究工作科学性未得到改进和提升。陈旧的传统文物保护理念与新时代的城市规划建设思维以及成熟的城建资本市场运作与零星的文物保护资金投入形成鲜明的对比。政府部门决策城市发展时，首先倾向于城市基本建设，加之文物保护基础工作薄弱，忽视文物保护已非偶然。另有，社会资本依托古代建筑、石刻碑碣等不可移动文物对其周边过度开发利用的建设，文物价值未得到正确认识，致使文物保护区生存空间受到一步一步地挤压，不可移动文物原有的地望格局、历史风貌、文物本体逐步遭到破坏。

（2）基层工作队伍能力素养较弱。

各县区文博正高级职称研究员几乎为零，文博副高级职称的副研究员占专业技术人才总数不足1%，中级馆员和助理馆员占专业技术人才总数不足2%。基层管理部门古代建筑类的文物保护专业技术人才为空白，文物保护业务技术指导开展受限。基层队伍对文物保护法规及相关政策的学习基础薄弱，文物保护管理执行力受阻。同时，对已发现的受雨雪、虫害、风化等蚕食的古代建筑的常识性病害，未能及时采取科学有效治理措施，或未进一步采取技术防范措施，致使其小病变大病，建筑本体濒临倒塌。

（3）古代建筑修缮资金匮乏，年久失修，致使其自然灭世。

文物保护业务管理部门对于权属人对古代建筑的不当改建监督有疏，致使古代建筑被破坏，甚至自然灭失。例如，按照豫西地区新人成婚要置新居的传统民俗，乡镇村民建新房子受国土部门对宅基地审批政策限制，以及未能得到当地政府或其他机构的修缮补助经费，部分村民以提升改造旧房之名，对古代建筑不当改建，甚至出现少量的大拆大建等。

（4）地方财政用于古代建筑维修保护的投入经费基本可以忽略不计。

古代建筑修缮经费过于依赖省级以上财政预算拨款，经费政策落实基本为"计划经济"。相关经费审批和实施程序复杂、周期长，维修保护工作全面开展相对滞后，古代建筑的危害和病害萌芽阶段未能被及时遏制。《中华人民共和国文物保护法》《文物保护工程管理办法》要求，各级文物保护单位和一般不可移动文物，古代建筑修缮保护工程实施前应编制相应的文物保护方案，方案需经相应的文物部门审批后，方可实施文物保护工程。各级文物保护单位维修保护工程应对应相应级别的文物保护工程队伍施工资质，如全国重点文物保护单位的维修保护工程需国家文物局颁发的文物保护工程施工一级资质单位实施；省级文物重点保护单位需国家文物局颁发的文物保护工程施工二级资质单位实施；市县级文物保护单位及一般不可移动文物需国家文物局颁发的文物保护工程施工三级资质单位实施。文物保护工程应履行开工备案和工程验收等行政监管义务。

（5）古代建筑文物保护，主张最小干预原则，以及文物保护利用的原真性保护展示等，社会资本投入文物保护基本呈昙花一现或冰山一角态势。

《中华人民共和国文物保护法》要求，一是国有不可移动文物用作其他用途的要求。“核定为文物保护单位的属于国家所有的纪念建筑物或者古代建筑，除可以建立博物馆、保管所或者辟为参观游览场所外，作其他用途的，市、县级文物保护单位应当经核定公布该文物保护单位的人民政府文物行政部门征得上一级文物行政部门同意后，报核定公布该文物保护单位的人民政府批准；省级文物保护单位应当经核定公布该文物保护单位的省级人民政府的文物行政部门审核同意后，报该省级人民政府批准；全国重点文物保护单位作其他用途的，应当由省、自治区、直辖市人民政府报国务院批准。国有未核定为文物保护单位的不可移动文物作其他用途的，应当报告县级人民政府文物行政部门。”二是非国有不可移动文物用作其他用途的要求。“非国有不可移动文物不得转让、抵押给外国人。非国有不可移动文物转让、抵押或者改变用途的，应当根据其级别报相应的文物行政部门备案。”

豫西地区古代建筑以清代官宦故居、宗族祠堂以及佛道两教合一的寺或庙为主体，在引入社会资本投入时，维修保护工程门槛较高，且不能随意更换古代建筑本体文物构件的历史原真性和功能属性用作其他用途。相关规定无形对市场化原有的灵活性资本投入增加了限制条件，对文物保护的后期利用业态分布提出更高的要求。为此，大部分打着国际投资、上市企业等旗号的所谓的文化旅游集团公司策划的资本运营“少投入、快回报”的短期内见成效模式与文物保护漫长而精细的事业轨迹不相符合，文物保护要求基础研究工作扎实，对传统工艺和材料要求较高，对保护措施要求科学、对保护利用功能定位属性要求合理，同时还有相关行业规定和要求等，这让急功近利的社会资本望而却步。因此，引入社会资本用于文物保护利用的公益事业相对其他行业“投入大，回报少”，社会资本投入基本呈昙花一现或冰山一角态势。

（6）古代建筑修缮后，满足对外展示开放的要求较高。

国家文物局《文物建筑开放导则（试行）》和河南省文物局《河南省文物保护单位开放管理办法》等，鼓励各级文物保护单位对外正常开放。文物保护单位开放，应具备以下条件：一是须保持文物本体及文物保护单位整体环境风貌的真实性、完整性，并有相关管理预案。二是应有专门的文物保护机构，配备相关的保护设施、设备，并建有相关的管理档案。三是配备专业的安全防护人员、文物保护技术人员和开放服务人员。文物保护技术人员应持证上岗。四是应具有相对独立的开放活动场所。五是安防设施(包括防火、防盗、防雷和防突发事件的设施等)和服务设施(包括各种标志牌、说明牌、警示牌及存在安全隐患区域的防护设施等)达到国家标准或行业标准。六是应定期对文物保护状态进行评估,并及时消除隐患。七是依法划定保护范围和建设控制地带,并在显著位置设立标志牌。八是符合其他相关法律法规的规定。

目前,豫西地区古代建筑文物保护单位利用率普遍较低,大部分文物保护单位缺少日常维护人员,要求定期开展古代建筑维护工作的主要劳动力(权属人)基本常年在外,仅有留守的年迈老人对其进行看护。古代建筑的修缮规定、保护利用与开放要求,以及专业的修缮保护措施增加了相应的修缮资金投入,导致绝大部分权属人对古代建筑修缮保护的积极性受挫。

(7)部分宗祠、寺庙、宫观等古代建筑宗教场所利用"功德箱"借教敛财等过度开放,导致古代建筑安全风险增高,弘扬历史文化内涵的舆论导向偏离实际。

河南省文物局《河南省文物保护单位开放管理办法》要求,开放的文物保护单位应坚持社会效益优先的原则,同时兼顾其他相关社会群体的正当利益。文物保护单位开放的收入,应用于该文物保护单位的安全、管理、维护、保养等。目前,豫西地区文物保护单位宗教场所的开放收入,用于文物保护单位安全、管理、维护、保养等文物保护工作的投入少之又少,反而用于扩建寺庙规模的仿古代建筑投入巨大。

综上所述,文物保护基础工作,虽然存在多种问题,但文物保护单位固有的价值不应因政府决策、保护资金投入、研究工作落后等客观因素在当下繁荣的经济时代而慢慢流失。

4.1.3　豫西古代建筑基础保护工作开展情况

1. 豫西古代建筑基本情况

中华人民共和国成立后,豫西地区曾开展过4次文物普查工作。最新的全国第三次文物普查,豫西地区共普查登记不可移动文物12 900余处。国保单位63处、省保单位168处、市县保单位1 000余处、一般不可移动文物11 700余处。其中,古代建筑类(泛称"砖木结构建筑")6 000余处。目前,豫西地区古代建筑文物价值较高的国保单位11处,省保单位49处,市县保单位300余处,一般不可移动文物5 000余处。主要构成:佛寺、砖塔、庙宇、祠堂、会馆、道观、楼阁、古寨、牌坊和民居大院等。其中文物价值较高的古代建筑从始建至现存建筑,经历了数次战火洗礼、朝代更迭和不同时期的敕封和敕建;文物价值相对较低的古代建筑多由清代官宦故居、宗族祠堂以及佛道两教合一的寺或庙为主体组成部分,零星分布着残缺不全的古寨墙及其门楼、古亭、古桥、舞楼或戏楼等。

2. 豫西古代建筑保护开展情况

文物保护工作应始终坚持贯彻"保护为主、抢救第一、合理利用、加强管理"的文物工作方针，严格按照《中华人民共和国文物保护法》及相关行业管理规定，积极克服不可移动文物的日常保护与管理工作难点、难题。近年来，豫西各地市积极抓住各级政府对文物保护工作的重点支持。一是统筹谋划，积极争取文物保护专项经费。协调各方编制文物保护工程立项和设计方案等工作，实施了一大批古代建筑文物保护修缮工程。二是举办年度文物保护工程政务网审批培训班、文物保护工程项目申报培训班、古代建筑保护工程管理培训班、古代建筑修缮技术保护培训班等。三是积极落实上级文物管理部门的政策法规，制定文物保护工程管理制度，进一步规范古代建筑修缮保护工程行政管理工作。四是加大文物行政执法力度和文物保护安全保卫工作，着力推进科学化、规范化、制度化建设工作机制，确保文物安全保卫工作任务顺利开展，对触犯文物保护法律底线的行为开展依法行政责任追究，并成立地市级文物安全领导小组。五是规范古代建筑开放单位的日常管理工作，控制参观人数，加强明火安全隐患防范措施，责任到人，对非宗教场所借教敛财的“功德箱”予以取缔。六是鼓励社会团体或个体依托古代建筑文物保护单位筹建行业专题博物馆或纪念馆，为弘扬其历史文化内涵和保护利用开辟蹊径。七是广泛吸收人大建议、政协提案、社会舆情、市民诉求等，合理制定下一阶段的工作重点，积极争取相关政策，解决古代建筑急需保护修缮的相关诉求。八是进一步加强一般不可移动文物业余保护员的安全职能和文物政策法规宣传工作。九是严把文物保护底线，对触犯《中华人民共和国文物保护法》相关规定的个人或企业团体，依法追究相关法律责任。十是通过 5·18 国际博物馆日、每年 6 月的世界文化遗产日和承办的国际与国内大型文化遗产论坛等，有效提升国内外社会各界对豫西地区文物保护事业的关注力度。十一是对接信息化时代的互联网思维，尝试 BIM 三维激光扫描模拟优化传统文物保护方案、AR 智能讲解服务、旅游应用手机软件导览等创新型文物保护的技术合作，积极探索文物保护创新模式。

4.2　古代建筑测绘技术

4.2.1　古代建筑保护勘察测绘

1. 古代建筑传统测绘和 BIM 三维激光扫描对比

古代建筑传统人工测量技术和 BIM 三维激光扫描对比如表 4.2.1 所示。

表 4.2.1　古代建筑传统人工测量技术和 BIM 三维激光扫描数字化测量技术对比

对比项	BIM 三维激光扫描数字化测量技术	传统手工测量技术
现场工具	RIEGL VZ - 400 扫描仪（脚架）、靶标、全站仪、棱镜、电脑、UPS 电源等	激光测距仪、皮卷尺、小钢尺、软尺、卡尺、指北针、手电筒、铅垂、绘图板、坐标纸、照相机、笔等

续表

对比项	BIM 三维激光扫描数字化测量技术	传统手工测量技术
工作环境	不受光线影响。受测量环境制约,有测量死角,死角测量时,对搭接脚手架稳定性要求较高	比较灵活。受建筑体量和建筑构件变形制约。高大空间的测量受限制,支梯和搭架子容易引发安全事故;建筑变形构件的矢量发展数据测量受限
现场工作	1 天/3 人,测量周期短	1 天/3 ~5 人,测量周期长
室内工作	1 天/3 ~5 人,数据预处理、成果制图周期长	1 天/5 人,CAD 制图周期短
工作人员	具有专业测绘学知识、三维建模经验,缺乏古代建筑修缮保护理论、专业修缮保护的成果制图经验	具有古代建筑测绘的相关理论和实践经验,成果制图经验丰富
成果数据	原始点云数据,原始影像数据,平、立面测绘图,剖面图可重复、自由切割,精细三维模型	原始手稿,照片,平、立、剖面图
数据精度	小于 1 mm	单个构件测量误差小于等于 3 mm,大体量的空间测量误差为 5 ~10 mm

2. 古代建筑测绘内容

(1)建筑群的总平面图。

这是对非单体建筑,即有院墙、牌坊、廊庑、古碑刻、道路等建筑而言。测绘总平面图应该准确地表现出各单体建筑之间的相对位置和间距,使其总体布局和环境一目了然。

传统测量手段:一是人工利用小平板仪来完成建筑群总平面测绘。二是用全站仪来辅助测量,可以统一坐标定点。对于大面积的平面图测绘,可以通过专业软件将测量数据成像,提高测绘工作的效率。

新的测量手段:无人机空中激光扫描和图片采集,测量精度为 1 m/km。对古代建筑群无人机航飞一般高度为 30 ~40 m,其测量误差小于 5 mm,可以忽略不计。对院内整体建筑需要进行全空间立体式的扫描,为完整记录古代建筑群全景姿态,采用无人机航飞测量的方式完成数据的采集,以获得完整的数据。对所采集的航拍三维数据及图片素材进行拼合、合成,形成古代建筑群整体的航拍三维数据资料汇编。

(2)单体建筑的各层平面。

传统测量手段:对于大部分的建筑一般只需皮卷尺、钢卷尺、卡尺或软尺就可以测出所有单体建筑的平面图。近年来广泛使用激光测距仪和全站仪,弥补因条件限制无法站人和无法接触的点距测量。

新的测量手段:BIM 三维激光扫描技术又称实景复制技术,对古代建筑任何复杂的现场环境及空间进行扫描和数据采集,并直接将各种大型的、复杂的、不规则的、标准的或非标准的等实体或实景的三维数据完整地采集到计算机后台软件,进而快速重构出目标,获得三维模型及线、面、体、空间等各种制图数据,同时,它所采集的三维激光点云数据可在 AtuoCAD 的软件平台上进行各种后期处理工作(如测绘、计量、分析、仿真、模拟、展示、监测、虚拟现实等),它是各种正向工程工具的对称应用工具,即逆向工程工具。结合无人机空中激光扫描和图片采集,可以对地面的三维激光扫描数据进行对比验证,确保数据的真实准确。

(3)单体建筑的立面。

传统测量手段:古代建筑立面图测量最为困难,大部分屋顶斗拱错综复杂,建筑屋面构件繁复。以往通过全站仪的免棱镜测量功能测量出建筑物外轮廓某些特征点的三维坐标,进行 AtuoCAD 绘图时确定立面图尺寸,包括柱、墙、门窗、栏杆、台阶、楼层高度等均要精确量测。柱需测量其周长,柱高度采用米尺测量,柱的开榫位置及墙体测量需用木方夹住向外延伸,然后用米尺测量其内部尺寸,最后定出厚度。墙的垂直度用垂球测量,并确定其收分尺寸。其中斗拱测量较复杂,需先测量斗拱中斗的尺寸,确定斗口大小及斗的种类,再测量拱的尺寸,贴近斗口位置向两边量测,一次性完成并绘制成图。

新的测量手段:同各层平面,在室内通过计算机软件开展逆向法式测量。

(4)单体建筑的纵剖面、横剖面。

传统测量手段:测量方法与测绘立面图的原理一样。不同的是剖面图要更清晰地表达出各层之间的构造关系。选取其中间跨进行测量,确定柱子位置,通过米尺测量梁枋尺寸,将斗拱中补间铺作与转角铺作的每个构件一次测出,采用全站仪的免棱镜功能测量屋顶尺寸,确定每个点相对坐标,计算出尺寸并作图。

新的测量手段:通过 BIM 三维激光扫描数据在室内通过计算机软件开展逆向法式测量,可以在任意位置对其点云数据模型进行重复切割,图纸绘制数据准确。

(5)屋顶的俯、仰视图。

传统测量手段:与平面图测量恰好是相对应的,通过米尺、激光测距仪、皮尺等测量工具,对屋面瓦作构件和屋架的椽、檩、梁、坊、柱、斗拱进行测量,均需要得到翔实的测量数据。

新的测量手段:通过 BIM 三维激光扫描数据在室内通过计算机软件开展逆向法式测量,绘制俯、仰视图。

(6)大样图。

传统测量手段:大样测量主要包括砖雕、脊饰、梁架及斗拱、装修等构件测量。这类装饰构件的线条、图案都非常复杂,多以人物、花鸟、虫鱼图案呈现,而按照测绘的要求是要一一表现在大样图中的,这往往是古代建筑测绘中最耗时、难度最大的。在法式测绘中,最好的方法是借助数码相机拍下各个大样的正、侧、底面的照片,然后测出各个大样中重要的控制点的距离,通过比照数码照片绘出大样图。以往做这一项工作要求测绘人员必须具备良好的美术基础,否则就无法进行,具有极大的限制性,而且稍稍复杂的图案都不能利用计算机来绘制,这样一来传统的方法已明显不能适应数字化工作的要求了。但是现在这一问题有了很好的解决办法:利用一系列的计算机辅助绘图软件可以直接利用大样的数码照片勾勒轮廓线,这大大简化了装饰部件大样图的测绘工作,而且画出来的图不再线条生硬,而是栩栩如生的。这一绘图原理还可用于考古发掘图纸和器物图的绘制。手绘的米格纸底图可以通过绘图软件处理成出版时所用的图,而不再需要描硫酸纸图。

新的测量手段:在室内通过计算机软件开展逆向法式测量,已应用于3D打印技术,可以对三维激光扫描的构件开展逆向的3D打印成品复制,数据测量误差几乎可以忽略。

4.2.2　豫西古代建筑保护测绘新技术应用思考

1. 古代建筑传统测量数据准确度易受质疑

传统的古代建筑测绘方法是以直尺、角尺、钢卷尺、垂球、水平尺、水平仪等工具直接量取建筑物及其构件的尺寸,其获取的最终资料“图样”(即现场绘制草图图纸)和文字记录的人工数据容易出现误差大,甚至数字记录错误等,数据准确性受质疑较大。一般测量通面阔、梁架高度、柱侧角、柱升起、翼角、铺作、木雕构件时人工测量误差相对较大,往往被测对象都年久失修或有一定程度的变形,这个时候需要将结构构件按类型划分进行同一类别构件的重复测量,找到较为完整的正确尺寸,测量的对象越多误差率越高。人工测量往往使用小钢尺、卷尺在比较隐蔽的部位进行,扶尺容易出现误差,给后期制图带来很多麻烦,对建筑变形受损程度的把握可能出现方向上的错误,后期修缮的工作量容易出现漏项和错误判定,使修缮工作不到位。特别是在测量建筑物举折等重要控制性尺寸时,手工用钢卷尺测量常常显得力不从心,尤其遇到庑殿、歇山及重檐顶建筑时更是如此。钢卷尺测量相对较灵活,只需要能把握住测量的基本要领就能熟练掌握,这是人工测量比较灵活的优点,但测量人员须严格按照测量要领才能保证所测数据的真实性,对测量人员自身的要求很高,所以人为因素制约着测量数据的准确性。传统的古代建筑测量,因测量数据千头万绪、多个测量部位数据共用一个基础数据的频繁叠加计算、不同部位的测量数据相似等数据混淆现象,给现状实测图进行测量数据标注时造成影响和错位标注。对后续的维修设计与建筑结构研究工作造成严重困扰,增加测量数据核准工作量,数据真实性易受质疑。

2. BIM三维激光扫描技术测量新技术优势

(1)三维激光扫描技术为当下最先进的测绘手段,扫描仪测量优势在于对于空间复杂且不规则的结构,能够准确测量各构件的空间尺寸和单个构件的平、立、剖面尺寸。扫描仪所扫的点云数据,可通过AtuoCAD的软件平台进行1∶1的实物三维模型复制和平、立、剖三维数据测量,按实景1∶1的尺寸完成古代建筑现状图的绘制工作。相比于传统测绘技术,三维激光扫描的优势在于数据的全面性和准确性。可以通过计算机后台专业软件像医疗设备的核磁共振、CT 那样对古代建筑进行“透视切片”测量，可以测量人工无法直接测量的构件部位，完成人工实测不可能完成的工作。

(2)三维激光扫描仪的工作原理是通过发射红外线光束到旋转式镜头的中心，旋转检测周围环境的激光，一旦接触到物体，光束立刻被反射回扫描仪，红外线的位移数据被测量，从而得出激光与物体之间的距离。编码器测量出红外线镜头旋转角度与激光扫描仪的水平旋转角度，获取每一个点的 X、Y、Z 的坐标值。三维激光扫描系统可以在几分钟内对特定区域测量完毕并获取详尽的、高精度的三维立体 1∶1 的实景数据。而且红外线对古代建筑的壁画和梁架彩绘不构成任何伤害。

(3)三维激光扫描技术又称实景复制技术，可以对任何复杂的现场环境及空间进行扫描操作，并直接将各种实体或实景的三维数据完整地采集到电脑中，进而快速重构出目标的三维模型，同时，它所采集的三维激光点云数据可在 AutoCAD 软件平台上进行各种后期处理工作，是各种正向工程工具的对称应用工具。

(4)三维激光扫描技术具有快速、精确、多方位的特点，为古代建筑测绘提供了革命性的新途径。三维激光影像扫描能够快速测量建筑物体，以高密度多个“点”的形式来表达建筑物体表面，所获得的“点”数据称为“点云”，“点云”由成万上亿个小点组成，是密度和精度非常高的数据，可广泛应用于古代建筑和古文物模型的维修或重建等逆向工程中。

(5)三维激光扫描技术在解决一些疑难问题时存在巨大优势。古代建筑中的碑刻、雕刻、文字、彩画发生剥落、风化、毁损、残缺后不容易辨认和保护。特别是碑刻、文字，是记载建筑历史的重要文献依据，是古代建筑保护的核心内容之一，被风化、腐蚀后，一般的经验方法无法有效识别，有的需要对表面进行清洗、搓磨，有的甚至只好放弃识别，严重影响古代建筑保护的进程和质量。同时，中国古代建筑往往包含很多曲线形式，如屋面曲线、屋脊曲线、山花轮廓等。这些尺度较大的曲线形式，在扫描回来的点云中可以方便地勾画出来。在遇到这一类型的对象时，依靠近景摄影测量结合人工所测对象外观控制尺寸进行图片勾图，由于误差较大，大大降低了所测数据的真实性和准确性。

(6)三维激光扫描采用非接触式的测量方式，具有“所见即所得”的特点，可将所测量的对象进行 1∶1 的实景复制，由传统的实地野外人工测量转变为室内计算机对点云数据三维模型的高精度测量，使用 AutoCAD 软件可以绘制所测建筑物或建筑物单个构件的平、立、剖三视图。三维激光非接触式的测量方式，避免了人工直接接触对象造成的文物损坏、测量精度不高、测绘人员自身安全等问题。

4.3　豫西古代建筑数字化保护的思考

4.3.1　豫西古代建筑传统测绘技术优化

古代建筑测量主要以 BIM 三维激光扫描配合全站仪、无人机扫描和图形采集为主，局部以人工测量补充三维激光扫描仪无法直接采集到的数据部分。三维激光扫描稳定性、精确度及工作效率最好，主要是以模拟扫描对象的三维空间形态为主。测量人员借助上述工具获取相应数据，并根据建筑特点和规律，对实测数据进行归纳总结，进行人工干预和纠正，最终实现测绘图纸绘制和文字标注。

典型的三维激光扫描工作流程分外业和内业两部分。外业是扫描现场的数据采集过程，内业则是室内的数据处理过程。三维激光扫描测绘的外业时间短，获得数据量大。其作用类似三维相机，能够快速采集数据并在电脑中重构扫描对象的精确三维影像，从而把测绘工作转移到室内进行。

相比于传统测绘技术，三维激光扫描的优势在于数据的全面性和准确性。可以在电脑中像做透视图一样进行切片测量，从而测量到人工无法直接测量的位置，完成测量人员实测不可能完成的工作。古代建筑测绘以精密测绘入手，通过运用精密测量工具与传统测绘相结合的方法，取长补短，力求在使用目前最先进的技术水平条件下，得到尽可能精确而全面的测量结果，通过测量结果结合前辈学者对于古代建筑结构清代以前的“材分”做法、清代的“斗口”做法和豫西地方做法来复原古代建筑的建筑营造模型。甚至可以通过古代建筑本体的早期保留的构件，对照这一时期的建筑做法研究成果，对其开展建筑始建雏形的“模拟复原建模”展示。同时也可以将现状图与复原图各部分尺寸进行对比分析，推断出古代建筑结构精确的位移形变量，将现状建筑构件的外形尺寸及现存完整真实状态实现数据数字化，该数据误差小、客观真实、利用率高、永久存储便捷，与互联网实现无缝对接，为远期构建豫西地区古代建筑可视化信息系统提供数据支撑。

4.3.2　豫西古代建筑数字化工作要求

文物三维空间信息采集主要采用三维激光扫描技术。该技术结合了激光技术、相位测量技术、计算机视觉技术，是复合三维非接触式的测量方法，是测绘领域继 GPS 技术之后的一次技术革命。它能够提供扫描物体表面的三维点云数据，可以用于获取高精度高分辨率的数字模型，并具有实时可视化功能。

1. 数据的加工处理

根据现场采集的基本数据，通过使用现有软件工具，对纸质数据、基础数据、照片数据等系列数据进行加工，形成完整的、可视化的成果。其中，三维激光扫描仪完成的原始数据需要经过预处理、数据配准、数据融合，最后形成目标建筑的点云数据。

2. 局部数据提炼

建筑的点云数据整理完成后，既可以将其中部分建筑细节单独提炼出来，以点的形式单独展示，也可以通过点云直接的邻接关系进行封装，变成三角网格模型。具体建筑细节展示如图 4. 3. 1 所示。该数据基本可以很好地展现出建筑局部构件及细节的特征信息。

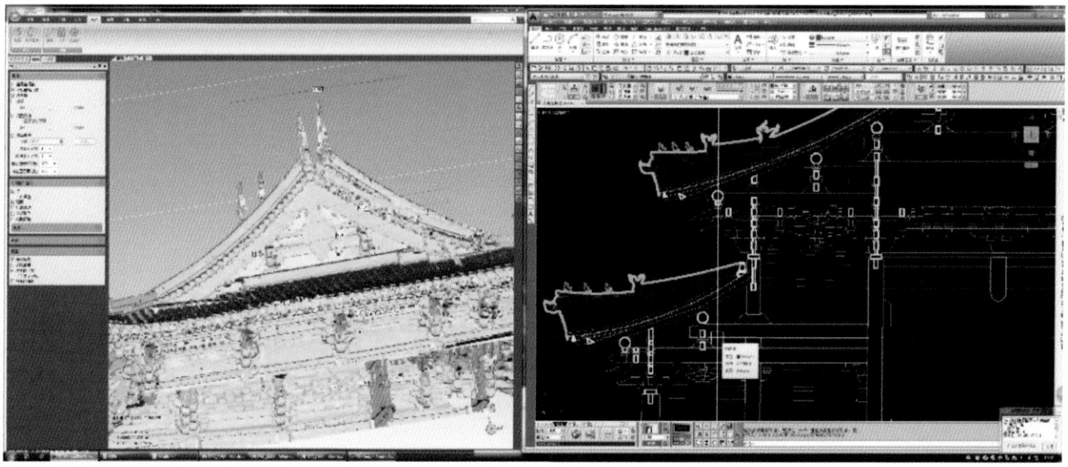

图 4.3.1　建筑细节展示

3. 数字化成果

（1）基于三维空间信息的点云模型数据经过专业处理，会形成以离散点为基元带有三维坐标的三维模型。其中，点数约为 5 亿个。该数据可以很方便地实现多重分辨率采样，可以利用空间数据建立层次结构来实现实时绘制或者快速计算。该数据的格式为“.xyz”，点间距 0. 1 mm，拼接精度 0. 18 mm，文件格式为“.obj”。数字化成果图如图 4. 3. 2 所示。

图 4.3.2　数字化成果图

（2）将完整的点云数据进行室内精细测绘，并结合现场传统测绘数据准确绘制出建筑平面图 1∶140、正立面图 1∶120、背立面图 1∶120、侧立面图 1∶120、横剖面图 1∶120、纵剖面图1∶120、仰视图 1∶130、屋顶俯视图 1∶130 和部分斗拱大样图。大雄殿正立面图如图 4. 3. 3 所示。

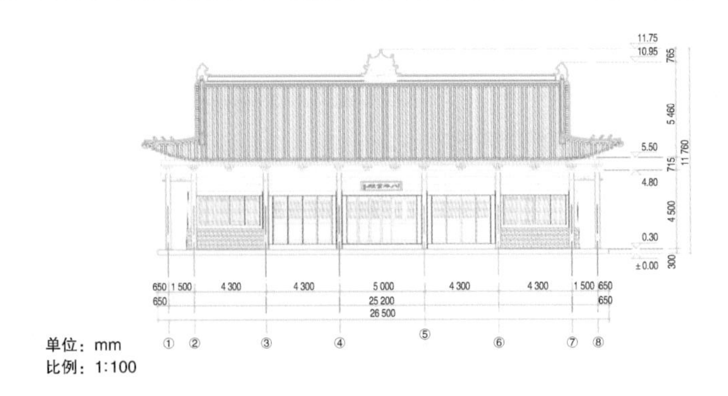

图 4.3.3　大雄殿正立面图

4.3.3　豫西古代建筑保护数字化信息系统平台构建框架

1. 古代建筑历史信息的数字化保护

谁先拥有了信息化，谁便拥有了未来。数字化保护是信息化建设的基础，推动数字化信息建设带动文博产业向规模化、集约化发展，将进一步加快豫西地区文物保护事业的创新步伐。

(1)统一坐标。

通过激光测距仪、全站仪、动态 GPS 等测绘工具，为古代建筑建立永久性测绘基准点与动态监测点，可以构建统一的大地坐标体系。通过地质勘查与地球物理探测技术，查明古代建筑地质结构条件，可以出具建筑稳定性评估报告。借助低空无人机倾斜摄影，可以得到地面三维激光扫描、近景摄影测量等空间信息。

(2)建立数字化信息资源库。

采集保护范围内的数字地形模型、数字地表模型、数字高程模型，使用亿级像素的设备拍摄高清影像数据，其精度和还原度均可满足 1∶1 复制的需求，采用激光拉曼光谱、X 射线能谱仪等实验仪器，对建筑构件材质材料进行定性和定量分析，判断其理化特性，结合对文物现存病害情况的分析统计，汇总历史档案与科研文献，最终与建筑的空间、材质等数据信息进行深度关联，建立全面翔实的古代建筑数字化信息资源库。

(3)互联网平台推广。

充分运用互联网、大数据云计算、人工智能等前沿科技，对古代建筑数字化信息资源进行深度优化与整合，建立开放共享的数字化平台。该平台将以用户需求为导向，以盘活古代建筑数字资产(文物旅游、数字体验、文物展示、文创产品、IP 价值)为目标，并为古代建筑提供现存状况实施监测、健康评估等数据，优化设计方案、提高保护质量，为文物研究提供可视化数字档案与检索比对工具，提高科研效率，提升学术水平，为古代建筑管理提供统计分析数据，实时反馈安全信号，让行政决策更加科学精准，让文物管理部门更加高效及时。

(4)展示利用。

通过一系列的文化脉络梳理、文化元素提取,打造文物 IP,塑造豫西古代建筑品牌价值,开发其文物展示、文物旅游、文创产品销售为一体的线上综合服务平台。建设落地于文物景区、博物馆、机场、购物中心等人流密集区的数字体验中心,扩宽文创产品销售渠道,为教育机构提供专业的文博产品和文博课程,为商品厂商提供品牌价值提升服务,通过原创或植入影视动画、游戏等形式,深度挖掘文物故事,盘活文物数字化资产,形成保护、管理、研究、展示、利用的产业闭环,开创社会效益与经济效益并驾齐驱的良好局面。

2. 古代建筑保护数字化信息的功能定位

古代建筑保护的可视化信息系统应满足地图浏览、远程监控、远程数据监测、三维模型数据展示、权限管理、后台数据管理、数据存储、数据检索、数据资源浏览、数据处理、数据统计、数据入库培训、手机端 App 等数字化功能。古代建筑保护数字化信息的功能定位如表 4. 3. 1 所示。

表 4.3.1　古代建筑保护数字化信息的功能定位

功能	模块	描述	技术成熟度
地图浏览	地图展示	卫星图放大、缩小,地形图等加载显示	基本成熟
远程监控	视频网络监控	将分散在各处的监控视频通过网络上传到总部进行监控	成熟
远程数据监测	传感器监测	将各种传感器信号通过网络远程传输到总部实时掌握现场温湿度、震动、红外信号等情况	成熟
三维模型数据展示	点云数据网络展示	海量点云数据网络实时加载及浏览,点云数据加载量调节。使用显卡渲染的方式,实现流畅查看。无须安装任何浏览器插件	成熟
	三维模型数据网络展示	高精度三维模型网络实时加载及浏览。使用点云三角化三维重建方式,使用显卡渲染,实现流畅查看。无须安装任何浏览器插件	成熟
	CAD 图纸数据网络展示	在线显示 DWG 图纸数据	成熟
	WORD 及 PDF 文档数据网络展示	在线显示 WORD 及 PDF 文档数据	成熟
	高精度照片网络展示	网络展示高精度照片	成熟
	视频网络展示	网络展示视频	成熟
	360 度全景照片展示	网络展示全景照片	成熟

续表

功能	模块	描述	技术成熟度
权限管理	管理员功能	账户分级授权,可根据需求设置视频、图像、点云数据、文献等资源数据访问权限	成熟
后台数据管理	后台数据管理	实现文字、文档、图像、视频、三维模型、点云数据的添加、修改和删除的管理	成熟
数据存储	数据存储设计	视频、图像、点云数据、文献等数据的文件存储和数据库存储	成熟
数据检索	模糊匹配检索	实现模糊匹配,用户输入关键字后,系统自动分词进行检索。检索后可直接查看视频、音频、普通图像、文档类资料	成熟
	分类检索	根据资源格式、资源类型、资源属性进行检索。检索后可直接查看视频、音频、普通图像、文档类资料	成熟
	筛选功能	可实现属性检索、分类检索等检索功能。检索结果可直接查看视频、音频、普通图像、文档类资料	成熟
数据资源浏览	控制台布局	使用 CSS 3 与层布局结合方式实现界面 UI 搭建	成熟
	控制台交互	使用 HTML 5 的网页矢量图	成熟
	控制台检索功能	控制台实现页面无刷新式检索,用户可输入检索字段实现当前模块元素的检索。检索结果可以直接定位至当前模型对应的位置	成熟
数据处理	在线点云操作	在线点云剖切、测量功能	成熟
	在线三维模型操作	在线三维模型的剖切、测量功能	成熟
数据统计	访客统计	采用中国地图矢量图,按色块呈现、配合柱状图。可按日、周、月、年进行查看	成熟
	各种信号、数据的统计分析报告	采用文字和图表方式呈现。可按日、周、月、年进行分类查看	成熟(可根据需求定制开发)
数据入库培训	—	三维数据、高清图与数据库录入	系统培训后由用户完成
手机端 App	手机端功能应用	在手机端实现上述功能	已有视频监控、统计分析等功能(可根据需求进一步完善)

3. 古代建筑保护可视化信息案例展示

古代建筑保护可视化信息案例展示图如图4.3.4所示。

图4.3.4　古代建筑保护可视化信息案例展示图

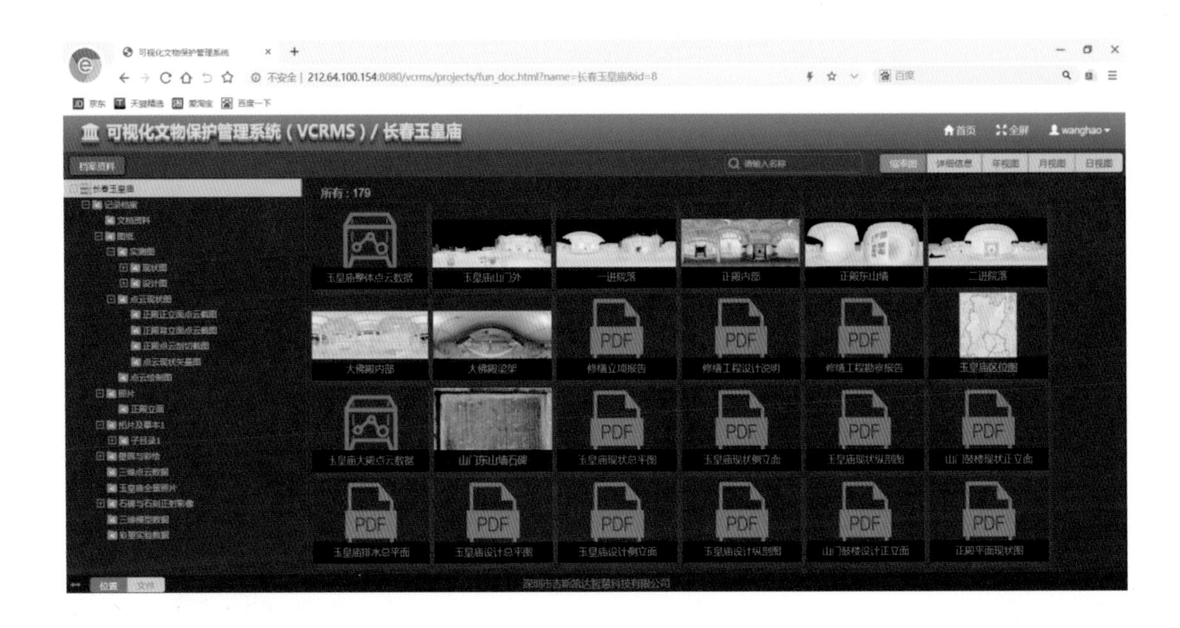
可视化文物保护管理系统
可视化文物保护管理系统（VCRMS）/ 长春玉皇庙
首页
全屏
wanghao
档案资料
长春玉皇庙
所有：179
玉皇庙整体点云数据
玉皇庙山门外
一进院落
正殿内部
正殿东山墙
二进院落
大佛殿内部
大佛殿梁架
修缮立项报告
修缮工程设计说明
修缮工程勘察报告
玉皇庙区位图
玉皇庙大殿点云数据
山门东山墙石碑
玉皇庙现状总平图
玉皇庙现状侧立面
玉皇庙现状纵剖图
山门鼓楼现状正立面
玉皇庙排水总平面
玉皇庙设计总平图
玉皇庙设计侧立面
玉皇庙设计纵剖图
山门鼓楼设计正立面
正殿平面现状图
深圳市吉斯凯达智慧科技有限公司

可视化文物保护管理系统（VCRMS）/ 长春玉皇庙
首页
全屏
wanghao
档案资料
所有：5
剖切1
剖切2
剖切3
剖切4
剖切5
深圳市吉斯凯达智慧科技有限公司

图 4.3.4(续)

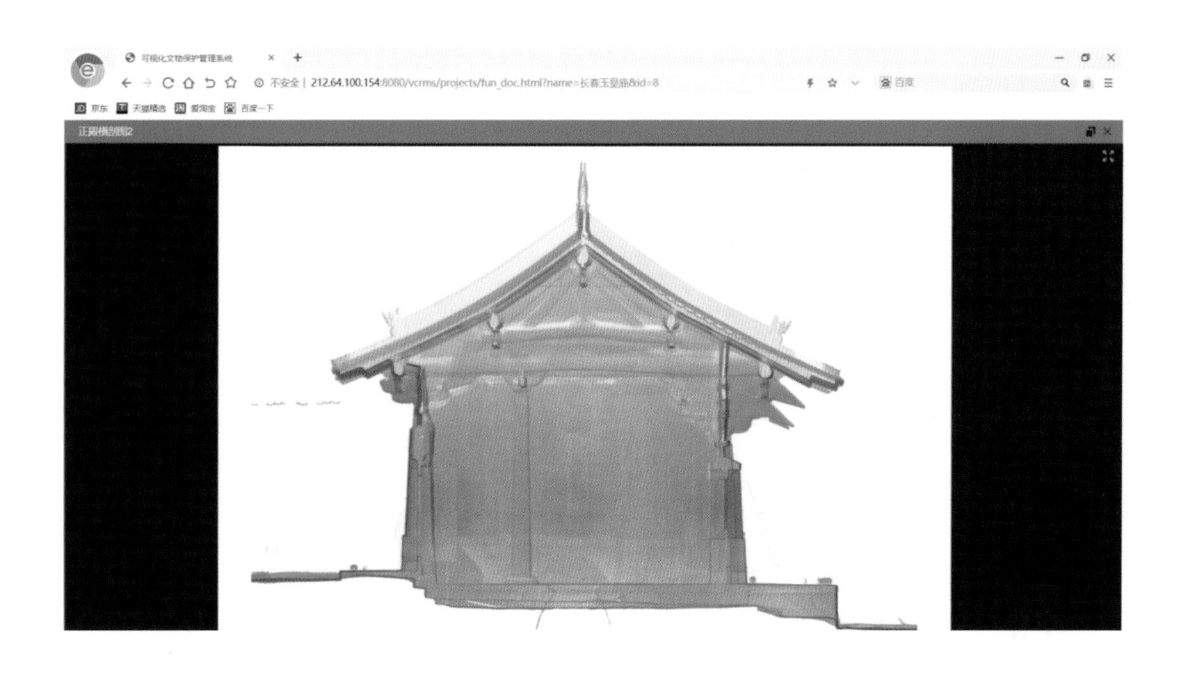
可视化文物保护管理系统
212.64.100.154:8080/vcrms/projects/fun_doc.html?name=长春玉皇庙&id=8

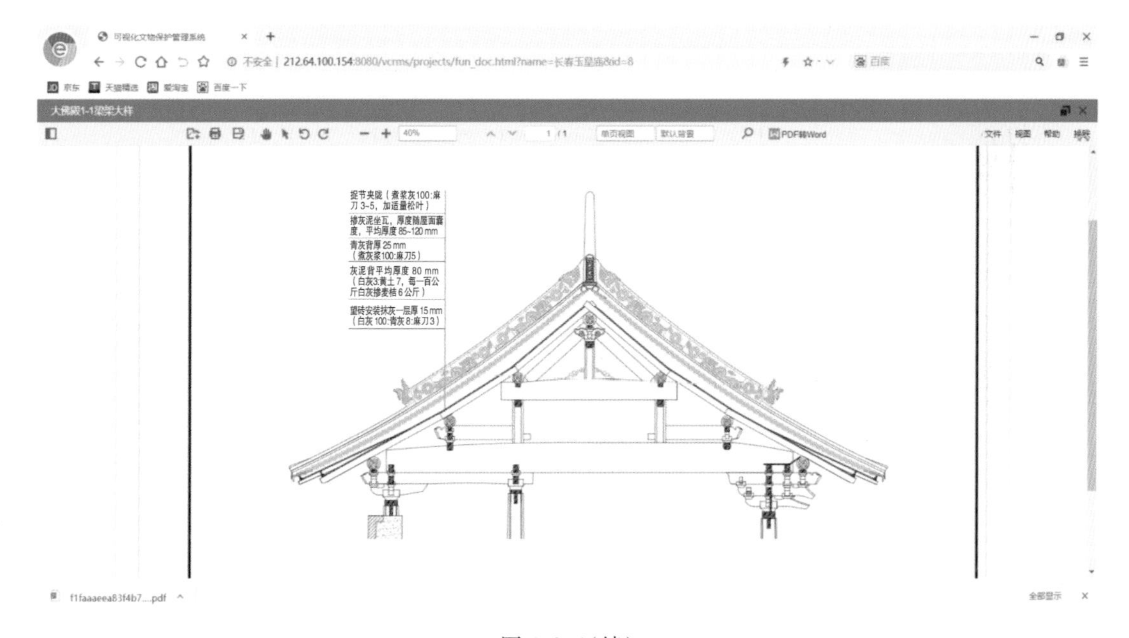
可视化文物保护管理系统
212.64.100.154:8080/vcrms/projects/fun_doc.html?name=长春玉皇庙&id=8
捉节夹陇（煮浆灰100:麻刀 3~5，加适量松叶）
掺灰泥坐瓦，厚度随屋面囊度，平均厚度 85~120 mm
青灰背厚 25 mm（煮灰浆100:麻刀5）
灰泥背平均厚度 80 mm（白灰3:黄土 7，每一百公斤白灰掺麦秸 6 公斤）
望砖安装抹灰一层厚 15 mm（白灰 100:青灰 8:麻刀 3）

图 4.3.4(续)

可视化文物保护管理系统
不安全 | 212.64.100.154:8080/vcrms/projects/fun_doc.html?name=长春玉皇庙&id=8
京东
天猫精选
爱淘宝
百度一下
百度
正殿梁架结构
环境光
平行光
太阳光
工具
场景剖切
模型测量
帮助文档
关闭控制
2535.39mm

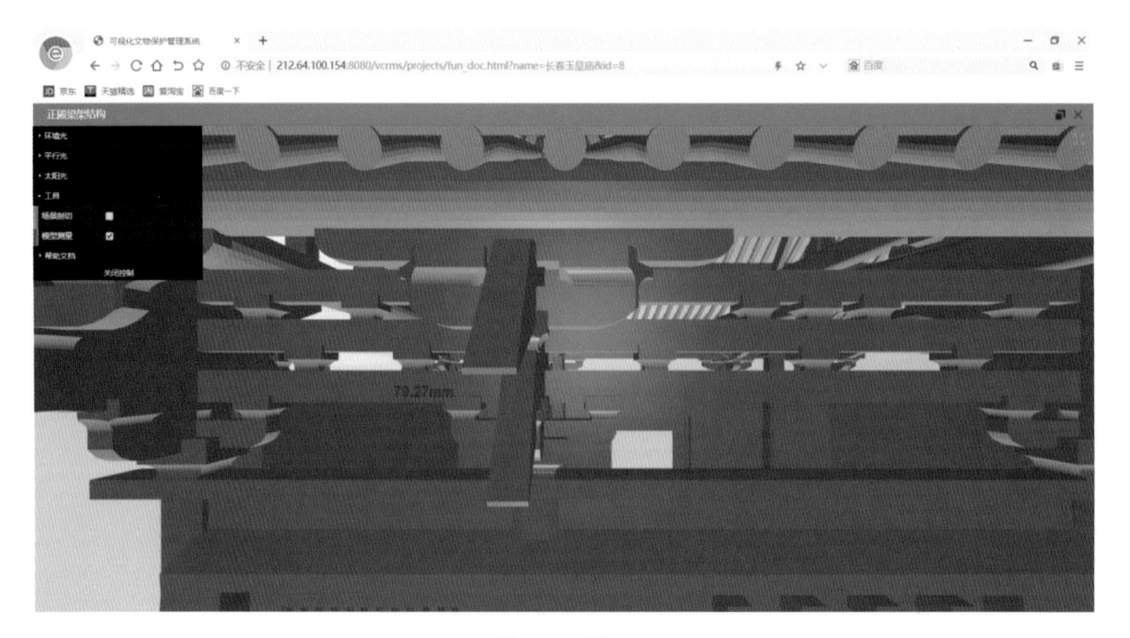
可视化文物保护管理系统
不安全 | 212.64.100.154:8080/vcrms/projects/fun_doc.html?name=长春玉皇庙&id=8
京东
天猫精选
爱淘宝
百度一下
百度
正殿梁架结构
环境光
平行光
太阳光
工具
场景剖切
模型测量
帮助文档
关闭控制
79.27mm

图 4.3.4(续)

可视化文物保护管理系统
不安全 | 212.64.100.154:8080/vcrms/projects/fun_doc.html?name=长春玉皇庙&id=8
京东
天猫精选
爱淘宝
百度一下
正殿梁架结构
环境光
平行光
太阳光
工具
场景剖切
模型测量
帮助文档
关闭控制

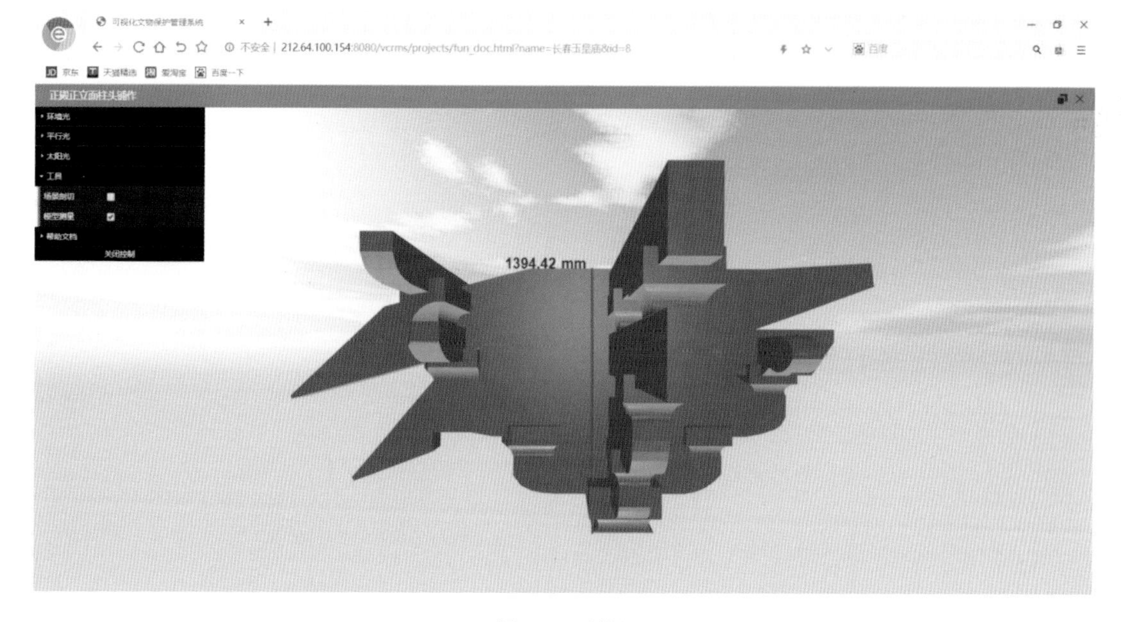
可视化文物保护管理系统
不安全 | 212.64.100.154:8080/vcrms/projects/fun_doc.html?name=长春玉皇庙&id=8
京东
天猫精选
爱淘宝
百度一下
正殿正立面柱头铺作
环境光
平行光
太阳光
工具
场景剖切
模型测量
帮助文档
关闭控制
1394.42 mm

图 4.3.4(续)

参 考 文 献

[1]王朝晖,吴玉章,费本华,等. ACQ 和 CuAz 防腐处理对木材力学性能的影响[J]. 木材工业,2004(3):17-19,22.

[2]王雅梅. 铜唑类木/竹材防腐剂的性能评价及其应用研究[D]. 呼和浩特:内蒙古农业大学,2007.

[3]河南省古代建筑保护研究所. 文物保护工程勘察设计方案案例 第一辑[M]. 北京:科学出版社,2010.

[4]国家技术监督局,中华人民共和国建设部. 古建筑木结构维护与加固技术规范(GB · 50165—92)[S]. 北京:中国建筑工业出版社,1993.